高职高专网络技术专业岗位能力构建系列教程

ASP.NET
程序设计基础教程(C#版)

陈学平 主编 / 潘立武 副主编

清华大学出版社
北京

内容简介

本书向读者详细地展示了开发 ASP. NET Web 应用程序的基础方法。从 ASP. NET 开发环境的构建，到内置对象、服务器控件、数据库操作技术、数据绑定技术、数据控件、MVC 等方面进行了介绍，所有知识都结合具体实例进行详细讲解。一步一步、循序渐进地引导读者掌握 ASP. NET 的开发技巧。

本书可作为大专院校学生学习 ASP. NET 开发的基础教材，也可作为从事 ASP. NET 开发程序人员的参考书。

图书在版编目(CIP)数据

ASP. NET 程序设计基础教程：C#版/陈学平主编. —北京：清华大学出版社，2017
(高职高专网络技术专业岗位能力构建系列教程)
ISBN 978-7-302-47678-8

Ⅰ. ①A… Ⅱ. ①陈… Ⅲ. ①网页制作工具－程序设计－高等职业教育－教材 Ⅳ. ①TP393.092.2

中国版本图书馆 CIP 数据核字(2017)第 155289 号

责任编辑：刘翰鹏
封面设计：傅瑞学
责任校对：袁 芳
责任印制：沈 露

出版发行：清华大学出版社
网 址：http://www.tup.com.cn，http://www.wqbook.com
地 址：北京清华大学学研大厦 A 座 **邮 编**：100084
社 总 机：010-62770175 **邮 购**：010-62786544
投稿与读者服务：010-62776969，c-service@tup.tsinghua.edu.cn
质量反馈：010-62772015，zhiliang@tup.tsinghua.edu.cn
课件下载：http://www.tup.com.cn，010-62770175-4278
印 刷 者：北京富博印刷有限公司
装 订 者：北京市密云县京文制本装订厂
经 销：全国新华书店
开 本：185mm×260mm **印 张**：20 **字 数**：481 千字
版 次：2017 年 11 月第 1 版 **印 次**：2017 年 11 月第 1 次印刷
印 数：1～2000
定 价：49.00 元

产品编号：063313-01

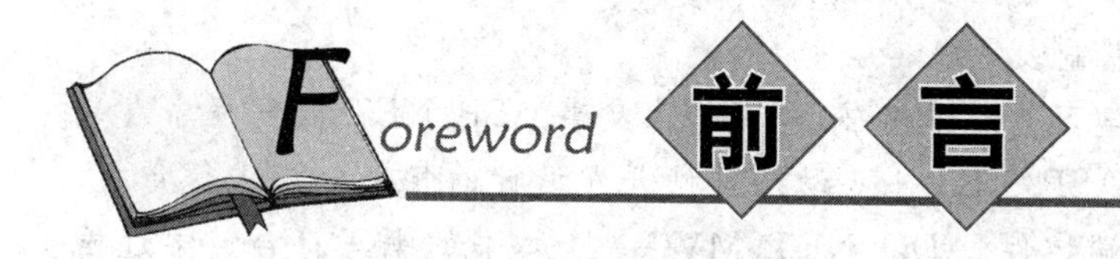

目前,Web 应用程序设计一般都使用 ASP.NET、JSP 和 PHP。ASP.NET 由 Microsoft 公司提出,易学易用、开发效率高,可配合任何一种.NET 语言进行开发。JSP 需配合使用 Java 语言。PHP 的优点是开源,缺点是缺乏大公司的支持。JSP 和 PHP 较 ASP.NET 要难学。实际上,国内外越来越多的软件公司已应用 ASP.NET 技术进行 Web 应用程序开发。

ASP.NET 是一个框架,支持构建健壮、高效的 Web 应用程序。可以把它看成汽车的结构支撑。可在这个结构上添加两种不同的设计:ASP.NET Web Forms 和 ASP.NET MVC。这两种设计都建立在 ASP.NET 的基础上,依赖通过 ASP.NET 使用的公共功能。

本书编者根据多年从事 Windows 程序设计工作和讲授计算机专业相关课程的实际教学经验,以实用为目的,精心选取教学内容,合理组织章节结构,抓住 ASP.NET 的知识体系,系统地讲解了各知识点的基础理论和使用方法。在内容设计上,本书以 ASP.NET 核心内容为切入点,降低入门学习难度,将难点以典型案例进行示范,提高学习效率;理论与实际紧密结合。在介绍每个知识点的同时,均给出相应的代码(读者可按照书中提示信息找到每章的源码),并对同一知识点的不同解决代码进行横向对比,力求让读者在理解基础知识后,能够学以致用,快速上手。本书每章均附有小结和上机实训,有利于读者拓展思路并对所学知识进行深化理解。

本书共包含以下 5 部分内容。

第 1 部分 .NET Framework 4.0 简介(对应本书第 1 章):包含.NET Framework 4.0 简介、Visual Studio 2010 集成化开发环境、ASP.NET 网页语法。这一部分通过对.NET Framework 架构及开发工具的介绍,让读者对 ASP.NET 的开发、运行、调试有一个直观的了解。

第 2 部分 ASP.NET 开发基础(对应本书第 2~4 章):包含 ASP.NET 技术简介、C#语言基础、ASP.NET 内置对象、ASP.NET 服务器控件。这一部分介绍了开发 ASP.NET 的基础知识,对 C#语言和服务器端对象进行详细介绍。

第 3 部分 构建 ASP.NET 应用程序(对应本书第 5 章):包含 ASP.NET 中的验证控件。这一部分通过对 ASP.NET 验证控件的介绍,让读者对 ASP.NET 的服务器端、客户端交互有初步的认识。

第 4 部分 数据访问技术(对应本书第 6~8 章):包含 ADO.NET 数据访问技术、ASP.NET 数据绑定技术与数据绑定控件技术。这一部分重点介绍了 ASP.NET 的数据存储和操作技术,以实例的形式对页面的数据交互进行展示。

第5部分　ASP.NET高级应用(对应本书第9章、第10章):主要包含MVC技术介绍及电子商务网站开发实例。这一部分主要介绍了ASP.NET的一些高级应用技术,为读者以后进一步深入学习研究打下基础。

本书可作为ASP.NET开发学习的基础用书,也可作为从事ASP.NET开发程序人员的查阅与参考资料。本书主要对ASP.NET 4.0动态网站开发设计的相关知识进行介绍,包含C#语法、ASP.NET服务器端控件、ADO.NET、MVC等。本书的编写符合教学过程和学生学习的实际需求,语言通俗易懂、案例典型丰富,循序渐进地介绍ASP.NET程序设计的语言基础、编程方法等方面的内容。

本书由重庆电子工程职业学院陈学平教授任主编,河南牧业经济学院潘立武副教授任副主编,其中陈学平编写了第1~8章,潘立武编写了第9章、第10章。

由于编者水平有限,书中不足之处在所难免,敬请广大读者批评、指正。衷心希望本书的出版能够对广大读者的学习和工作有所裨益。读者在阅读本书时,如果发现错误或遇到问题,可以发送电子邮件到41800543@qq.com,我们会尽快给予答复。

编　者

2017年7月

目录

第1章 ASP.NET 4.0开发入门

从本章开始，读者将能够系统地学习 ASP. NET 4.0 技术，作为微软主推的编程语言，ASP. NET 4.0 能够使用 C＃的最新特性进行高效的开发，本章从基础讲解什么是 ASP .NET，并介绍开发工具的使用。

1.1 ASP.NET 开发工具

ASP. NET 是 Microsoft 公司推出的新一代建立动态 Web 应用程序的开发平台，是一种建立动态 Web 应用程序的新技术。它是.NET 框架的一部分，可以使用任何.NET 兼容的语言(如 Visual Basic. NET、C＃和 JScript . NET)编写 ASP. NET 应用程序。当建立 Web 页面时，可以使用 ASP. NET 服务器端控件来建立常用的 UI(用户界面)元素，并对它们编程来完成一般的任务，可以把程序开发人员的工作效率提升到其他技术都无法比拟的程度。

相对于 ASP 而言，ASP. NET 具有更加完善的开发工具。在传统的 ASP 开发中，可以使用 Dreamweaver、FrontPage 等工具进行页面开发。当使用 Dreamweaver、FrontPage 等工具进行 ASP 应用程序开发时，其效率并不能提升，并且这些工具对 ASP 应用程序的开发和运行也不会带来性能提升。

相比之下，对于 ASP. NET 应用程序而言，微软开发了 Visual Studio 开发环境提供给开发人员进行高效的开发，开发人员还能够使用现有的 ASP. NET 控件进行高效的应用程序开发，这些控件包括日历控件、分页控件、数据源控件和数据绑定控件。开发人员能够在 Visual Studio 开发环境中拖动相应的控件到页面中实现复杂的应用程序编写。

Visual Studio 开发环境在人机交互的设计理念上更加完善，使用 Visual Studio 开发环境进行应用程序开发能够极大地提高开发效率，实现复杂的编程应用，如图 1-1 所示。

Visual Studio 开发环境为开发人员提供了诸多控件，使用这些控件能够实现在 ASP 中难以实现的复杂功能，极大地简化了开发人员的开发。在传统的 ASP 开发过程中需要实现日历控件是非常复杂和困难的，而在 ASP. NET 中，系统提供了日历控件用于日历的实现，开发人员只需要将日历控件拖动到页面中就能够实现日历效果。

使用 Visual Studio 开发环境进行 ASP. NET 应用程序开发还能够直接编译和运行 ASP. NET 应用程序。在使用 Dreamweaver、FrontPage 等工具进行页面开发时需要安装 IIS 进行 ASP. NET 应用程序的运行，而 Visual Studio 提供了虚拟的服务器环境，用户可以像 C/C++ 应用程序编写一样在开发环境中进行应用程序的编译和运行。

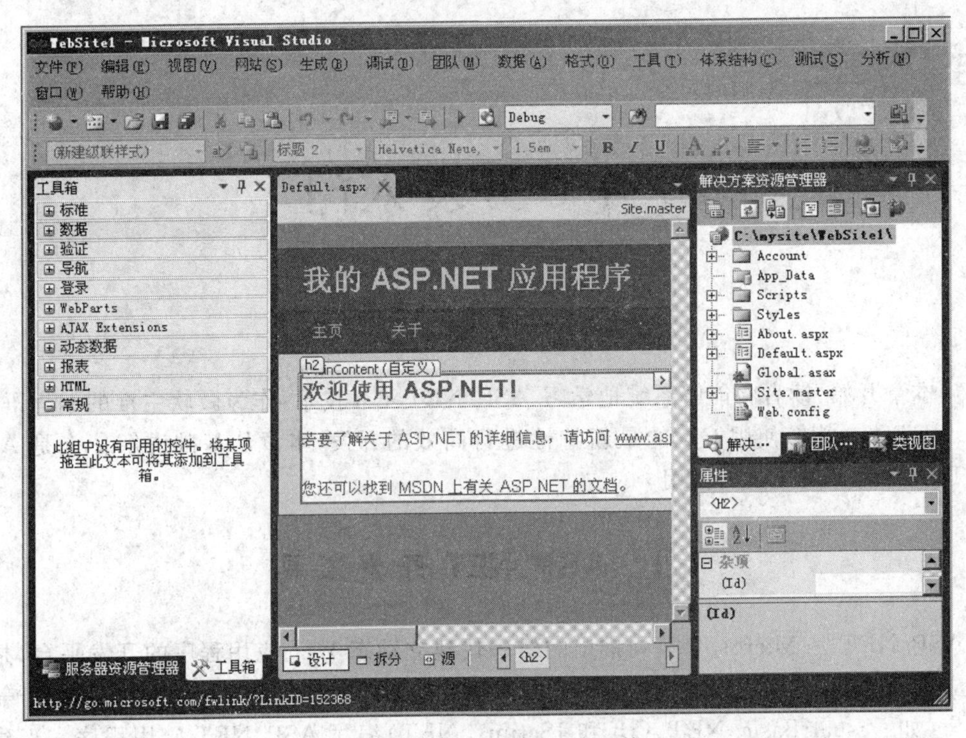

图 1-1 Visual Studio 开发环境

1.2 ASP.NET 应用程序框架

无论是 ASP.NET 应用程序还是 ASP.NET 应用程序中所提供的控件，甚至是 ASP.NET 支持的原生的 AJAX 应用程序都离不开.NET 应用程序框架的支持。ASP.NET 应用程序框架作为 ASP.NET 以及其应用程序的基础而存在，若需要使用 ASP.NET 应用程序，则必须使用 ASP.NET 应用程序框架。

ASP.NET 框架是一个多语言组件开发和执行环境，无论开发人员使用的是 C# 作为编程语言还是使用 VB.NET 作为其开发语言都能够基于 ASP.NET 应用程序框架而运行。ASP.NET 应用程序框架主要包括 3 个部分，这 3 个部分分别为公共语言运行时、统一的编程类和活动服务器页面。

1. 公共语言运行时

公共语言运行时在组件的开发及运行过程中扮演着非常重要的角色。在经历了传统的面向过程开发后，开发人员寻找更多的高效的方法进行应用程序开发，这其间发展出了面向对象的应用程序开发，在面向对象程序开发的过程中，衍生了组件开发。

在组件运行过程中，运行时负责管理内存分配、启动或删除线程和进程、实施安全性策略，同时满足当前组件对其他组件的需求。在多层开发和组件开发应用中，运行时负责管理组件与组件之间的功能的需求。

2. 统一的编程类

ASP.NET框架为开发人员提供了一个统一、面向对象、层次化、可扩展的类库集(API)。现今,C++ 开发人员使用的是 Microsoft 基类库,Java 开发人员使用的是 Windows 基类库,而 Visual Basic 用户使用的又是 Visual Basic API 集,在应用程序开发中,很难将应用程序进行平台的移植,当出现了不同版本的 Windows 时,就会造成移植困难。

注意:虽然 Windows 包括不同的版本,而这些版本的基本类库相同,但是不同版本的 Windows 同样会有不同的 API,例如 Windows 9x 系列和 Windows NT 系列。

而 ASP.NET 框架就统一了微软当前的各种不同类型的框架,它是一个系统级的框架,对现有的框架进行了封装,开发人员无须进行复杂的框架学习就能够轻松使用 ASP.NET 应用程序框架进行应用程序开发。无论是使用 C# 编程语言还是 Visual Basic 编程语言都能够进行应用程序开发,不同的编程语言所调用的框架 API 都是来自 ASP.NET 应用程序框架,所以这些应用程序之间就不存在框架差异的问题,在不同版本的 Windows 中也能够方便移植。

注意:ASP.NET 框架能够安装到各个版本的 Windows 中,当有多个版本的 Windows 时,只要安装了 ASP.NET 框架,任何 ASP.NET 应用程序就能够在不同的 Windows 中运行而不需要额外的移植。

3. 活动服务器页面

ASP.NET 框架还为 Web 开发人员提供了基础保障,ASP.NET 是使用.NET 应用程序框架提供的编程类库构建而成的,它提供了 Web 应用程序模型,该模型由一组控件和一个基本结构组成,使用该模型让 ASP.NET Web 开发变得非常容易。开发人员可以将特定的功能封装到控件中,然后通过控件的拖动进行应用程序的开发,这样不仅提高了应用程序开发的简便性,还极大地精简了应用程序代码,让代码更具有复用性。

ASP.NET 应用程序框架不仅能够安装到多个版本的 Windows 中,还能够安装到其他智能设备中,这些设备包括智能手机、GPS 导航以及其他家用电器。ASP.NET 框架提供了精简版的应用程序框架,使用 ASP.NET 应用程序框架能够开发容易移植到手机、导航器以及家用电器中的应用程序。Visual Studio 2010 还提供了智能电话应用程序开发的控件,实现了多应用、单平台的特点。

开发人员在使用 Visual Studio 2010 和.NET 应用程序框架进行应用程序开发时,会发现无论是在原理上还是在控件的使用上,很多都是相通的,这样极大地简化了开发人员的学习过程,无论是 Windows 应用程序、Web 应用程序还是手机应用程序,都能够使用 ASP.NET 框架进行开发。

1.3 Visual Studio 2010 的安装和窗口的使用

使用.NET 框架进行应用程序开发的最好的工具莫过于 Visual Studio 2010,Visual Studio 系列产品被认为是世界上最好的开发环境之一。使用 Visual Studio 2010 能够快速构建 ASP.NET 应用程序并为 ASP.NET 应用程序提供所需要的类库、控件和智能提示等支持,本节会介绍如何安装 Visual Studio 2010 并介绍 Visual Studio 2010 中窗口的使用和操作方法。

1.3.1 安装 Visual Studio 2010

在安装 Visual Studio 2010 之前，首先确保 IE 浏览器版本在 6.0 或更高，同时，可安装 Visual Studio 2010 开发环境的计算机配置要求如下。

(1) 支持的操作系统：Windows Server 2008/2003；Windows 7/8；Windows XP。

(2) 最低配置：1.6GHz 的 CPU，384MB 的内存，1024×768 的显示分辨率，5400RPM 的硬盘。

(3) 建议配置：2.2GHz 或更快的 CPU，1024MB 或更大的内存，1280×1024 的显示分辨率，7200RPM 或更快的硬盘。

Visual Studio 2010 在硬件方面对计算机的配置要求如下。

(1) CPU：600MHz Pentium 处理器或 AMD 处理器或更高配置的 CPU。

(2) 内存：至少需要 128MB 内存，推荐 256MB 或更高。

(3) 硬盘：要求至少有 5GB 空间进行应用程序的安装，推荐 10GB 或更高。

(4) 显示器：推荐使用 800×600 分辨率或更高。

当开发计算机满足以上条件后就能够安装 Visual Studio 2010 了，安装 Visual Studio 2010 的过程非常简单。

(1) 单击 Visual Studio 2010 光盘中的 setup.exe，进入安装程序，如图 1-2 所示。

图 1-2 Visual Studio 2010 安装界面

(2) 进入 Visual Studio 2010 界面后，用户可以有选择地进行 Visual Studio 2010 的安装，单击"安装 Microsoft Visual Studio 2010"按钮进行 Visual Studio 2010 的安装，如图 1-3 所示。

在进行 Visual Studio 2010 的安装前，Visual Studio 2010 安装程序首先会加载安装组件，这些组件为 Visual Studio 2010 的顺利安装提供了基础保障，安装程序在完成组件的加载前用户不能够进行安装步骤的选择。

(3) 在安装组件加载完毕后，用户可以单击"下一步"按钮进行 Visual Studio 2010 的安装，用户将进行 Visual Studio 2010 安装路径的选择，如图 1-4 所示。

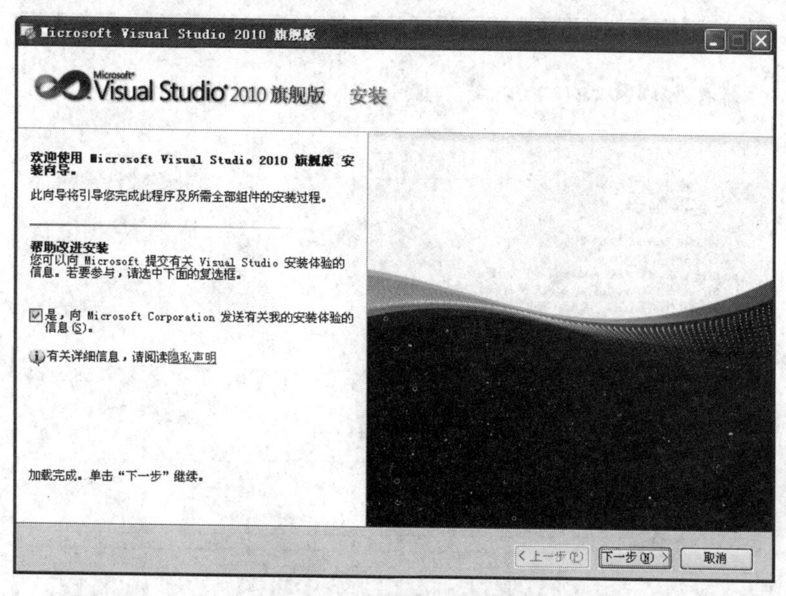

图 1-3　加载安装组件

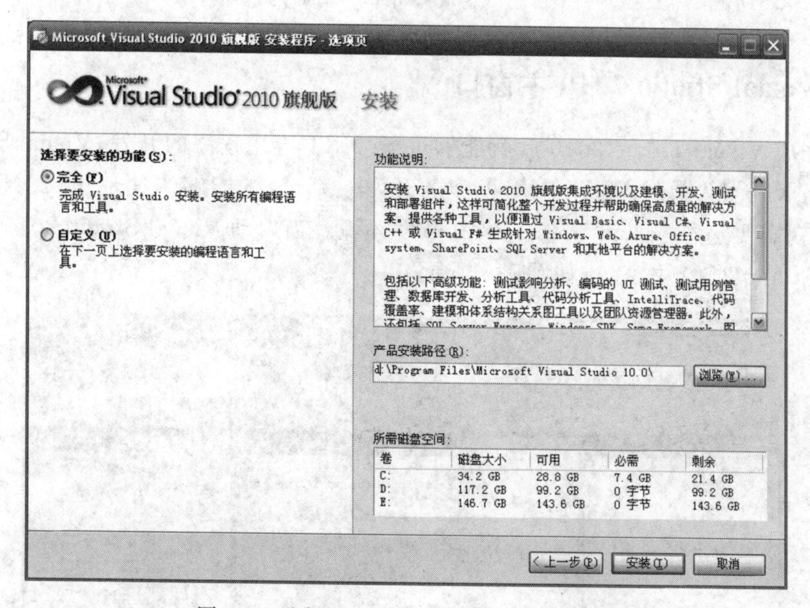

图 1-4　选择 Visual Studio 2010 安装路径

当用户选择安装路径后就能够进行 Visual Studio 2010 的安装。用户在选择路径前，可以选择相应的安装功能，用户可以选择“完全”和“自定义”。选择“完全”将安装 Visual Studio 2010 的所有组件，而如果用户只需要安装几个组件，可以选择“自定义”进行组件的选择安装。

(4) 选择后，单击“安装”按钮就能够进行 Visual Studio 2010 的安装，如图 1-5 所示。

等待图 1-5 中安装界面左侧的安装列表的进度，当安装完毕后就会出现安装成功界面，说明已经在本地计算机中成功地安装了 Visual Studio 2010。

图 1-5 Visual Studio 2010 的安装

1.3.2 Visual Studio 2010 主窗口

安装完成 Visual Studio 2010 后就能够进行.NET 应用程序的开发,Visual Studio 2010 极大地提高了开发人员对.NET 应用程序的开发效率,为了能够快速地进行.NET 应用程序的开发,就需要熟悉 Visual Studio 2010 开发环境。当启动 Visual Studio 2010 后,就会呈现 Visual Studio 2010 主窗口,如图 1-6 所示。

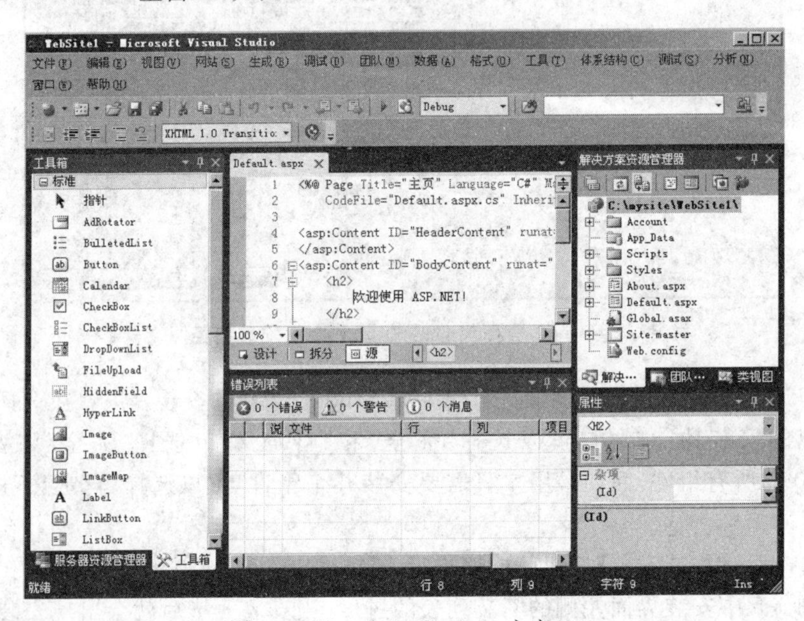

图 1-6 Visual Studio 2010 主窗口

在图 1-6 中，Visual Studio 2010 主窗口包括其他多个窗口，最左侧的是工具箱，用于服务器控件的存放；中间是文档窗口，用于应用程序代码的编写和样式控制；中下方是错误列表窗口，用于呈现错误信息；右侧是资源管理器窗口和属性窗口，用于呈现解决方案，以及页面及控件的相应属性。

1.3.3　文档窗口

文档窗口用于代码的编写和样式控制。当用户开发的是基于 Web 的 ASP.NET 应用程序时，文档窗口是以 Web 的形式呈现给用户，而代码视图则是以 HTML 代码的形式呈现给用户的，而如果用户开发的是基于 Windows 的应用程序，则文档窗口将会呈现应用程序的窗口或代码，如图 1-7 和图 1-8 所示。

```
Form1.cs*  Form1.cs [设计]*
WindowsFormsApplication1.Fo   Form1_Load(object sender, E
10  namespace WindowsFormsApplication1
11  {
12      public partial class Form1 : Form
13      {
14          public Form1()
15          {
16              InitializeComponent();
17          }
18
19          private void Form1_Load(object sender
20          {
21
22          }
23      }
24  }
25
100 %
```

图 1-7　Windows 程序开发文档窗口

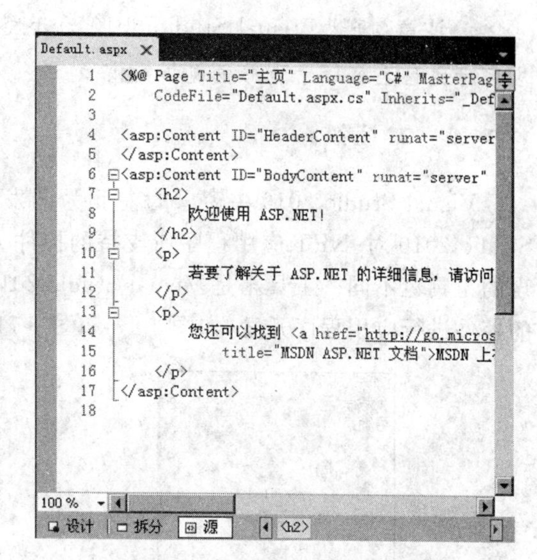

图 1-8　Web 程序开发文档窗口

当开发人员进行不同的应用程序开发时，文档窗口也会呈现为不同的样式以便开发人员进行应用程序开发。在 ASP.NET 应用程序中，其文档窗口包括 3 个部分，如图 1-9 所示。

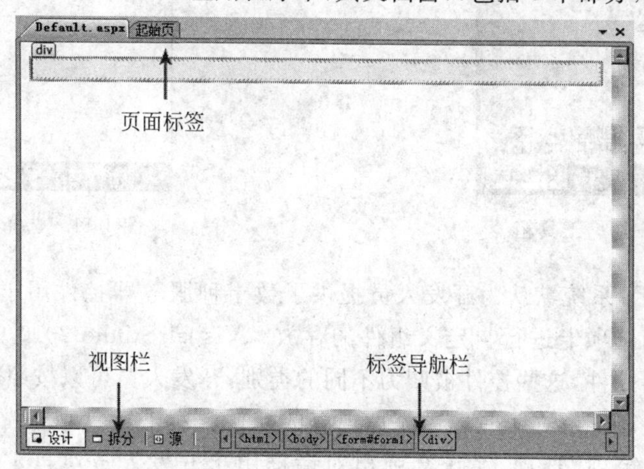

图 1-9　文档主窗口

如图 1-9 所示，主文档窗口包括 3 个部分，开发人员可以通过使用这 3 个部分进行高效开发，这 3 个部分的功能如下。

(1) 页面标签：当进行多个页面开发时，会呈现多个页面标签，当开发人员需要进行不同页面的交替时，可以通过页面标签进行页面替换。

(2) 视图栏：用户可以通过视图栏进行视图的切换，Visual Studio 2010 提供“设计”“拆分”和“源代码”3 种视图，开发人员可以选择不同的视图进行页面样式控制和代码开发。

(3) 标签导航栏：标签导航栏能够进行不同标签的选择，当用户需要选择页面代码中的<body>标签时，可以通过标签导航栏进行标签或标签内内容的选择。

开发人员可以灵活运用主文档窗口进行高效的应用程序开发，Visual Studio 2010 的视图栏窗口提供了拆分窗口，拆分窗口允许开发人员一边进行页面样式开发一边进行代码编写。

注意：虽然 Visual Studio 2010 为开发人员提供了拆分窗口，但是只有在编写 Web 应用时文档主窗口才能够呈现拆分窗口。

1.3.4 工具箱

Visual Studio 2010 主窗口的左侧为开发人员提供了工具箱，工具箱中包含了 Visual Studio 2010 对.NET 应用程序所支持的控件。对于不同的应用程序开发，在工具箱中所呈现的工具也不同。工具箱是 Visual Studio 2010 中的基本窗口，开发人员可以使用工具箱中的控件进行应用程序开发，如图 1-10 和图 1-11 所示。

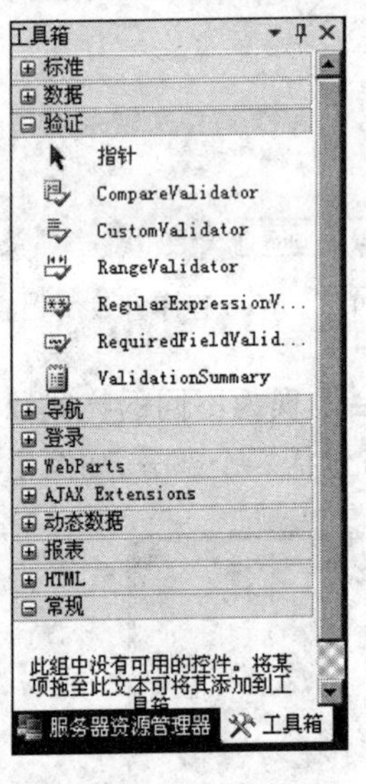

图 1-10 工具箱

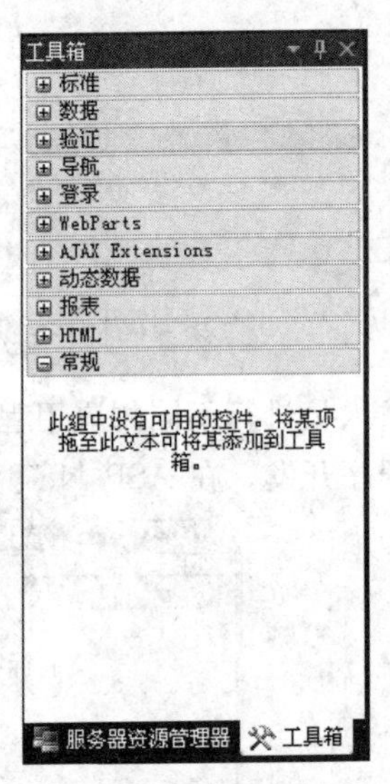

图 1-11 选择类别

如图 1-10 所示，系统默认为开发人员提供了数十种服务器控件用于系统的开发，用户也可以添加工具箱选项卡进行自定义组件的存放。Visual Studio 2010 为开发人员提供了不同类别的服务器控件，这些控件被归为不同的类别，开发人员可以按照需求选择相应类别的控件。开发人员还能够在工具箱中添加现有的控件。右击工具箱空白区域，在下拉菜单中选择“选择工具箱项”选项，系统会弹出对话框用于开发人员对自定义控件的添加，如图 1-12 所示。

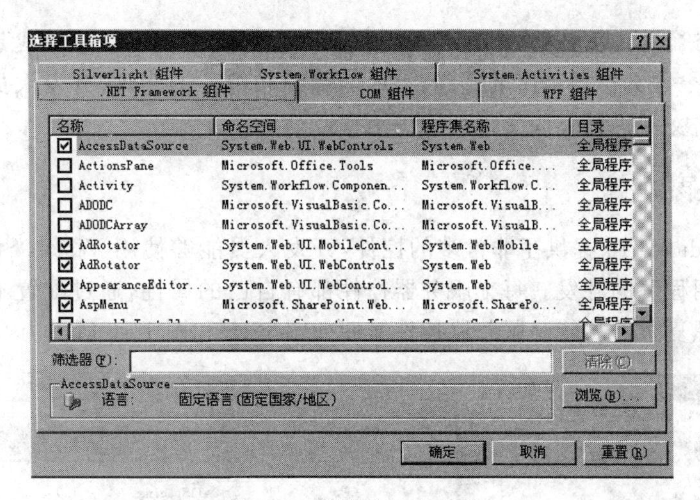

图 1-12　添加自定义组件

组件添加完毕后就能够在工具箱中显示，开发人员能够将自定义组件拖放在主窗口中进行应用程序中相应功能的开发而无须通过复杂编程实现。

注意：开发人员能够在互联网上下载其他人已经开发好的自定义组件进行.NET 应用程序开发，这样就无须通过编程实现重复的功能。

1.3.5　解决方案资源管理器

在 Visual Studio 2010 的开发中，为了能够方便开发人员进行应用程序开发，在 Visual Studio 2010 主窗口的右侧会呈现一个解决方案资源管理器。开发人员能够在解决方案资源管理器中进行相应文件的选择，双击后相应文件的代码就会呈现在主窗口中。还可以单击主菜单上的“视图”|“服务器资源管理器”按钮，将会出现“服务器资源管理器”窗口，可以在这个窗口中用 sa 账号和密码进行登录，然后在 Visual Studio 2010 中进行表的创建和修改，如图 1-13 和图 1-14 所示。

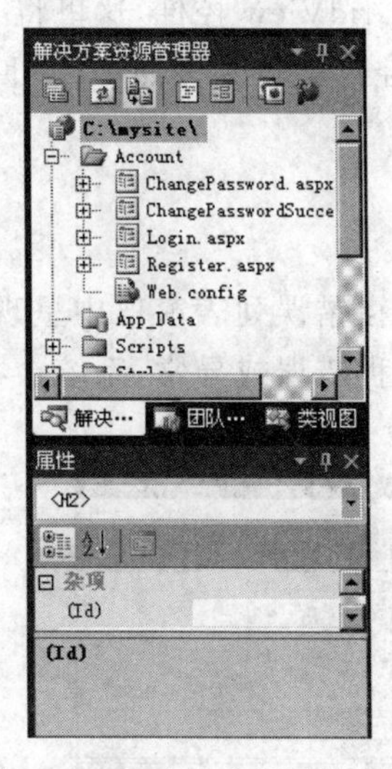

图 1-13　解决方案资源管理器

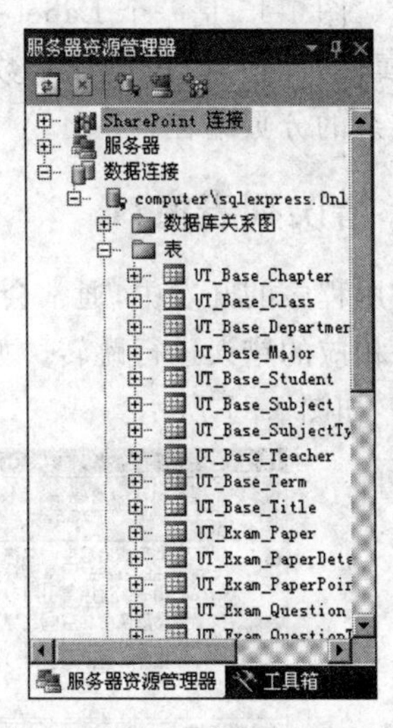

图 1-14　服务器资源管理器

解决方案资源管理器就是对解决方案进行管理,解决方案可以想象成是一个软件开发的整体方案,这个方案包括程序的管理、类库的管理和组件的管理,开发人员可以在解决方案管理器中双击文件进行相应文件的编码工作。

1.3.6 属性窗口

Visual Studio 2010 提供了非常多的控件,开发人员能够使用 Visual Studio 2010 提供的控件进行应用程序的开发。每个服务器控件都有自己的属性,通过配置不同服务器控件的属性可以实现复杂的功能。服务器控件属性如图 1-15 和图 1-16 所示。

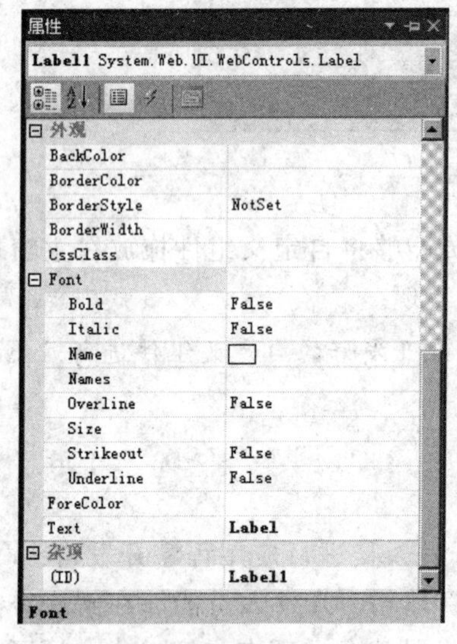

图 1-15 控件的样式属性

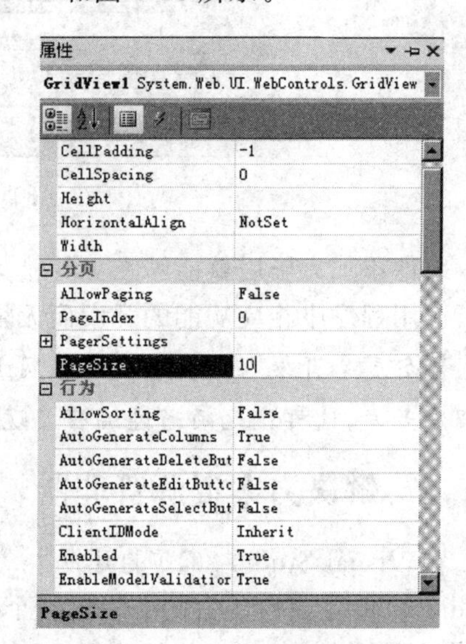

图 1-16 控件的数据属性

在控件的属性配置中,可以为控件进行样式属性的配置,包括配置字体的大小、字体的颜色、字体的粗细、CSS 类等相关控件所需要使用的样式属性,有些控件还需要进行数据属性的配置。图 1-15 是一个 Label 控件。图 1-16 是一个 GridView 控件,这里将 PageSize 属性(分页属性)设置为 10,则如果数据条目数大于 10,该控件会自动按照 10 条目进行分页,免除了复杂的分页编程。

1.3.7 错误列表窗口

在应用程序的开发中,通常会遇到错误,这些错误会在错误列表窗口中呈现,开发人员可以单击相应的错误进行跳转。如果应用程序中出现编程错误或异常,系统会在错误列表窗口呈现,如图 1-17 所示。

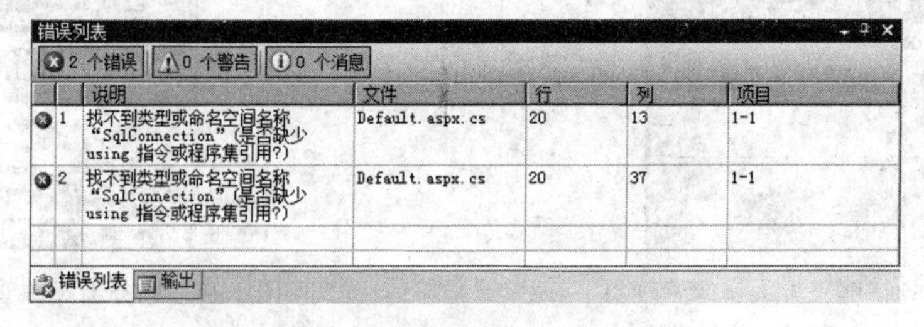

图 1-17 错误列表窗口

相对于传统的 ASP 应用程序编程而言，ASP 应用程序出现错误时并不能很好地将异常反馈给开发人员。一方面是由于开发环境的原因，因为 Dreamweaver 等开发环境并不能原生地支持 ASP 应用程序的开发；另一方面则是由于 ASP 本身是解释型编程语言，因而无法进行良好的异常反馈。

对于 ASP. NET 应用程序而言，在应用程序运行前 Visual Studio 2010 会编译现有的应用程序并进行程序中错误的判断。如果 ASP. NET 应用程序出现错误，则 Visual Studio 2010 不会让应用程序运行起来，只有修正了所有的错误后才能够运行。

注意： Visual Studio 2010 的错误处理并不能将应用程序中的逻辑错误检测出来，例如 1 除以 0 的错误是不会被检测出来的，错误处理通常情况下处理的是语法错误而不是逻辑错误。

错误列表窗口中包含错误、警告和消息选项卡，这些选项卡中的错误安全级别不尽相同。对于错误选项卡中的错误信息，通常是语法上的错误，如果存在语法上的错误则不允许应用程序的运行，而警告和消息选项卡中的信息安全级别较低，只是作为警告而存在，通常情况下不会危害应用程序的运行和使用。警告选项卡如图 1-18 所示。

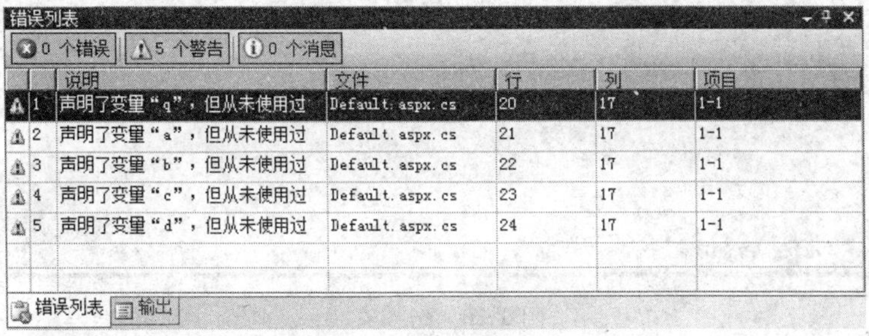

错误列表

0 个错误　5 个警告　0 个消息

	说明	文件	行	列	项目
1	声明了变量“q”，但从未使用过	Default.aspx.cs	20	17	1-1
2	声明了变量“a”，但从未使用过	Default.aspx.cs	21	17	1-1
3	声明了变量“b”，但从未使用过	Default.aspx.cs	22	17	1-1
4	声明了变量“c”，但从未使用过	Default.aspx.cs	23	17	1-1
5	声明了变量“d”，但从未使用过	Default.aspx.cs	24	17	1-1

错误列表　输出

图 1-18　警告选项卡

在应用程序中如果出现了变量未使用或者在页面布局中出现了布局错误，都可能会在警告选项卡中出现警告信息。双击相应的警告信息会跳转到应用程序中相应的位置，方便开发人员对错误进行检查。

注意： 虽然警告信息不会造成应用程序运行错误，但是可能存在潜在的风险，建议开发人员修正所有的错误和警告中出现的错误信息。

1.4　安装 SQL Server 2008

Visual Studio 2010 和 SQL Server 2008 都是微软为开发人员提供的开发工具和数据库工具，所以微软将 Visual Studio 2010 和 SQL Server 2008 紧密地集成在一起，使用微软的 SQL Server 进行. NET 应用程序数据开发能够提高. NET 应用程序的数据存储效率。

（1）打开 SQL Server 2008 安装盘，单击安装文件进行安装，处理安装界面如图 1-19 所示。

（2）进入 SQL Server 2008 安装界面后，选择右侧的第一项，开始安装，如图 1-20 所示。

（3）进行安装准备检查，安装准备包括检查硬件和软件要求、阅读发行说明和安装 SQL Server 升级说明。在安装准备界面中的准备选项中开发人员可以检查自己所在的系统能否进行 SQL Server 2008 的安装，以及安装 SQL Server 2008 所需要遵守的协议，如图 1-21 所示。

SQL Server 2008

SQL Server 2008 安装程序正在处理当前操作，请稍候。

图 1-19 SQL Server 2008 处理安装界面

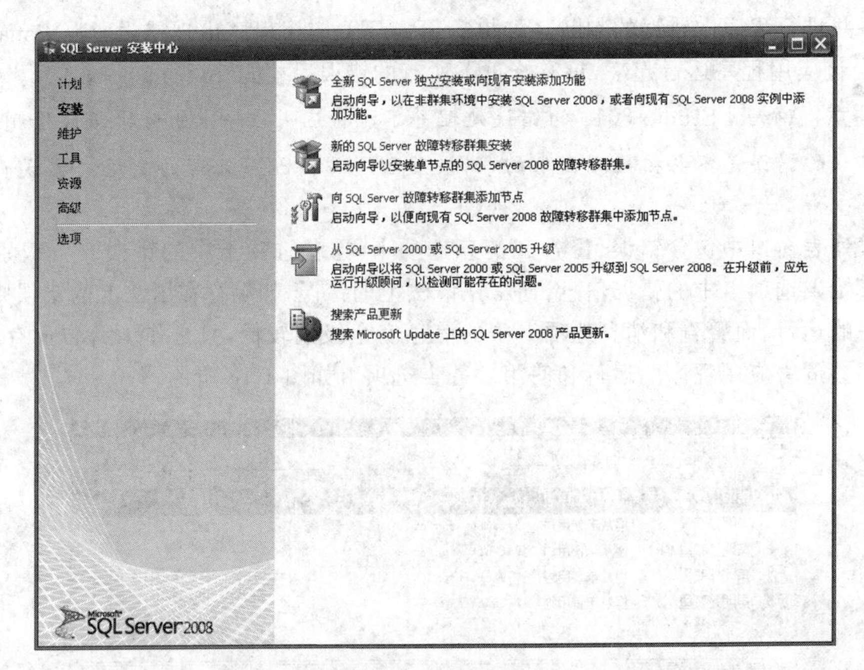

图 1-20 选择安装

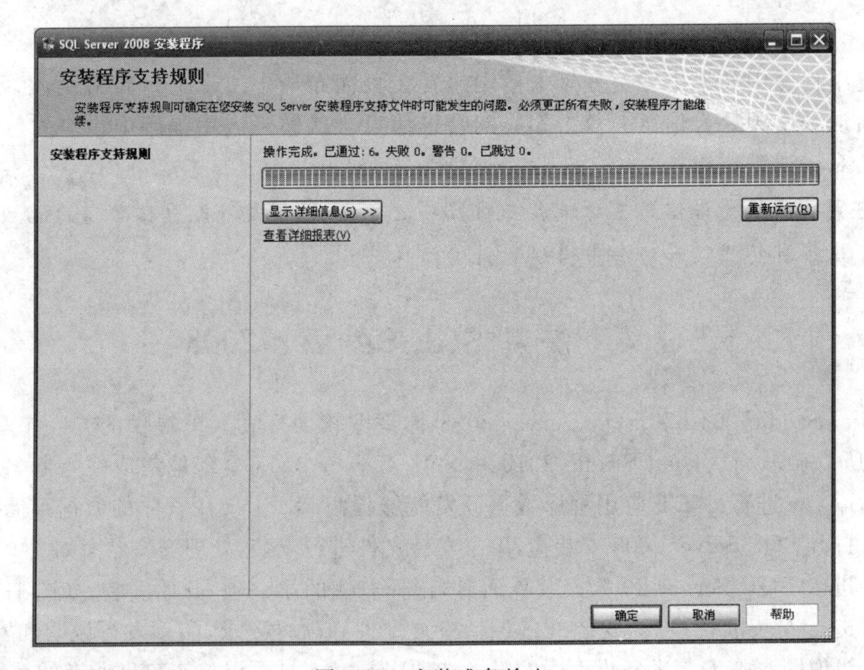

图 1-21 安装准备检查

注意：如果在安装 SQL Server 2008 之前没有安装.NET Framework 3.5，会提示先安装，由于前面已经安装了 Visual Studio 2010，也就是安装了.NET Framework 4.0，所以检查可以通过，当检查提示要重启计算机时，则需要重新启动计算机，然后再进入安装界面重新安装。

(4) 单击“下一步”按钮，执行 SQL Server 2008 的全新安装，如图 1-22 所示。

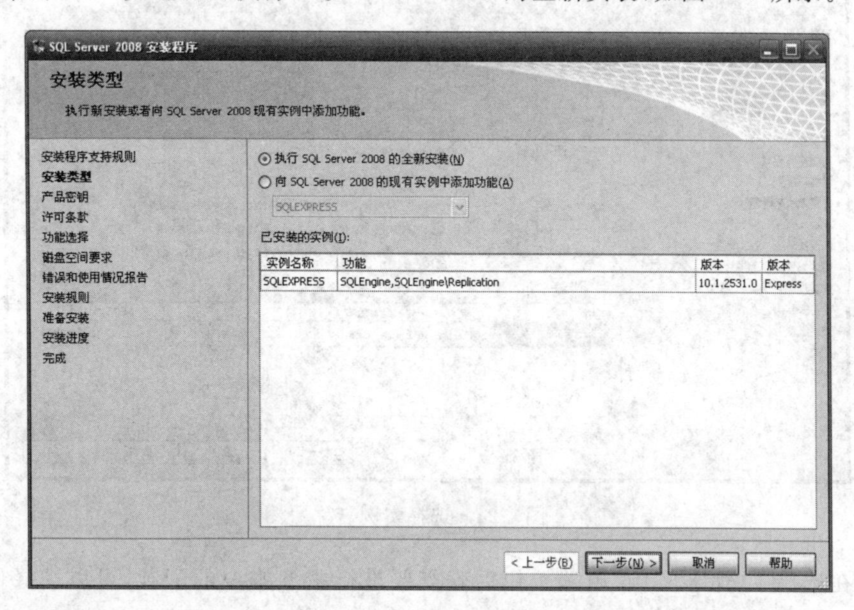

图 1-22 执行全新安装

(5) 进行功能选择，如图 1-23 所示。

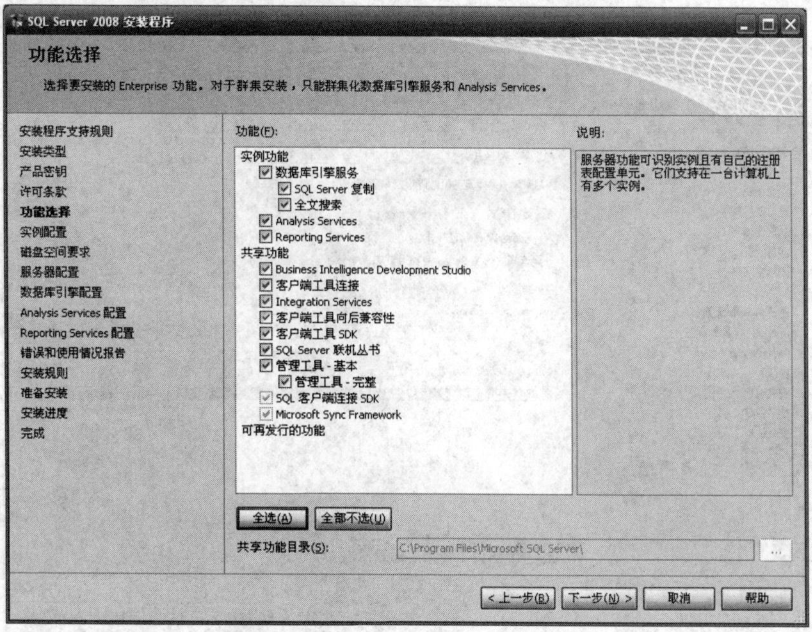

图 1-23 功能选择

(6) 选择相应的功能组件后，单击“下一步”按钮就可以进行实例的选择，此时选择“命名实例”单选按钮进行 SQL Server 2008 的安装，如图 1-24 所示。

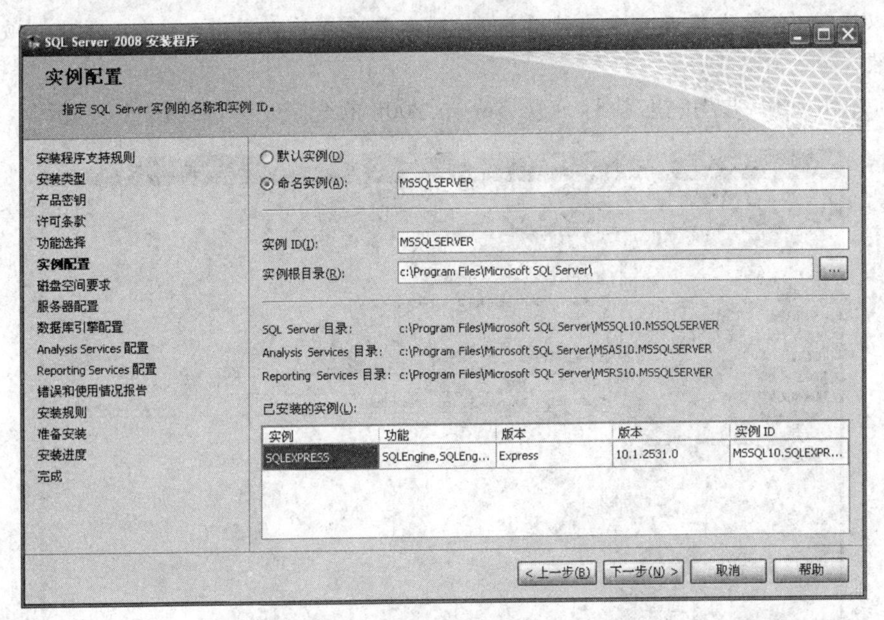

图 1-24 选择实例名称

(7) 在选择了“命名实例”单选按钮后就需要进行服务帐户的配置，可以选择使用内置用户账户进行 SQL Server 2008 的安装并进行密码配置，开发人员可以选择“Windows 身份验证模式”和“混合模式”，为了数据库服务器的安全，推荐使用“混合模式”进行身份验证，如图 1-25 所示。

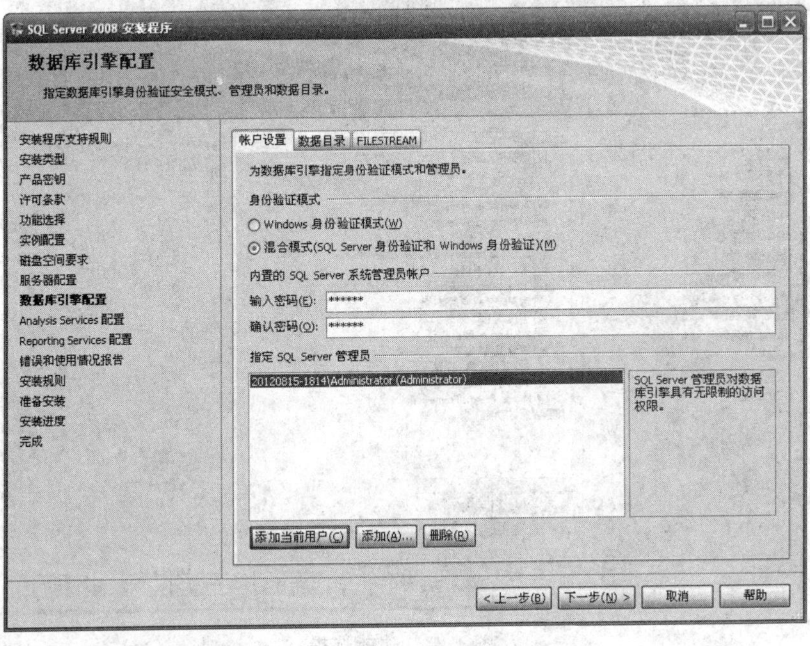

图 1-25 身份验证模式

注意：在有些操作系统上，如 Windows Server 2003 和 Windows Server 2008 操作系统，可能需要强密码才能进行 SQL Server 2008 的安装。

(8) 在选择了身份验证模式后，单击“下一步”按钮进行错误信息的配置和字符的配置，普通用户可以直接单击“下一步”按钮进行默认配置直至安装程序安装完毕。

1.5 ASP.NET 网页语法

1.5.1 ASP. NET 网页扩展名

网站应用程序中可以包含很多种文件类型。例如，在 ASP. NET 中经常使用的 ASP . NET Web 窗体页就是以. aspx 为扩展名的文件。ASP. NET 网页其他扩展名的具体描述如表 1-1 所示。

表 1-1　ASP. NET 网页扩展名

文　件	扩展名	文　件	扩展名
Web 用户控件	. ascx	全局应用程序类	. asax
HTML 页	. htm	Web 配置文件	. config
XML 页	. xml	网站地图	. sitemap
母版页	. master	外观文件	. skin
Web 服务	. asmx	样式表	. css

1.5.2 页面指令

ASP. NET 页面中的前几行一般是<%@…%>这样的代码，叫做页面指令，用来定义 ASP. NET 网页分析器和编译器使用的特定于该页的一些定义。在. aspx 文件中使用的页面指令一般有以下几种。

1. <%@Page%>

<%@Page%>指令可定义 ASP. NET 网页分析器和编译器使用的属性，一个页面只能有一个这样的指令。

2. <%@Import Namespace="Value"%>

<%@Import Namespace="Value"%>指令可将命名空间导入 ASP. NET 应用程序文件中，一个指令只能导入一个命名空间，如果要导入多个命名空间，应使用多个@Import 指令来执行。有些命名空间是 ASP. NET 默认导入的，没有必要再重复导入。

ASP. NET 4. 0 默认导入的命名空间包括 System、System. Configuration、System-Data、System. Linq、System. Web、System. Web. Security、System. Web. UI、System. Web. UI. HtmlControls、System. Web. UI. WebControls、System. Web. UL. WebControls. WebParts、System. Xml. Linq.

3. <%@Output Cache%>

<%@Output Cache%>指令可设置页或页中包含的用户控件的输出缓存策略。

4. ＜%@Implements Interface="接口名称"%＞

＜%@Implements Interface="接口名称"%＞指令用来定义要在页或用户控件中实现的接口。

5. ＜%@Register%＞

＜%@Register%＞指令用于创建标记前缀和自定义控件之间的关系,有下面3种写法:＜%@Register tagprefix="tagprefix" namespace="namespace" assembly="assembly" %＞、＜%@ Register tagprefix="tagprefix" namespace="namespace" %＞、＜%@ Register tagprefix="tagprefix" tagname="tagname" src="pathname" %＞。

说明如下。

(1) tagprefix:提供对包含指令的文件中所使用的标记的命名空间的短引用的别名。

(2) namespace:正在注册的自定义控件的命名空间。

(3) tagname:与类关联的任意别名。此属性只用于用户控件。

(4) src:与tagprefix:tagname关联的声明性用户控件文件的位置,可以是相对地址,也可以是绝对地址。

(5) assembly:与tagprefix属性关联的命名空间的程序集,程序集名称不包括文件扩展名。如果将自定义控件的源代码文件放置在应用程序的App_Code文件夹下,ASP.NET 4.0在运行时会动态编译源文件,因此不必使用assembly属性。

1.5.3 ASPX文件内容注释

服务器端注释(＜%--注释内容--%＞)允许开发人员在ASP.NET应用程序文件的任何部分(除了＜Script＞代码块内部)嵌入代码注释。服务器端注释元素的开始标记和结束标记之间的任何内容,无论是ASP.NET代码还是文本,都不会在服务器上进行处理或呈现在结果页上。

例如,使用服务器端注释TextBox控件,代码如下:

```
<%--
<asp:TextBox ID="TextBox2" runat="server"></asp:TextBox>
--%>
```

执行后,浏览器上将不显示此文本框。

如果＜Script＞代码块中的代码需要注释,则使用HTML代码中的注释(＜!--注释//--＞)。此标记用于告知浏览器忽略该标记中的语句。例如:

```
<script language="javascript" runat="server">
<!--
注释内容
-->
</script>
```

注意:服务器端注释用于页面的主体,但不在服务器端代码块中使用。当在代码声明块(包含在＜script runat="server"＞＜script＞标记中的代码)或代码呈现块(包含在＜%...%＞标记中的代码)中使用特定语言时,应使用用于编码的语言的注释语法。如果在

<%...%>块中使用服务器端注释块，则会出现编译错误。开始和结束注释标记可以出现在同一行代码中，也可以由许多被注释掉的行隔开。服务器端注释块不能被嵌套。

1.5.4　服务器端文件包含

服务器端文件包含用于将指定文件的内容插入 ASP.NET 文件中，这些文件包括网页(.aspx 文件)、用户控件文件(.ascx 文件)和 Global.asax 文件。包含文件是在编译之前将被包含的文件按原始格式插入到原始位置，相当于两个文件组合为一个文件，两个文件的内容必须符合.aspx 文件的要求。

语法如下：

```
<!--#include file|virtual="filename"-->
```

说明如下。

(1) file：文件名是相对于包含带有#include 指令的文件目录的物理路径，此路径可以是相对的。

(2) virtual：文件名是网站中虚拟目录的虚拟路径，此路径可以是相对的。

使用 file 属性时包含的文件可以位于同一目录或子目录中，但该文件不能位于带有#include 指令的文件的上级目录中。由于文件的物理路径可能会更改，因此建议采用 virtual 属性。

例如，使用服务器端包含指令语法调用将在 ASP.NET 页上创建页眉的文件，这里使用的是相对路径，代码如下：

```
<html>
<body>
<!--#include virtual="/include/header.ascx"-->
</body>
</html>
```

注意：赋予 file 或 virtual 属性的值必须用引号("")括起来。

1.5.5　ASP.NET 服务器控件标记语法

1. HTML 服务器控件语法

默认情况下，ASP.NET 文件中的 HTML 元素作为文本进行处理，页面开发人员无法在服务器端访问文件中的 HTML 元素。要使这些元素可以被服务器端访问，必须将 HTML 元素作为服务器控件进行分析和处理，该操作可以通过为 HTML 元素添加 runat="server"属性来完成。服务器端通过 HTML 元素的 id 属性引用该控件。

语法如下：

```
<控件名 id="名称"...runat="server">
```

例如，使用 HTML 服务器端控件创建一个简单的 Web 应用程序。在页面加载事件 Page_Load 事件中，将在文本控件中显示“HTML 服务器控件”，运行结果如图 1-26 所示。

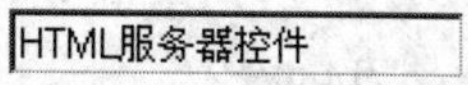

HTML服务器控件

图 1-26　显示 HTML 服务器控件

```
<html>
<head>
    <title>HTML 服务器控件</title>
    <script type="text/javascript" runat="server">
     protected void Page_Load(object sender, EventArgs e)
     {
     }
    </script>
    <style type="text/css">
      #MyText
        {
            width: 188px;
        }
    </style>
</head>
<body>
    <input id="MyText" type="text" runat="server"/></form>
</body>
</html>
```

注意：HTML 服务器控件必须位于具有 runat＝"server"属性的＜form＞标记中。

2. ASP.NET 服务器控件语法

ASP.NET 服务器控件比 HTML 服务器控件具有更多的内置功能。Web 服务器控件不仅包括窗体控件(如按钮和文本框)，而且还包括特殊用途的控件(如日历、菜单和树视图控件)。Web 服务器控件与 HTML 服务器控件相比更为抽象，因为其对象模型不一定反映 HTML 语法。语法如下：

```
<asp:控件名 ID="名称"...组件的其他属性...runat="server" />
```

例如，使用服务器端控件语法添加控件，程序代码如下：

```
<html>
    <head runat="server">
        <title>服务器端控件</title>
        <script language="C#" runat="server" >
        //在页面初始化时显示按钮控件的文本
            protected void Page_Load(object sender, EventArgs e)
            {
                Response.Write(this.btnTest .Text);
            }
        </script>
    </head>
    <body>
        <form id="form1" runat="server">
            <div>
            <asp:Button ID="btnTest" runat="server" Text="服务器按钮控件"/>
           </div></form>
    </body>
</html>
```

运行结果如图 1-27 所示。

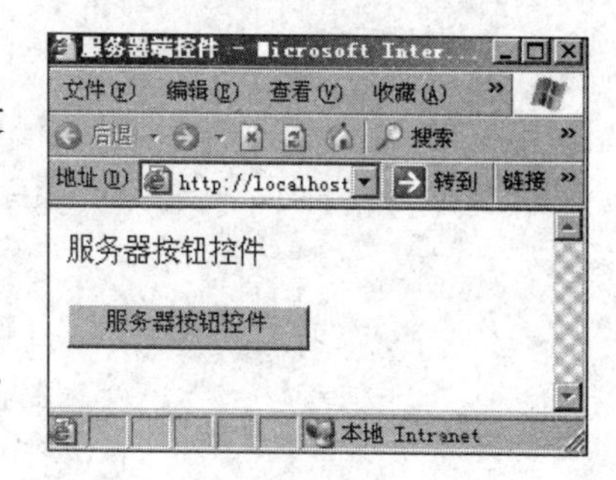

图 1-27　服务器端控件语法举例

以上代码<script>标记内的 language 属性必须设置为 C#，否则<script>标记内不支持使用 C#代码。

1.5.6　代码块语法

代码块语法是定义网页呈现时所执行的内嵌代码。定义内嵌代码的语法标记元素为：

```
<%内嵌代码%>
```

例如，使用代码块语法，根据系统时间显示“上午好！”或“下午好！”，具体代码如下：

```
<html>
    <head runat="server">
        <title>代码块语法</title>
    </head>
    <body>
        <form id="form1" runat="server">
            <%if(DateTime.Now.Hour<12) %>
            上午好！
            <%else%>
            下午好！
        </form>
    </body>
</html>
```

运行结果如图 1-28 所示。

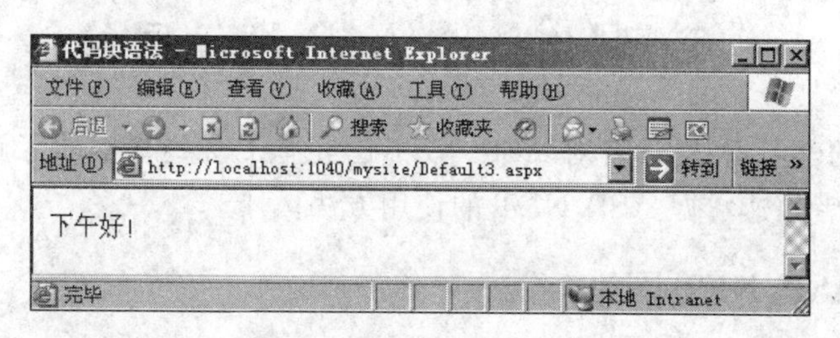

图 1-28　代码块语法举例

以上代码中，DateTime 对象用于表示时间上的一刻，通常以日期和当天的时间表示，包含在 System 命名空间中。

1.5.7　表达式语法

定义内嵌表达式，使用的语法标记元素为：

```
<%=内嵌表达式%>
```

例如，在网页上显示字体大小不同的文本，代码如下：

```
<html>
    <head runat="server">
```

```
        <title>表达式语法</title>
    </head>
    <body>
        <form id="form1" runat="server">
            <%for (int i=1;i <7;i++) %>
            <%{%>
            <font size=<%=i+1%>>欢迎您来到重庆电子工程职业学院</font></br><%}%>
        </form>
    </body>
</html>
```

运行结果如图 1-29 所示。

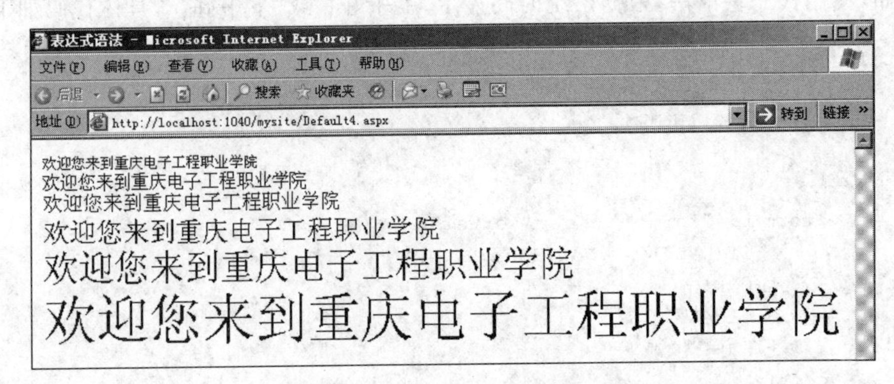

图 1-29 表达式语法举例

说明：以上代码中，使用 for 循环语句执行 6 次循环内容。

1.6 制作一个 ASP.NET 网站

通过前几节的学习，相信读者对 ASP.NET 已经有了一些基本的了解。下面讲解一个简单的实例，使读者快速掌握 ASP.NET 的使用方法。

1.6.1 创建 ASP.NET 网站

创建 ASP.NET 网站的具体操作步骤如下。

(1) 选择“开始”|“所有程序”|Microsoft Visual Studio 2010/Microsoft Visual Studio 2010 命令，进入 Visual Studio 2010 开发环境。

(2) 在菜单栏中选择“文件”|“新建网站”命令，弹出如图 1-30 所示的“新建网站”对话框。

(3) 选择要使用的.NET 框架和“ASP.NET 网站”选项后，对所要创建的 ASP.NET 网站进行命名，并选择存放位置。在命名时可以使用用户自定义的名称，也可以使用默认名称，现在是 WebSite2，因为前一节已经创建过一个站点了，用户可以单击“浏览”按钮，设置网站存放的位置，然后单击“确定”按钮，完成 ASP.NET 网站的创建，如图 1-31 所示。

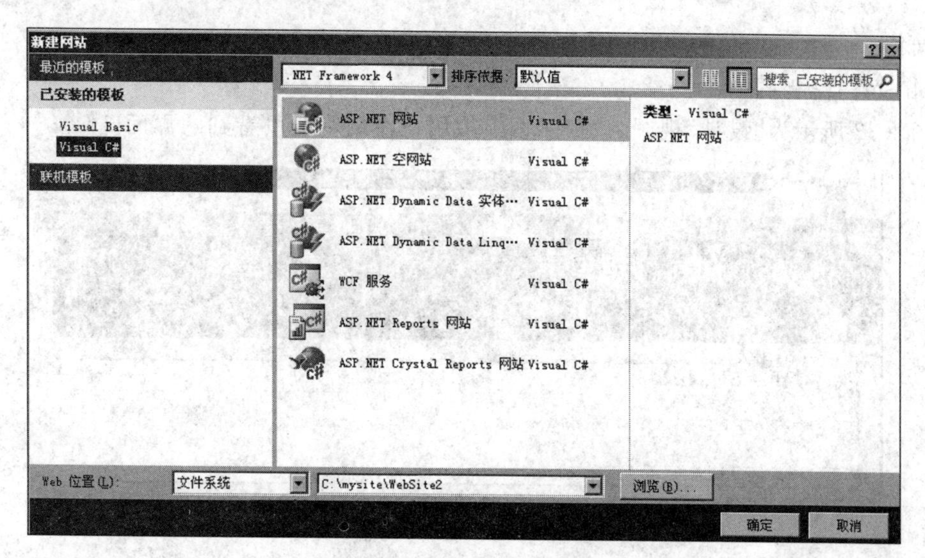

图 1-30　“新建网站”对话框

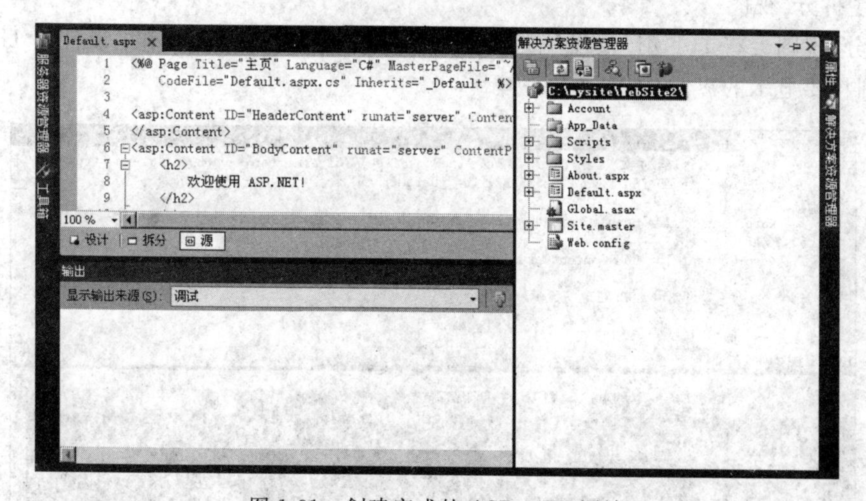

图 1-31　创建完成的 ASP.NET 网站

1.6.2　设计 Web 页面

1. 加入 ASP.NET 网页

ASP.NET 网站建立后，便可在“解决方案资源管理器”面板中选中当前项目，右击，在弹出的快捷菜单中选择“添加新项”命令，将在网站中加入新建的 ASP.NET 网页 Default2.aspx，此时暂不加。

ASP.NET 网站里可以放入许多不同种类的文件，最常见的是 ASP.NET 网页，也就是所谓的“Web 窗体”，其扩展名为.aspx，主文件名部分可自行定义，默认为 Default。因为网页可编写程序，所以加入新网页时需要设定编写网页程序时使用的语言，本书统一使用 C#语言。

2. 打开默认的 Default.aspx 网页

每个.aspx 的 Web 窗体网页都有 3 种视图方式，分别为“设计”“拆分”及“源”视图。在“解决方案资源管理器”上双击某个 *.aspx 就可以打开.aspx 文件，接下来便可以在 3 种方式间切换。

(1)“设计”视图

图 1-32 所示为“设计”视图,该视图可模拟用户在浏览器里看到的界面。

图 1-32 “设计”视图

(2)“拆分”视图

“拆分”视图会将 HTML 及设计界面同时呈现在开发工具中,让用户设计好 HTML 后即可看到将要显示的界面,如图 1-33 所示。

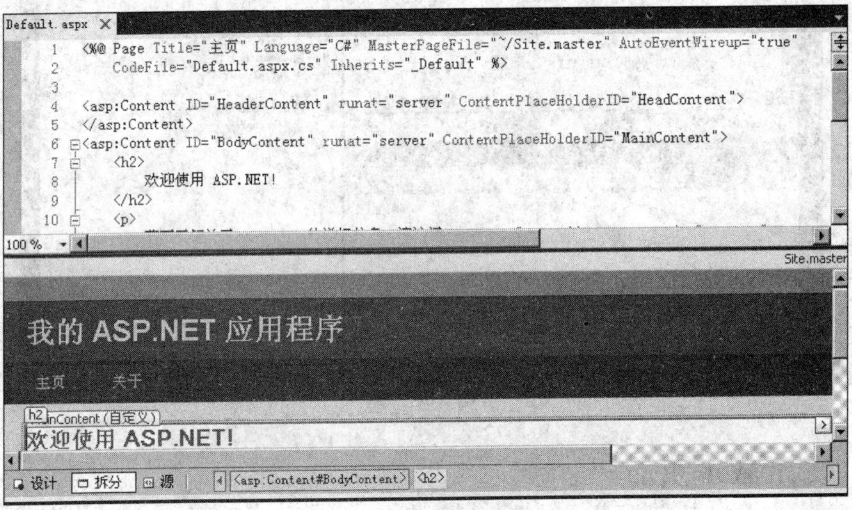

图 1-33 “拆分”视图

(3)“源”视图

“源”视图可以让网页设计人员针对网页的 HTML 及程序做细致地编辑及调整,如图 1-34 所示。

3. 布局 ASP.NET 网页

布局 ASP.NET 网页可以使用两种方法实现,一种是使用 Table 表格布局;另一种是使用 CSS+DIV 布局。使用 Table 表格布局时,在 Web 窗体中添加一个 HTML 格式表格,然后根据位置的需要,向表格中添加相关文字信息或服务器控件。而使用 CSS+DIV 布局时,需要通过 CSS 样式控制 Web 窗体中的文字信息或服务器控件的位置,这需要精通 CSS 样式。

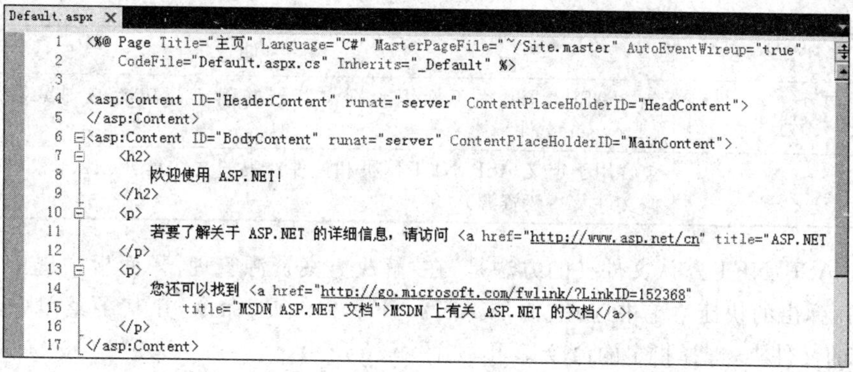

```
Default.aspx ×
1   <%@ Page Title="主页" Language="C#" MasterPageFile="~/Site.master" AutoEventWireup="true"
2       CodeFile="Default.aspx.cs" Inherits="_Default" %>
3
4   <asp:Content ID="HeaderContent" runat="server" ContentPlaceHolderID="HeadContent">
5   </asp:Content>
6   <asp:Content ID="BodyContent" runat="server" ContentPlaceHolderID="MainContent">
7       <h2>
8           欢迎使用 ASP.NET!
9       </h2>
10      <p>
11          若要了解关于 ASP.NET 的详细信息，请访问 <a href="http://www.asp.net/cn" title="ASP.NET
12      </p>
13      <p>
14          您还可以找到 <a href="http://go.microsoft.com/fwlink/?LinkID=152368"
15              title="MSDN ASP.NET 文档">MSDN 上有关 ASP.NET 的文档</a>。
16      </p>
17  </asp:Content>
```

图 1-34　“源”视图

1.6.3　添加服务器控件

添加服务器控件既可以通过拖曳的方式添加，也可以通过 ASP.NET 网页代码添加。例如，下面介绍通过这两种方法添加一个 Button 按钮。

1. 拖曳方法

首先打开工具箱，在“标准”栏中找到 Label 控件，然后按住鼠标左键，将 Label 按钮拖曳到 Web 窗体中指定位置或表格单元格中，最后释放鼠标即可，如图 1-35 所示。

图 1-35　添加 Label 控件

2. 代码方法

打开 Web 窗体的“源”视图，使用代码添加一个 Label 控件，代码如下：

```
<asp:Label ID="Label1" runat="server" Text="Label"></asp:Label>
```

1.6.4　添加 ASP.NET 文件夹

ASP.NET 应用程序包含 7 个默认文件夹，分别为 Bin、APP_Code、App_GlobalResources、App_LocalResources、App_WebReferences、App_Browsers 和主题。每个文件夹都存放 ASP.NET 应用程序的不同类型的资源，具体说明如表 1-2 所示。

表 1-2　ASP.NET 应用程序文件夹说明

文　件　夹	说　　明
Bin	包含程序所需的所有已编译程序集(.dll文件)。应用程序中自动引用 Bin 文件夹中的代码所表示的任何类
APP_Code	包含页使用的类(如.cs、.vb 和.jsl 文件)的源代码
App_GlobalResources	包含编译到具有全局范围的程序集中的资源(.resx 和.resources 文件)
App_LocalResources	包含与应用程序中的特定页、用户控件或母版页关联的资源(.resx 和.resources 文件)
App_WebReferences	包含用于定义在应用程序中使用的 Web 引用的引用协定文件(.wsdl文件)、架构(.xsd 文件)和发现文档文件(.disco 和.discomap 文件)

续表

文 件 夹	说 明
App_Browsers	包含 ASP.NET 用于标识个别浏览器并确定其功能的浏览器定义文件(.browser 文件)
主题	包含用于定义 ASP.NET 网页和控件外观的文件集合(.skin 和.css 文件、图像文件及一般资源)

添加 ASP.NET 默认文件夹的方法是,在"解决方案资源管理器"面板中选中方案名称并右击,在弹出的快捷菜单中选择"添加 ASP.NET 文件夹"命令,在其子菜单中可以看到 7 个默认的文件夹,选择指定的命令即可,如图 1-36 所示。

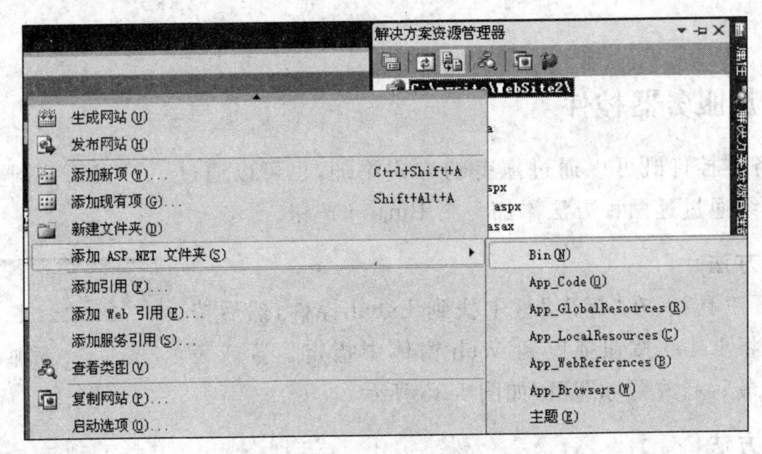

图 1-36 ASP.NET 默认文件夹

说明:新建网站后,默认存在的文件夹是 App_Data,其他文件夹可以根据需要手动添加。在操作过程中有些文件夹会自动添加,例如添加一个类文件时,会自动创建 App_Code 文件夹并将新建的类文件保存在该文件夹中。

1.6.5 添加配置文件 Web.config

在 Visual Studio 2010 中创建网站后,会自动添加 Web.config 配置文件。手动添加 Web.config 文件的方法是,在"解决方案资源管理器"面板中,右击网站名称,在弹出的快捷菜单中选择"添加新项"命令,打开"添加新项"对话框,选择"Web 配置文件"选项,单击"添加"按钮即可。

注意:在 Visual Studio 2010 开发环境中,Web.config 文件不需要手动添加,这里只是提供添加的方法。

1.6.6 运行应用程序

Visual Studio 中有多种方法运行程序,可以选择"调试"|"启动调试"命令运行应用程序,也可以单击工具栏中的▶按钮运行应用程序,还可以直接按 F5 键运行程序。

第一次运行网站时会弹出"未启用调试"对话框,如图 1-37 所示。该对话框中有"修改 Web.config 文件以启用调试"和"不进行调试直接运行"两个单选按钮,一般选中前者,然后单击“确定”按钮运行程序。运行结果如图 1-38 所示。

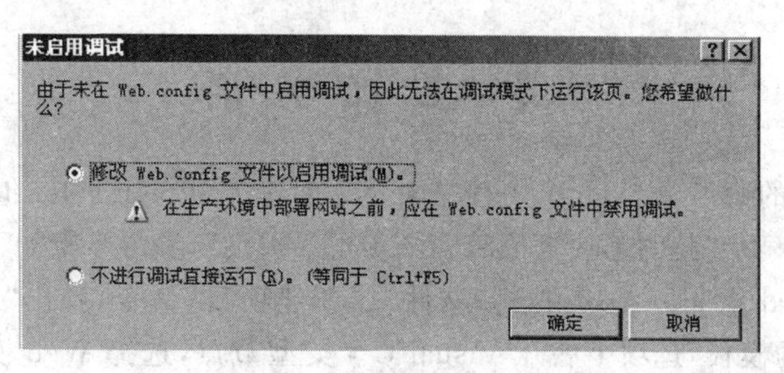

图 1-37　“未启用调试”对话框

图 1-38　Default.aspx 页运行结果

这里在网页里面拖入了一个 Label 控件。

1.7 小　结

本章讲解了 ASP.NET 的基本概念，以及.NET 框架的基本概念。这些概念在初学 ASP.NET 时会觉得非常的困难，但是这些概念会在今后的开发中逐渐清晰。虽然这些基本概念看上去没什么，但是在今后的 ASP.NET 应用开发中起着非常重要的作用，熟练掌握 ASP.NET 基本概念能够提高应用程序的适用性和健壮性。Visual Studio 2010 不仅提供了丰富的服务器控件，还提供了属性、资源管理、错误列表窗口以便开发人员进行项目开发。本章还介绍了以下内容。

(1) .NET 历史与展望：包括.NET 应用程序的过去和未来以及发展前景。

(2) ASP.NET 与 ASP：讲解了 ASP.NET 与 ASP 的不同之处。

(3) ASP.NET 开发工具：讲解了 ASP.NET 开发工具的基本知识。

(4) .NET 框架：讲解了.NET 框架的基本知识。

(5) 公共语言运行时(CLR)：讲解了.NET 框架的公共语言进行时。

(6) .NET Framework 类库：讲解了.NET 框架的.NET Framework 类库的基本知识。

(7) 安装 Visual Studio 2010：讲解了如何安装 Visual Studio 2010。

(8) 安装SQL Server 2008：讲解了如何安装SQL Server 2008。

1.8 上机实训

下面通过本书的第一个Web应用程序来介绍创建ASP.NET 4.0应用程序的过程，本练习将实现在页面显示“我的第一个ASP.NET 4.0网页”，练习步骤如下。

(1) 启动Visual Studio 2010，执行“文件”|“新建项目”命令，弹出“新建项目”对话框，在左侧“已经安装的模板”选项中展开Visual C#类型节点，选择Web模板，同时在右边窗口选择“ASP.NET空Web应用程序”，在“名称”文本框中输入“上机实训”，并在“位置”文本框中输入相应的存储路径，在“解决方案名称”文本框中输入“上机实训”，最后单击“确定”按钮。

(2) 这时在解决方案管理器中的网站根目录下会生成一个“上机实训”的Web项目，右击项目名称“上机实训”，在弹出的菜单中选择“添加”|“新建项”命令。在弹出的“添加新项”对话框中选择“已安装模板”下的Web模板，并在模板文件列表中选中“Web窗体”，然后在“名称”文本框中输入该文件的名称“Default.aspx”，最后单击“添加”按钮。

此时“上机实训”下面会生成一个Default.aspx页面，它包括两个文件：一个是Default.aspx.es文件，用于编写后台代码；另一个是Default.aspx.designer.cs文件，存放的是一些页面控件的配置信息。

(3) 双击网站根目录下的Default.aspx文件，进入“视图设计器”。从“工具箱”中拖动一个“Label控件”到“设计”视图中。

(4) 双击网站根目录下的Default.aspx.es文件，编写代码如下：

```
protected void Page_Load (object sender, EventArgs e){
    Label1 .Text="我的第一个 ASP.NET 4.0 网页!"
}
```

代码说明：第1行处理页面Page的加载事件Load。第2行设置Label1控件的文本显示“我的第一个ASP.NET 4.0网页!”。

按Ctrl+F5组合键，测试运行程序的效果。

第2章

C#程序设计基础

21世纪初，微软公司推出了新一代的程序开发环境 Visual Studio .NET，同时也推出了该环境下的主要编程语言C#(C Sharp)。程序设计人员利用.NET平台，配合C#语言，可以轻松、快速地开发出实用的 Windows 应用软件，也可以利用 ASP.NET 设计出多姿多彩的动态网页。本章各节主要包括以下几个方面的内容：C#语言程序结构；C#语言数据类型；类、接口与结构等面向对象的概念；程序的流程控制；C#语言的主要异常处理语句。

2.1 C# 简介

C#是微软公司设计用来在.NET平台上开发程序的主要编程语言。它吸收了C、C++与Java各自的优点，是一种新型的面向对象的高级程序语言。C#语言主要涉及类(Class)、对象(Object)、继承(Inheritance)等面向对象的概念，在特点上与Java较为相似。

2.1.1 .NET Framework

以往的程序设计人员，要么利用 Visual C++ 的 MFC(Microsoft Foundation Classes)，要么通过 Visual Basic APIs(Application Programming Interfaces)来开发项目，没有统一的标准，没有共同的开发结构。为了满足不同项目的开发需求，程序设计人员得不断地学习各种语言的开发结构，而不能专注于程序本身的设计。.NET Framework 的出现则改变了这种混乱的局面，它主要有以下特点。

(1) .NET Framework 结合了微软当前所有的开发结构，让程序设计人员能够利用C#等中间语言来编写程序，这类中间语言和其他编程语言的函数库、使用方式、类及名称都相同。因此，设计人员可以专注于程序算法上的设计，而避免奔波于不同语言的学习。

(2) .NET Framework 通过建立一个可以跨不同编程语言的 APIs，从而能够在不同编程语言间进行连接、错误处理及编程调试(Debug)工作。通过该平台，程序设计人员可以将开发好的编程，顺利移植到不同的平台上进行运行，还可以转化成网络服务等。

(3) .NET Framework 以微软的 Component Object Model(COM)作为基础，并且利用更活动的运算方式将所有组件结合在一起，高效能的网页组件体系简化了编程工作，具有更好的安全性。

2.1.2 网页服务时代

以往网站设计人员总要以集成的方式来构建整个网站的应用程序，这种开发方式浪费了大量的人力物力,而且往往因为其中某一个环节出错而影响整个项目结构。新一代的网络编程则可以利用 C#,将 Web 编程创建在例如企业级模板等多层次结构系统上,并利用网络服务(Web Services)在网上将不同的小组,利用不同开发语言设计出来的模块协同运行。它降低了开发人员彼此之间沟通的困难。

利用网页服务,程序设计人员将应用程序集成在网络的服务中,远端系统可以通过网络来调用这些应用程序,就像在本机服务一样。

2.1.3 C#的主要功能

C#的主要功能表现在以下几个方面。

(1) 设计 Windows 应用程序。

(2) 自定义 Windows 控制库。

(3) 设计控制台应用程序。

(4) 设计智能设备应用程序。

(5) 设计 ASP.NET Web 应用程序。

(6) 设计 ASP.NET Web 服务。

(7) 设计 ASP.NET 移动 Web 应用程序。

(8) 自定义 Web 控件库。

ASP.NET 正是以 C#为基础所开发出来的应用程序框架。在中间语言的领域里,C#是最具亲和力的语言,它拥有 C 语言与 Java 语言的主要特点,同时拥有功能强大的函数库、方便的模板等,是目前最理想的语言之一。

2.2 C# 程序结构

程序一般都有其固定的结构与限制。C#撰写出来的应用程序都是由一个个类(Class)组成的,连程序也包含在类里。以下是一个用 C#编写的简单的控制台应用程序,它可以形象地说明 C#编写的应用程序的结构特点。代码如下:

```
using System;
namespace ConsoleApplication1
{
    class Class1
    {
        static void Main(string[] args)
        {
            //TODO: 在此处添加代码以启动应用程序
        }
    }
}
```

上面的程序大致地搭出了一个应用程序框架,虽然不执行什么操作,但是仍然可以正确地编译、运行。

注意: 建议读者从本章开始,对书中所提供的程序示例,亲自进行撰写、编译和运行。

在这个过程中才可能得到有益的学习经验。

2.2.1 程序入口点

几乎所有程序设计语言都有固定的进入方式及程序组成结构，C#也一样。学习过C语言或者C++语言后，对下面的程序代码便不会感到陌生，它是一个标准的C语言程序进入点。代码如下：

```
void main()
{
    //程序写在这里
}
```

C#程序与C语言类似，也是从Main()函数开始执行，只是需要留意，这里Main是首字母大写，不能写成小写，并且其前面必须加上关键字static。例如，前面的范例程序中，程序入口点是：

```
static void Main(string[] args)
{
    //TODO: 在此处添加代码以启动应用程序
}
```

注意：在C#语言里是区分大小写的，所以Main()完全不等同于main()。

2.2.2 using的用法

在C#程序中，不管是简单的数据类型，还是执行其他复杂操作，都必须通过函数库才能实现。.NET类库(library)中包含了许多类，例如按钮、复选框等。利用类库可以开发出具有优美界面的应用程序。

.NET类库中还包含了许多可以实现其他丰富功能的类，例如存取网络、数据库操作等，这些类库使C#编写的程序功能无比强大。

为了方便地运用这些函数库，C#程序中必须使用using关键字将函数库包含进来。如果有C或C++语言基础，便可以看出C#的using与C或C++中的#include十分相似，都是为了使用已经设计好的程序。

以下程序代码的执行结果是，在DOS命令窗口中，按提示输入自己的名字后，显示一条欢迎信息，如图2-1所示。如果去掉using这一行，则程序编译无法通过。

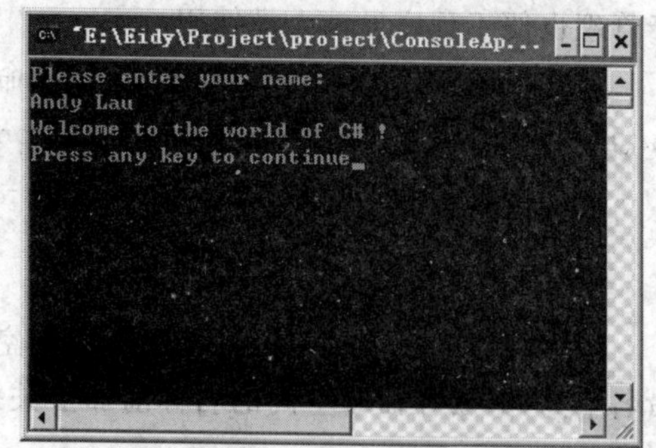

图2-1 命令窗口中的执行结果

```
using System;
namespace ConsoleApplication1
{
    class Class1
```

```
    {
        static void Main(string[] args)
        {
            Console.WriteLine("Please enter your name:");     //输出提示信息
            Console.ReadLine();                               //从键盘读入一行字符
            Console.WriteLine("Welcome to the world of C#!");  //显示欢迎信息
        }
    }
}
```

范例中使用了 System 下的一个叫做 Console 的类。利用 Console 类，范例程序在 DOS 命令窗口里输出、读入了字符信息。

第 1 行程序使用 using 关键字的主要目的是让编译器知道程序中将要使用定义在 System 中的所有类。程序设计人员在程序中便可以不必通过完整的类的名称来使用类，例如 System. Console. Write。

如果不使用 using 关键字来设计 C#程序，要实现范例中的功能也是可以的，只是这时候编译器不知道程序中会使用定义在 System 中的类，设计人员在使用 System 中的类时需要输入完整的类名称。例如，上面的范例程序在去掉 using 关键字的第 1 行程序后，程序修改如下：

```
System.Console.WriteLine("Please enter your name:");        //输出提示信息
System.Console.ReadLine();                                  //从键盘读入一行字符
System.Console.WriteLine("Welcome to the world of C#!");     //显示欢迎信息
```

2.2.3 命名空间

C#程序主要是利用命名空间(namespace)来组织的，函数库就是由一个个的命名空间组成。每个命名空间都可以视为一个容器，容器里可以存放类、接口、结构等程序。.NET 就是用命名空间来对程序进行分类，把功能相似的类、结构等程序放在同一个命名空间里，便于管理也便于程序设计人员使用。

最常见也常用的命名空间是 System 命名空间，它包含了许多常用的结构类型，例如 int、bool，还有许多类，如 Console、Expection。

引用内置命名空间的方法就是使用前一节介绍的 using 关键字。

```
using System;
```

程序设计人员还可以设计自己的命名空间，以供别人或者自己设计程序时使用。定义命名空间，只要在命名空间的名称前加上关键字 namespace 即可，例如：

```
namespace ConsoleApplication1
```

命名空间作为一个容器，其里面的区域需要用一个大括号“{}”来标示，这与类(class)和方法(method)的定义一样，例如：

```
namespace MyNamespace
{
    public class HelloWorld
```

```
    {
        public void Display()
        {
            System.Console.WriteLine("Hello,World!");
        }
    }
}
```

这个自定义的命名空间 MyNamespace 包含了一个类 HelloWorld。与使用函数库里的命名空间一样，程序设计人员可以利用 using 关键字来使用类 HelloWorld，例如：

```
using MyNamespace;
public class UseClass
{
    static void Main()
    {
        HelloWorld.Display();          //使用 MyNamespace 里的类 HelloWorld
    }
}
```

或者不用 using 关键字，而直接用完整的类名来使用类 HelloWorld，例如：

```
MyNamespace.HelloWorld.Display();          //使用 MyNamespace 里的类 HelloWorld
```

2.2.4 程序区块

C#程序语言与 C/C++ 及 Java 相同，都是以大括号"{}"来区分程序区块的，不论是类(class)、方法(method)还是命名空间(namespace)都一样，必须将里面的内容以大括号来囊括。并且每个程序描述语句都必须以分号";"作为结尾，例如：

```
public class MyClass
{
    public static void Main()
    {
        System.Console.Write("C#here");          //每一句程序语句都要以分号结尾
    }                                            //大括号标出 Main 方法的区块来
}                                                //大括号标出 MyClass 类的区块来
```

2.2.5 程序注释

程序的注释是帮助阅读程序代码的重要辅助工具。良好的程序注释习惯是优秀程序员必须具备的品质之一。代码注释不仅不会浪费时间；相反，它会使程序清晰、友好，从而提高编程效率。

C#的注释方式与 C++ 一样，每一行中双斜杠"//"后面的内容，以及在分隔符"/*"和"*/"之间的内容都将被编译器忽略。程序设计人员可以利用双斜杠"//"进行单行注释，也可以利用分隔符"/*"和"*/"进行多行注释，例如：

```
//源文件 Class1.cs
```

```
/* 这是我的第一个 C#程序
主要用来输出提示信息
从键盘上读取输入的名字后
再输出欢迎信息
*/
using System;                          //利用 using 关键字,运用 System 命名空间
namespace ConsoleApplication1          //定义自己的命名空间
{
    class Class1                       //命名空间里的第一个类
    {                                  //程序入口点
        static void Main(string[] args)
        {
            Console.WriteLine("Please enter your name:");      //输出提示信息
            Console.ReadLine();                                //从键盘读入一行字符
            Console.WriteLine("Welcome to the world of C#!"); //显示欢迎信息
        }
    }
}
```

注释是用来说明解释程序,提高代码可读性的,太长的注释反而起不到效果,所以注释应以简洁为第一要义,避免拖沓冗长。

2.3 C#的数据类型

应用程序总是需要处理,而现实世界中的数据类型多种多样。为了让计算机了解需要处理的是什么样的数据,以及采用哪种方式进行处理,按什么格式来保存数据等,每一种高级语言都提供了一组数据类型。不同的语言提供的数据类型不尽相同。

2.3.1 数据类型概述

C#内置的数据类型主要包含了整型、浮点型、字符型、布尔型等大部分程序语言都有的数据类型。表 2-1 为 C#内置的简单数据类型。

表 2-1 C#内置简单数据类型

数据类型	占用内存/bits	数值范围
sbyte	8	−128～127
byte	8	0～255
short	16	−32768～32767
ushort	16	0～65535
int	32	−2147483648～2147483647
uint	32	0～4294967295
long	64	−9223372036854775808～9223372036854775807
ulong	64	0～18446744073709551615
char	16	0～65535
float	32	1.5×10e−45～3.4×10e38

续表

数据类型	占用内存/bits	数 值 范 围
double	64	5.0×10e−324～1.7×10e308
bool	NA	Ture 与 False
decimal	128	NA

在 C# 中，所有内置的简单数据类型其实都是一个结构(structure)，因此这些数据类型就拥有所属的成员(member)，例如 int 类型包含有 MaxValue、MinValue、ToString 等成员。以下程序利用 int 类型的成员 MinValue 取得 int 类型的最小值，并且利用 ToString 将数值转化为字符串输出。代码如下：

```
using System;
    public class MemberShow
    {
        public static void Main()
        {
            int MinNum=int.MinValue;     //定义整型变量,并赋值为整型的 MinValue 成员
            Console.WriteLine("Min Value of int is :"+MinNum.ToString());
                                         //将整型转化为字符串
                                         //后输入显示
        }
    }
```

该范例程序运行结果如图 2-2 所示。

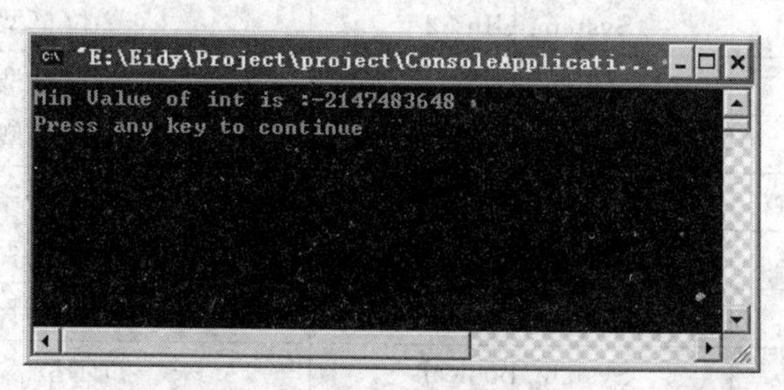

图 2-2　结构成员的运用

任何编程语言都有属于自己的数据类型，C# 除了拥有以上一般语言都有的简单数据类型外，主要还有以下 3 类数据类型。

(1) 值类型(value type)，包含了变量中的值或数据，即使同为值类型的变量也无法相互影响。

(2) 引用类型(reference type)，保留了变量中数据的相关信息，同为引用类型的两个变量，可以指向同一个对象，也可以针对同一个变量产生作用，或者被其他同为引用类型的变量所影响。

(3) 指针类型(pointer type)，在 C# 里可以为程序代码加上特殊的标记：unsafe，从而实现在程序里使用指针，此时所用的数据类型就是指针类型。

注意：Java 里并没有指针，C# 里却可以使用指针，但是必须为使用指针的程序块加

上 unsafe 程序标记。

2.3.2 值类型

在 C#语言领域里,值类型主要包括以下几种数据类型:简单数据类型(simple type)、结构类型(struct type)、枚举类型(enums type)、默认构造函数(default constructor)。

1. 简单数据类型

前一节提到 C#提供了一般语言都拥有的数据类型,称为简单数据类型(simple type)。每个简单数据类型都有一个保留字作为其专有的名称,如 int(整数)、char(字符)。实际上,这些以保留字方式定义好的数据类型都是 System 命名空间里的结构类型(struct type)。

由于它们比较常用,而且为了减少使用上与其他语言的差异,便采用了简单数据类型的用法。每个简单数据类型在 System 命名空间里都有一个结构类型与之相对应,它们的等价关系如表 2-2 所示。

表 2-2 简单数据类型与结构类型的等价关系

简单数据类型	对应的结构类型	描 述
sbyte	System. Sbyte	8 位整型(signed)
byte	System. Byte	8 位整型(unsigned)
short	System. Int16	16 位整型(signed)
ushort	System. UInt16	16 位整型(unsigned)
int	System. Int32	32 位整型(signed)
uint	System. UInt32	32 位整型(unsigned)
long	System. Int64	64 位整型(signed)
ulong	System. UInt64	64 位整型(unsigned)
char	System. Char	unicode 字符
float	System. Single	单精度浮点型
double	System. Double	双精度浮点型
bool	System. Boolean	布尔型
decimal	System. Decimal	精度小数(28 位)

既然简单数据类型实际上是结构类型,那么它们便具有结构数据类型的特点,有属于自己的成员,如变量、常量、方法等。以下例子主要运用了整型(int)的常量 MaxValue 及其方法 ToString()。代码如下:

```
using System;
public class SimpleTypeMember
{
    public static void Main()
    {
        int MaxInt=int.MaxValue;                //定义整型变量,并赋值为 int 的常量成员
        String myString=MaxInt.ToString();      //将整型转化为字符串
        Console.WriteLine("Max value of Int is:"+myString);      //输出信息
    }
```

```
}
```

运行该程序,在 DOS 命令窗口里得到如下结果。

```
Max value of Int is:2147483647
```

简单数据类型具体又可分为以下几类:整数类型、布尔类型、实数类型、字符类型。

(1) 整数类型

数学上的整数可以从负无穷到正无穷,但是计算机的存储单元是有限的,所以计算机语言提供的整数类型的值总是在一定范围之内。C#有 9 种数据类型:短字节型(sbyte)、字节型(byte)、短整型(short)、无符号短整型(ushort)、整型(int)、无符号整型(unit)、长整型(long)、无符号长整型(ulong)。划分的依据是该类型变量在内存中所占的位数,各种类型的数值范围及所占内存空间可以参照表 2-1 及表 2-2。

注意:位数的概念是以二进制来定义的,比如说 8 位整数,则表示的数是 2 的 8 次方,为 256。

从以下范例可以清楚地看出,当某类型的变量取值大小溢出该类型的数值范围时,计算机的处理方式。代码如下:

```
using System;
public class ValueOut
{
    public static void Main()
    {
        int i=2147483647;            //定义变量为整型的最大值
        Console.WriteLine(i);
        i++;                         //变量数值加 1,溢出整型的数值范围
        Console.WriteLine(i);
    }
}
```

程序运行结果为

```
2147483647
- 2147483648
```

上面的范例程序表明,当变量超出数据类型的数值范围时,便会出错。读者不妨把这一行程序

```
i++;                    //变量数值加 1,溢出整型的数值范围
```

改为

```
i=+2;                    //变量数值加 2,溢出整型的数值范围
```

再看看程序的运行结果。

(2) 布尔类型

布尔类型是用来表示“真”和“假”两个概念的,在 C#里用 true 和 false 来表示。值得注意的是,在 C 和 C++ 中,用 0 来表示“假”,用其他任何非 0 值来表示“真”。但是这种表达方式在 C#中已经被放弃。在 C#中,true 值不能被其他任何非零值所代替。整数类型与布

尔类型之间不再有任何转换,将整数类型转换成布尔型是不合法的,例如:

```
bool WrongTransform=1;              //错误的表达式,不能将整型转换成布尔型
```

(3) 实数类型

数学中的实数不仅包括整数,而且包括小数。小数在C#中主要采用两种类型来表示:单精度(float)和双精度(double)。它们的主要差别在于取值范围和精度不同。程序如果用大量的双精度类型的话,虽然说数据比较精确,但是将会占用更多的内存,程序的运行速度会比较慢。①单精度取值范围在正负1.5×10e-45到3.4×10e38之间,精度为7位数;②双精度取值范围在正负5.0×10e-324到1.7×10e308之间,精度为15~16位。

C#还专门定义了一种十进制类型(decimal),主要用于金融和货币方面的计算。在现代的企业应用程序中,不可避免要涉及大量的这方面的计算和处理,而十进制类型是一种高精度、128位数据类型,它所表示的范围从大约1.0×10e-28到7.9×10e28的28~29位有效数字。十进制类型的取值范围比double类型的范围小很多,但它更精确。

(4) 字符类型

除了数字外,计算机处理的信息还包括字符。字符主要包括数字字符、英文字符、表达符号等。C#提供的字符类型按照国际上公认的标准,采用Unicode字符集。

可以按下面的方法给一个字符变量赋值。

```
char c="C";          //给字符变量赋值
```

(5) 类型转换

在C#语言中,一些预定义的数据类型之间存在预定义的转换。例如,从short类型转换到int类型。C#中数据类型的转换可以分为两类:隐式转换(inplicit conversions)和显式转换(explicit conversions)。

隐式转换就是系统默认的,不需要加以声明就可以进行的转换。在隐式转换过程中,编译器无须对转换详细检查就能够安全地执行,转换过程中也不会导致信息丢失,例如:

```
short st=23;
int i=st;            //将短整型隐式转换成整型了
```

显式转换又叫强制类型转换。与隐式转换正好相反,显式转换需要用户明确地指定转换的类型。显式转换可以发生在表达式的计算过程中,它并不是总能成功,而且常常引起信息丢失,例如:

```
using System;
public class TypeConversion
{
    public static void Main()
    {
        float f=10.23f;                //定义一个单精度的实数
        int i=(int)f;                  //将单精度强制转换为整型
        Console.WriteLine(f);          //输出单精度数
        Console.WriteLine(i);          //输出整型
    }
}
```

运行结果如下：

```
10.23
10
```

从结果中可以看出，强制转换过程可能会丢失信息，而且必须显式地说明，说明方法为在变量前用括号标出要转换成的数据类型。

2. 结构类型

利用简单数据类型可以进行一些常用的数据运算、文字处理。但是日常生活中经常会碰到一些更复杂的数据类型，比如图书馆里每本书的资料，需要书的作者、出版社、书名，如果按简单类型来管理，那么每本书需要存放到 3 个不同的变量中，这样工作会变得复杂。

C#程序里定义了一种数据类型，它将一系列相关的变量组织为一个实体，该类型称为结构(struct)。定义结构类型(struct type)的方式如下：

```
struct Book
{
    string name;                    //结构里,默认为私有(private)成员
    public string author;
    public string publisher;
}
```

结构中，除了包含变量外，还可以有构造函数(constructor)、常数(constant)、方法(method)等。下面的范例可以形象地展示结构类型的用法。

```
using System;
public struct Circle
{
    public double r;                            //定义一个成员变量
    public const double pi=3.1415926;           //定义一个常数
    public Circle(double radius)
    {
        r=radius;                               //带参数的构造函数
    }
    public double Area()
    {
        return pi*r*r;                          //计算面积的成员方法
    }
    public double Circumstance()
    {
        return 2*pi*r;                          //计算周长的成员方法
    }
}

public class StructShow
{
    public static void Main()
```

```
    {
        Circle MyCircle=new Circle(2);          //定义了 Circle 结构类型的实例对象
        Console.WriteLine("The radius of the circle: "+MyCircle.r);
        Console.WriteLine("The area of the circle: "+MyCircle.Area());
        Console.WriteLine("The circumstance of the circle: "+MyCircle.Circumstance());
    }
}
```

范例程序运行的结果是：

```
The radius of the circle: 2
The area of the circle: 12.5663704
The circumstance of the circle: 12.5663704
```

在 C#语言中，可以像 int、bool 或 double 等简单类型一样，通过定义变量的方法来建立结构类型的实例对象，例如：

```
Circle MyCircle;
```

也可以利用 new 运算符来建立实例，例如范例中的语句：

```
Circle MyCircle=new Circle(2);          //定义了 Circle 结构类型的实例对象
```

访问结构类型的内部成员的方法如下：

```
MyCircle.r=2;
Concole.WriteLine(MyCircle.Area());
```

3. 枚举类型

枚举(enum)实际上是为一组在逻辑上密不可分的整数值提供便于记忆的符号。例如，定义一个代表星期的枚举类型(enum type)的变量，代码如下：

```
enum Week
{
    Monday,Tuesday,Wednesday,Thursday,Friday,Saturday,Sunday
};
Week ThisWeek;                          //定义了一个枚举类型的实例变量
```

在形式上，枚举与结构类型非常相似，但是结构是不同的类型数据组成的一个新的数据类型，结构类型的变量值由各个成员的值组合而成。而枚举类型的变量在某一时刻只能取枚举中的某一个元素的值。例如，ThisWeek 是枚举类型 Week 的变量，但是它的值要么是 Monday，要么是 Friday 等，在某个时刻只能代表具体的某一天。

注意：在枚举中，每个元素之间的相隔符为逗号，这与结构类型不同，结构类型一般用分号来分隔各个成员。

按照系统的默认，枚举中的每个元素都是 int 型，且第一个元素的值为 0，它后面的每一个连续的元素的值以 1 递增。或者程序设计人员可以对元素自行赋值。例如，把 Monday 的值设为 1，则其后的元素的值分别为 2～7。

```
enum Week
```

```
{
    Monday=1,Tuesday,Wednesday,Thursday,Friday,Saturday,Sunday
};
```

为枚举类型的元素所赋的值类型限于 long、int、short 和 byte 等整数类型。

2.3.3 引用类型

C#语言中的引用类型(reference type)主要包括以下几种类型：类类型(class type)、对象类型(object type)、字符串类型(string type)、接口类型(interface type)、数组类型(array type)、代表类型(delegate type)。

1. 类类型

类是面向对象编程的基本单位，是一种包含数据成员、函数成员和嵌套类型的数据结构。类的数据成员有常量、域和事件。函数成员包括方法、属性、索引指示器、运算符、构造函数和析构函数。类和结构同样都包含了自己的成员，有许多共同特点，但它们最主要的区别是类是引用类型，而结构是值类型。

以下范例程序是一个使用类的典型例子。

```
public class ClassType
{
    public string name;                 //定义了成员变量
    private string phone;
    public string Phonenumber           //定义属性变量的另一种方法
    {
        get
        {
            return phone;
        }
        set
        {
            phone=value;
        }
    }
    public ClassType()
    {                                   //类的构造函数
    }
    public string GetName()
    {
        return name;                    //类的成员方法
    }
    ~ClassType()
    {                                   //类的析构函数
    }
}
```

类还支持继承机制。通过继承，派生类可以扩展基类的数据成员和函数方法，进而达到代码重用和设计重用的目的。有关类的概念将在 2.4 节中做详细介绍。

2. 对象类型

对象类型(object type)是所有其他类型的基类，C#中的所有类型都直接或间接地从对

象类型中继承。因此,对一个对象类型的变量可以赋予任何类型的值,例如:

```
int x=1;
object obj1;
obj1=x;                //赋予对象类型变量为整型的数值
object obj2="B";       //赋予对象类型变量为字符值
```

对对象类型的变量声明可以采用 object 关键字,这个关键字是在.NET框架结构中提供的预定义的命名空间 System 中定义的,是类 System.Object 的别名。

3. 数组类型

数组(array)是一种包含了多个变量的数据类型,这些变量称为数组的元素(element)。同一个数组里的数组元素必须都有相同的数据类型,并且利用索引(index)可以存取数组元素。

C#定义数组的方式与 C/C++或 Java 一样,必须指定数组的数据类型,例如:

```
int[] IntArray;
```

但是,经过定义的数组并不会实际建立数组的实体,必须利用 new 运算符才能真正建立数组,例如:

```
IntArray=new int[4];
```

建立对象时,数组的长度定义必须使用常数,不能使用变量,否则会发生错误,例如:

```
int i=3;
int[] ArrayTest=new int[3];          //长度定义为常数,正确
int[] ArrayTest2=new int[i];         //长度定义为变量,错误
```

经过 new 关键字建立的数组,如果没有初始化,则其元素都会使用 C#的默认值,例如 int 类型的默认值为 0、bool 类型为 false 等。如果想自行初始化数组元素,可以用以下方式来编写:

```
int[] ArrayTest=new int[3]{8,16,32}; //初始化数组
```

已经建立的数组可以利用索引来存取数组元素。需要注意的是,C#数组的索引值是从 0 开始的,也就是说,上面含有 3 个元素的 ArrayTest 数组的元素存取方式分别为 ArrayTest[0]、ArrayTest[1]、ArrayTest[2]。

下面的范例大致展示了一维数组的定义、初始化及元素存取等用法:

```
using System;
public class ArrayTest1
{
    public static void Main()
    {
        int[] arr=new int[4];                    //定义数组,并利用 new 建立数组
        for(int i=0;i<arr.Length;i++)
            arr[i]=i;                            //对数组的每一个元素进行赋值
        for(int i=0;i<arr.Length;i++)            //输出显示每一个元素的值
            Console.WriteLine("arr["+i+"]'s value is "+i);
```

```
    }
}
```

在 C#语言中,除了可以定义一维数组外,还可以定义使用多维数组。定义规则的多维数组时,可以采用如下方式。

```
int[,] MulArray=new int[3,5];
```

也可以直接初始化多维数组,代码如下:

```
int[,] MulArray=new int[,]{ {1,2,3},{4,5,6}};
```

仔细观察上面的初始化方式,可以看出,如果要初始化三维数组,只需要在一个大括号里放几个二维数组作为三维数组的元素,元素用逗号隔开,代码如下:

```
int[,,] ThreeDim=new int[,,]{ {{1,2,3},{4,5,6}}, {{3,2,1},{6,5,4}} };
```

C#还有一种由多个数组组成的数组模式,称为"锯齿型数组"(JaggedArray)。这种类型的数组是由多个数组组成,这些数组的维数、元素个数可以不尽相同。例如:

```
int[][] JaggedArray=new int[3];          //定义了一个锯齿数组,数组里有三个元素
JaggedArray[0]=new int[]{1,2,3};         //数组的第一个元素被初始化为有三个元素的数组
JaggedArray[1]=new int[]{1,2,3,4};       //数组的第二个元素被初始化为有四个元素的数组
JaggedArray[2]=new int[]{1,2,3,4,5};     //数组的第三个元素被初始化为有五个元素的数组
```

上面程序代码所生成的二维数组,其在形式上可以用图表形象表示,如图 2-3 所示。

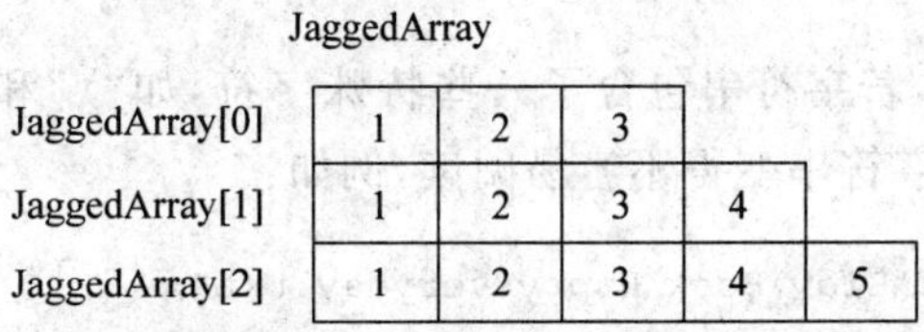

JaggedArray

JaggedArray[0]	1	2	3		
JaggedArray[1]	1	2	3	4	
JaggedArray[2]	1	2	3	4	5

图 2-3 锯齿数组结构

下面的程序显示了多维数组的定义方法。

```
int[][] arr1=new int[2][]{new int[]{1,2}, new int[]{1,2,3,4,5}}; //二维锯齿数组
int[][,] arr2=new int[3][,];                                      //三维数组
int[][,,][,] arr3=new int[5][,,][,];                              //六维数组
```

第 2 个数组是以二维数组作为其数组元素,第 3 个数组是由以二维数组作为元素的三维数组所组成的一维数组。

Array 类中有几个常用的成员,例如 Length 属性会返回数组的长度;Rank 属性会返回数组的维数,Clear 方法可以将所有的数组元素设置成 C#的默认值。程序示例如下:

```
int[] arr=new int[5];
System.Console.WriteLine(arr.Length);
```

运行后,输出显示数组的长度为 5。

4. 字符串类型

C#还定义了一个基本的类 string,专门用于对字符串的操作。这个类也是在.NET 框

架结构的命名空间 System 中定义的,是类 System.String 的别名。

字符串不仅是一种数据类型,一种类别,它还可以视为一个数组,一个由字符组成的数组。字符串的数组用法如下:

```
using System;
public class StringShow
{
    public static void Main()
    {
        string MyString="Welcome!";
        Console.WriteLine(MyString[0]);          //读取字符串的第一个字符
        Console.WriteLine(MyString[4]);          //读取字符串的第五个字符
    }
}
```

程序中将字符串 MyString 看作一个字符数组,并通过索引读取数组元素。

注意:字符串的索引方式只能读取,却不允许写入,除非整个字符串都一并修改才行。

利用运算符"+"可以将两个字符串合成一个字符串,例如:

```
string MyString1="Welcome";
string MyString2=",everyone!";
string MyString3=MyString1+MyString2;
Console.WriteLine(MyString3);
```

在 C++ 或者 Java 中,若字符串包含了一些特殊字符,如"\"和""",必须在字符前加上反斜杠"\"。这种方式使字符串变得不容易阅读,例如:

```
string MyString="D:\Eidy\Book\HappyEveryday.txt";
```

为了避免字符串变得不易辨识,C#提供了一个专门的运算符"@",它可以去除字符串中不必要的反斜杠,例如:

```
string MyString=@"D:\Eidy\Book\HappyEveryday.txt";
```

"@"的优点就是忽略不需要处理的字符串,也就是说,在"@"运算符后双引号内的字符串视为单纯的字符串,不管有没有包含特殊字符。再比如,要输出"Hello"这样一个带双引号的字符串,则程序代码如下:

```
string MyString5=@"""Hello""";
Console.WriteLine(MyString5);
```

2.3.4 变量

变量是程序语言中最基础的组成部分,它可以被定义为不同的数据类型,也可以给予不同的数值。变量被定义后,在执行阶段会一直存储在内存中。变量的值可根据指定运算符或增、或减来改变。

C#语言中,主要定义了以下几种类型的变量:静态变量(static variable)、非静态变量

(instance variable)、数组元素(array element)、局部变量(local variable)、值参数(value parameters)、引用参数(reference parameters)、输出参数(output parameters)。

1. 静态变量

带有 static 修饰符声明的变量称为静态变量,一旦静态变量所属的类被装载,直到包含该类的程序运行结束时,它将一直存在。静态变量的初始值就是该变量类型的默认值。

静态变量与静态方法一样,不需要建立其所属类的对象便可直接存取这个变量,例如:

```
using System;
public class VariableInclude
{
    public static string name="AndyLau";          //定义了静态字符串变量
    public static int age=40;                     //定义了静态整型变量
    public string country="china-Honkong";        //定义非静态变量
}
public class VariableUse
{
    public static void Main()
    {
        Console.WriteLine(VariableInclude.name);
                                           //静态变量不用定义实例对象,可以直接调用
        Console.WriteLine(VariableInclude.age);
        Consloe.WriteLine(VariableInclude.country);
                                           //非静态变量不能直接调用,否则会出错
        VariableInclude vi1=new VariableInclude();
                                           //定义类的对象后,才能调用非静态变量
        Console.WriteLine(vi1.country);
    }
}
```

从程序中可以看出,不用定义类的实例对象便可以直接存取静态变量 name、age,但是非静态变量不能直接存取,否则会出错。非静态变量只有建立对象后才能存取。

2. 非静态变量

不带有 static 修饰符声明的变量便称为非静态变量。由前面静态变量小节里的程序范例可以知道,非静态变量一定要在建立变量所属类型的对象后才开始存在于内存里。如果变量被定义在类中,那么当对象被建立时,变量随之诞生;对象消失,变量也随之消失。如果变量定义在结构里,那么结构存在多久,变量也存在多久。

3. 数组元素

元素是构成整个数组的基本单位,每一个元素相当于一个变量,数组便是由许多数据类型相同的变量所组成的集合。其中每个数组元素都可以变量视之,进而存取数据,例如:

```
int[] arr=new int[3];
arr[0]=1;
```

4. 局部变量

局部变量是指在一个独立的程序块,如一个 for 语句、switch 语句或者在方法里声明的

变量,它只在该范围中有效。当程序运行到这一范围时,该变量开始生效,程序离开时,变量就失效了,例如:

```
for(int i=1;i<9;i++)
{
    Console.WriteLine(i);          //正确的代码,因为此时还在有效范围内
}
Console.WriteLine(i);              //错误的代码,因为此时局部变量 i 已经失效了
```

与其他几种变量类型不同的是,局部变量不会自动被初始化,所以也就不存在默认值,必须被赋值后才能使用。

2.4 类

类(class)是面向对象的程序设计的基本构成模块。从定义上讲,类是一种数据结构,但是这种数据结构可能包含数据成员、函数成员以及其他的嵌套类型。其中数据成员类型主要有常量、域;函数成员类型有方法、属性、构造函数和析构函数等。

2.4.1 类的声明

C#虽然有许多系统自定义好的命名空间及类供程序设计人员使用,但是设计人员仍然需要针对特定问题的特定逻辑来定义自己的类。

设计人员定义类主要包括定义类头和类体两部分,其中类体又由属性(域)与方法组成,下面的程序片段定义了一个典型的类——电话卡。代码如下:

```
public class PhoneCard
{
    public long CardNumber;                    //定义有公有的成员卡号
    private int password=10203040;             //定义了私有的成员密码
    double balance;
    bool connected;
    public bool PerformConnection(int pw)
    {                                          //定义了公有方法,开始拨号
        if(pw==password)
        {
            connected=true;
            return true;
        }
        else
        {
            connected=false;
            return false;
        }
    }
    void PerformDial()
    {                                          //定义的方法,扣除余额
        if(connected)
            balance-=0.5;
    }
}
```

程序范例中定义了一个自定义类 PhoneCard。类头使用关键字 class 标志类定义的开始,后面跟着类名称。类体用一对大括号括起,包括域和方法。

2.4.2　类的成员

类的成员主要有以下类型：成员常量,代表与类相关联的常量值;域,即类中的变量;成员方法,复杂执行类中的数据处理和其他操作;属性,用于定义类中的值,并对它们进行读写;构造函数和析构函数,分别用于对类的实例进行初始化和销毁。

1. 成员访问控制符

在编写程序时,可以对类的成员使用不同的访问修饰符,从而定义它们的访问级别。

(1) 公有成员(public)。C# 中的公有成员提供了类的外部界面,允许类的使用者从外部进行访问,公有成员的修饰符是 public。这是对成员访问限制最少的一种方式。

(2) 私有成员(private)。C# 中的私有成员仅限于类中的成员可以访问,从类外部访问私有成员是不合法的。如果在声明中没有出现成员的访问修饰符,按照默认方式成员为私有。私有成员的修饰符为 private。

(3) 保护成员(protected)。为了方便派生类的访问,又希望成员对于外部隐藏,可以使用 protected 修饰符,声明成员为保护成员。

(4) 内部成员(internal)。使用 internal 修饰符类的成员是一种特殊成员。这种成员对于同一包中的应用程序或库是透明的。而在包.NET 之外是禁止访问的。

下面的例子详细地说明了类的成员访问修饰符的用法。代码如下：

```
using System;
class Book
{
    public int number;                              //定义了公有变量,数量
    protected double price;                         //定义了保护变量,价格
    private string publisher;                       //定义了私有变量,出版社
    public void func()
    {
        number=5;                                   //正确,可以访问自己的公有变量
        price=22.0;                                 //正确,可以访问自己的保护变量
        publisher="Tsinghua Publisher";             //正确,可以访问自己的私有变量
    }
}
class EnglishBook
{
    public int number;
    private string author;
    public void func()
    {
        author="AndyLau";                           //正确,可以访问自己的变量
        Book book1=new Book();                      //定义了 Book 的实例对象
        book1.number=6;                             //正确,可以访问类的公有变量
        book1.publisher="Peking University Publisher";
                                                    //错误,不能访问类的私有变量
```

```
        book1.price=25.0;                          //错误,不能访问类的保护变量
    }
}
class ComputerBook:Book                            //计算机书籍继承了 Book 类
{
    public void funct()
    {
        Book b=new Book();
        b.number=8;                                //正确,可以访问类的公有变量
        b.publisher="People Publisher";            //错误,不可以访问其私有变量
        price=25.0;                                //正确,可以访问类的保护变量
    }
}
```

2. 域与属性

(1) 域

域是类和对象的属性,它可以是基本数据类型的变量,也可以是其他类的对象。若将类中的某个域声明为 static,那该域称为静态域,否则为非静态域。一般来说,静态成员是属于类所有的,非静态成员则属于类的实例——对象。

以下示例详细介绍了如何使用静态域与非静态域。代码如下:

```
public class Book
{
    public static string publisher="三联书社";  //定义了静态变量
    public int number;                         //定义了非静态变量
    public void func1()
    {
        publisher="Hello Publisher";           //正确,访问本类的静态变量
        number=5;                              //正确,可以访问本类的非静态变量
    }
    static void func2()                        //定义了静态方法
    {
        publisher="Hello Everybody";           //正确,可以访问本类的静态变量
        number=7;                              //错误,静态方法只能访问本类静态变量
    }
}
class Test
{
    public static void Main()
    {
        Book b=new Book();                 //定义了类的实例对象
        b.number=6;                        //正确,对象可以访问其非静态变量
        b.publisher="商务书局";            //错误,对象不可以访问静态变量
        Book.number=7;                     //错误,类不可以直接访问其非静态变量
        Book.publisher="源源书社";         //正确,类可以不建立对象而直接访问静态变量
    }
}
```

类的非静态变量成员属于类的实例所有,每创建一个类的实例对象,都在内存中为非静

态成员开辟一块存储区域。有多少个实例对象，就有多少个属于每个对象的非静态变量存储空间。而类的静态成员属于类所有，为这个类的所有实例所共享，无论这个类创建了多少个对象，一个静态成员在内存中只占有一块存储区域。

(2) 属性

C#中的属性充分体现了对象的封装性：不直接操作类的数据内容，而是通过访问器进行访问。它借助于 get 和 set 对属性的值进行读写。

在属性的访问声明中，主要有 3 种方式：①只有 set 访问器，表明属性的值只能进行设置而不能读出；②只有 get 访问器，表明属性的值是只读的，不能改写；③同时具有 set 访问器和 get 访问器，表明属性的值的读写都是允许的。

每个访问器的执行体中，所有属性的 get 访问器都通过 return 来读取属性值，set 访问器都通过 value 来设置属性值。

举个例子，一个学生的高考分数档案资料中，有学生的考号、姓名、分数、录取学校。考号一经确定后不能再改，所以只能读，不能写；姓名也是只读的；分数与录取学校都是可读写的，程序设计如下：

```
public class StudentData
{
    private int sno;
    private string name;
    private int grade;
    private string university;
    public int StudentNo
    {
        get
        {
            return sno;                     //只读属性
        }
    }
    public string Name
    {
        get
        {
            return name;                    //只读属性
        }
    }
    public int Grade
    {
        get
        {
            return grade;                   //可读写属性
        }
        set
        {
            grade=value;
        }
    }
    public string University
```

```
    {
        get
        {
            return university;            //可读写属性
        }
        set
        {
            university=value;
        }
    }
}
```

读写属性与一般的成员变量一样,例如:

```
StudentData sst=new StudentData();
sst.University="Tsinghua University";
Console.WriteLine(sst.Name);
```

注意:属性在定义的时候,要注意属性的名称后面不能加上括号,否则就变成方法了。

3. 构造函数

构造函数是用于执行类的实例的初始化。每个类都有构造函数,即使没有声明它,编译器也会自动提供一个默认的构造函数。在访问一个类的时候,系统将最先执行构造函数中的语句。默认的构造函数一般不执行具体操作,例如:

```
public class Class1
{ public Class1()
    {                               //系统默认的构造函数
    }
}
```

使用构造函数应该注意以下几个问题:①一个类的构造函数要与类名相同。②构造函数不能声明返回类型。③一般构造函数总是 public 类型,因而才能在实例化时调用。如果是 private 类型的,表明类不能被实例化,这通常用于只含有静态成员的类。④在构造函数中,除了对类进行实例化外,一般不能有其他操作。对于构造函数也不能显式地调用。

构造函数可以是不带参数的,这样对类的实例的初始化是固定的,就像默认的构造函数一样。有时候在对类进行初始化时,需要传递一定的数据,以便对其中的各种数据进行初始化,这时可以使用带参数的构造函数,实现对类的不同实例的不同初始化。

以下程序范例形象地展示了构造函数的定义及使用方法。代码如下:

```
using System;
public class MyClass
{
    public int x;
    public int y;
    public MyClass()                            //不带参数的自定义构造函数
    {
        x=1;y=2;
    }
```

```
    public MyClass(int val)                  //带有一个参数的构造函数
    {
        x=val;y=val+1;
    }
    public MyClass(int val_x,int val_y)      //带有两个参数的构造函数
    {
        x=val_x;y=val_y;
    }
}
public class ClassTest
{
    public static void Main()
    {
        MyClass myClass1=new MyClass();  //用不带参数的构造函数来实例化
        MyClass myClass2=new MyClass(3);    //用带一个参数的构造函数来实例化
        MyClass myClass3=new MyClass(5,6); //用带有两个参数的构造函数来实例化
        Console.WriteLine("The x and y of myClass1 is:"+myClass1.x+"  "+myClass1.y);
        Console.WriteLine("The x and y of myClass1 is:"+myClass2.x+"  "+myClass2.y);
        Console.WriteLine("The x and y of myClass1 is:"+myClass3.x+"  "+myClass3.y);
    }
}
```

程序运行结果为

```
The x and y of myClass1 is:1    2
The x and y of myClass1 is:3    4
The x and y of myClass1 is:5    6
```

范例程序中定义了3个构造函数，每个函数的入口参数都不一样，在实例化时可以根据需要选择相应的构造函数。实际上，在实例化时构造函数的名称还都是一样的，只是入口参数不一样而已，这是方法(method)中的重载功能，具体见2.4.3小节的有关介绍。

4. 析构函数

在类的实例超出范围时，为确保它所占的存储空间能被收回，C#中提供了析构函数，用于专门释放被占用的系统资源。

析构函数的名字与类名相同，只是在前面加了一个"～"符号，析构函数不接受任何参数，也不返回任何值，例如：

```
public class Class1
{
    ~Class1()
    {                              //析构函数
    }
}
```

注意：析构函数不能返回值，也不能显式调用，否则会出现错误。

2.4.3 方法

在面向对象的程序语言设计中，对类的数据成员的操作都封装在类的成员方法

(method)中。方法的主要功能便是数据操作。

方法的声明包括修饰符、返回值数据类型、方法名、入口参数和方法体。一般来说,方法的声明格式如下:

```
public int SumOfValue(int x,int y)
{
    return x+y;
}
```

方法中的修饰符是用来指定方法的访问级别和使用方法的,主要的方法修饰符有:new、public、protected、internal、private、static、virtual、sealed、override、abstract、extern。

方法的返回值类型必须是合法C#的数据类型,并且在方法体里用return得到返回值。如果没有返回值,则声明时用关键字void,并且方法体里中不使用return来返回数值。例如:

```
public string returnString()
{
    …
        Return …;                      //用 return 返回数值
}
public void NoReturn()
{
    …                                  //没有 return 返回值
}
```

1. 静态与非静态方法

C#的类定义的方法有两种:静态和非静态。使用了static修饰符的方法为静态方法,否则为非静态。

静态方法是一种特殊的成员方法,像静态变量一样,它不属于类的某一个具体的实例。非静态方法可以访问类中的任何成员,而静态方法只能访问类的静态成员,例如:

```
public class StaticMethod
{
    int x;
    static int y;
    static void myMethod()
    {
        x=1;                    //错误,不能访问非静态变量
        y=2;                    //正确,可以访问静态变量
    }
}
```

2. 方法的重载

在前面介绍构造函数的例子中,已经看到了构造函数重载的用法。实际上,类的成员方法的重载也是类似的。在类里有两个以上的方法名字相同,只是使用的参数类型或者参数个数不同,叫做方法的重载。

使用重载的目的是为了用一个方法的名称,即可以实现对不同的数据类型进行的大致

相同的操作。例如，两个实数的求和操作，实数类型可能是整型，也可能是浮点型。如果不利用重载功能，那么需要定义两个函数对整型和浮点型分别求和，程序如下：

```
public class myApp
{
    public int AddInt(int x,int y)
    {
        return x+y;                                  //对两个整型求和
    }
    public double AddDouble(double x,double y)
    {
        return x+y;                                  //对两个浮点型求和
    }
}
public class AddTest
{
    public static void Main()
    {
        myApp cla=new myApp();
        int x=cla.AddInt(12,24);                     //调用整型求和方法
        double y=cla.AddDouble(34.56,56,43);  //调用浮点型求和方法
    }
}
```

在 C# 中，利用重载功能可以给两个求和的方法取同一个名字，那么在调用方法时，只需使用这个方法名，编译器便会自动根据入口参数的数据类型来决定调用整型求和，还是浮点型求和方法。范例程序如下：

```
public class myApp
{
    public int AddMethod(int x,int y)
    {
        return x+y;                                  //对两个整型求和
    }
    public double AddMethod(double x,double y)//使用同样的方法名
    {
        return x+y;                                  //对两个浮点型求和
    }
}

public class AddTest
{
    public static void Main()
    {
        myApp cla=new myApp();
        int x=cla.AddMethod(12,24);              //调用求和方法,编译器会自动调用整型求和
        double y=cla.AddMethod(34.56,56,43);    //调用求和方法,编译器会自动调用浮点型求和
    }
}
```

2.4.4 继承

为了提高软件模块的可移植性和可扩充性,以便提高软件的开发效率,程序设计人员总是希望能够利用已有的开发成果,同时又希望在开发过程中能够有足够的灵活性,不仅仅拘泥于模块的利用。面向对象的程序设计语言为实现此功能,提供了两个重要的特性:继承性(inheritance)和多态性(polymorphism)。

在现实世界中,许多实体之间并不是相互孤立的,它们往往具有共同的特征,但同时也存在差别。为了体现这种相似与不相似,可以用层次结构来描述。以电话卡为例,如图 2-4 所示。

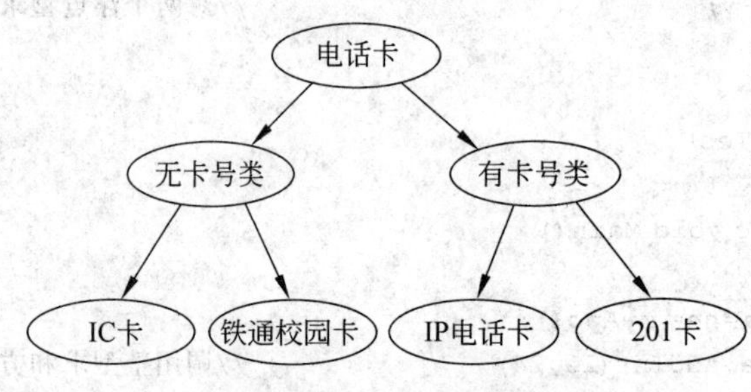

图 2-4 电话卡层次结构图

图 2-4 反映了电话卡的派生关系。最高层的实体具有最一般最普遍的特征,越下层的事物越具体,并且下层包含了上层的特征。为了用软件语言对现实世界中的诸如此类的层次结构进行模型化,面向对象的程序设计语言引入了继承的概念。一个类从另一个类派生出来时,派生类从基类那里继承特性。派生类可以作为基类再派生出子类,一层层下去,形成层次结构。

注意:在 C# 中,派生类只能从一个类中继承,而不能像 C++ 那样,可以从多个基类中派生一个类出来。

派生类从它的基类中继承成员:方法、域、属性等。除了构造函数和析构函数外,派生类隐式地继承了基类的所有成员。

下面的程序范例是电话卡与 201 卡之间的继承关系,仔细地学习可以获得一些感性的认识。代码如下:

```
using System;
public class PhoneCard
{
    public int CardNumber;
    public bool connected;
    public PhoneCard(int cardNumber)                //构造函数初始化
    {
        CardNumber=cardNumber;                      //初始化卡号
        connected=false;                            //初始化连接状态
    }
    public void WriteCardNo()                       //成员方法
    {
        Console.WriteLine(CardNumber);
```

```
    }
}
public class Card201:PhoneCard
{
    int password;                                   //201卡特有的特征: 密码
    public Card201(int pw,int cno):base(cno)        //构造方法
    {
        CardNumber=cno;                             //继承了基类的卡号变量
        connected=false;                            //继承了基类的已连接变量
        password=pw;                                //自己的变量
    }
}
public class CardTest
{
    public static void Main()
    {
        Card201 card=new Card201(123456,8825252); //使用构造方法实例化
        card.WriteCardNo();                    //201卡继承了基类的成员方法,调用之
    }
}
```

Card201类继承了PhoneCard类的方法与属性,并且定义了自己的成员变量:password。

C#中的继承符合下列规则:①继承是可传递性的,也就是说如果B继承了A,而C继承了B,则C不仅继承了B的成员,而且继承了A的成员;②派生类是对原有基类的扩展,它可以添加新的成员,但是不能除去已经继承的成员;③构造函数与析构函数不能继承。

在继承的过程中,往往还涉及两个概念:覆盖和base关键字。

1. 覆盖

在派生类的成员声明中,可以声明与继承而来的成员同名的成员,这时称派生类的成员覆盖(hide)了基类的成员。在覆盖的情况下,编译不会报告错误,但会给警告,对派生类的成员使用new关键字,可以关闭该警告。

以前面电话卡的程序范例来说明,电话卡类PhoneCard中已经定义了一个成员方法WriteCardNo(),可以在201电话卡中也定义一个WriteCardNo方法(),覆盖原有的方法,代码如下:

```
public class Card201:PhoneCard
{
    …
    new public void WriteCardNo()
    {
        Console.WriteLine("The number of the card is:");
    }
}
```

2. base关键字

base关键字主要是为派生类调用基类成员提供一个简写的方法,当基类中的方法没有

被继承,如构造函数,或者是无法直接调用,可以使用 base 关键字。先看一看程序代码:

```
using System;
public class PhoneCard
{
    public int CardNumber;
    public void InitCard()
    {
        CardNumber=123456;
    }
}
public class Card201:PhoneCard
{
    int password;
    new public void InitCard()
    {
        base.WriteCardNo();                    //调用基类的方法
        password=654321;
    }
}
```

类 Card201 继承了 PhoneCard,所以也继承了它的成员,包括 InitCard()方法。但是,该方法在派生类中被覆盖了,为了调用基类的 InitCard 方法,程序中采取了 base 关键字。

2.5 流程控制

在程序设计过程中,有时为了需要经常要转移或者改变程序的执行顺序,达到这个目的的语句做作流程控制语句。在程序模块中,C#可以通过条件语句控制程序的流程,从而形成程序的分支和循环。主要的流程控制关键字有:①选择控制:if、else、switch、case;②循环控制:while、do、for、foreach;③跳转语句:break、continue。

2.5.1 选择

在 C#领域里,要根据条件来做流程选择控制时,可以利用 if 或 switch 两种命令。两种命令与 C 语言中的用法一样。

1. if 语句

if 语句是最常用的选择语句,它根据布尔表达式的值来判断是否执行后面的内嵌语句。其格式一般如下:

```
if(布尔表达式)
    {
        //表达式;
    }
    else
    {
        //表达式
    }
```

当布尔表达式的值为真时，则执行if后面的表达语句；如果为假，则继续执行下面的语句；如果还有else语句，则执行else后面的内嵌语句，否则继续执行下一条语句。下面的例子是根据x的符号来决定y的数值的范例程序。代码如下：

```
if(x>=0)
{
    y=1;
}
else
{
    y=-1;
}
```

如果if或else之后的大括号内的表达语句只有一条执行语句，则嵌套部分的大括号可以省略。如果包含了两条以上的执行语句，则一定要加上大括号。

如果程序的逻辑判断关系比较复杂，则可以采用条件判断嵌套语句。if语句可以嵌套使用，在判断中再进行判断。具体形式如下：

```
if(布尔表达式)
{
    if(布尔表达式)
    {…}
    else
    {…}
}
else
{
    if(布尔表达式)
    {…}
    else
    {…}
}
```

注意：每一条else与离它最近且没有其他else与之对应的if相搭配。

2. switch 语句

if语句每次判断后只能实现两条分支，如果要实现多种选择的功能，则可以采用switch语句。switch语句根据一个控制表达式的值来选择一个内嵌语句分支执行。它的一般格式如下：

```
switch(控制表达式)
{
    case …:
    case …:
    default …
}
```

switch语句在使用过程中，需要注意下列几点：①控制表达式的数据类型可以是sbyte、byte、short、ushort、unit、long、ulong、char、string或者枚举类型；②每个case标签中的常量表达式必须属于或能隐式转换成控制类型；③每个case标签中的常量表达式不能相同，否则编译会出错；④switch语句中最多只能有一个default标签。

举个例子，国内学分是百分制，国外大学则是四分制。出国的学生在换算分数时，遵循的算法是：90分以上换算为4分，80～90分为3分，70～80分为2分，60～70分为1分，60分以下0分计算。这种换算方法如果用switch语句来实现，其流程图如图2-5所示。

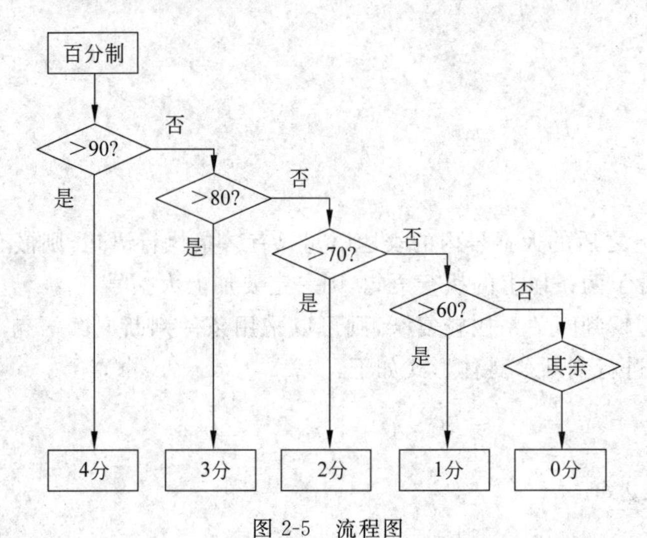

图2-5　流程图

程序代码如下：

```
int x,y;
x=(int)(x/10);                    //先算出分数的十位数
switch(x)                         //判断十位数的大小
{
    case 10:y=4;break;            //各个case标签表达式值不能相同
    case 9:y=4;break;
    case 8:y=3;break;
    case 7:y=2;break;
    case 6:y=1;break;
    default :y=0;                 //有且只有一个default语句
}
```

在C#中使用switch语句，还需要注意虽然C/C++允许case标签后不出现break语句，但是C#不允许这样。它要求每个标签项后面都使用break语句，或者跳转语句，而不能从一个case自动遍历到其他case，否则编译错误。

例如，C/C++语言中可能出现如下程序代码。

```
case 7:y=2;
case 6:y=1;
default :y=0;
```

这样的程序代码在C#中是不允许的。在C#中，如果想实现类似C/C++中的自动遍历功能，可以用跳转语句goto来实现，上面的程序代码改写为

```
case 7:y=2;goto case 8;
```

```
case 6:y=1;goto default;
default :y=0;
```

在 C# 中,如果想避免产生“遍历”,还可以用 return 语句,例如:

```
switch(x)
{
    case 10:y=4;return;      //采用 return,不会遍历到下一个 case,正确
    case 7:y=2;goto case 8;
    case 6:y=1;goto default;
}
```

2.5.2 循环

循环语句可以实现一个程序模块的重复执行,这对于简化程序、组织算法有着重要的意义。C# 总共提供了 4 种循环语句: for 语句、do-while 语句、while 语句、foreach 语句。

1. for 语句

C# 中 for 循环的用法与 C 语言里相同,其中必须给出 3 个参数,作为控制循环的起点、条件、累计方式,一般格式为

```
for(起点; 条件; 累计方式)
{
    //for 循环语句
}
```

具体的使用方式可以见以下例子。

```
for(int i=0;i<5;i++)
{
    Console.Write (i);
}
```

该代码输入的结果是 01234,当变量 i 等于 5 时,不满足条件,跳出循环。

for 语句还可以嵌套使用,以完成大量重复性、规律性的工作。举个例子,在数学上经常要把一列数进行排序,该排序过程就可以用 for 语句的嵌套来实现,代码如下:

```
int[] a=new int[5]{9,8,5,3,6};
int temp;
for(int i=0;i<a.Length;i++)
{
    for(int j=i+1;j<a.Length;j++)      //从 i 后面的每个元素扫描
    {
        if(a[j]<a[i])                  //如果比 a[i]小,则交换两数值
        {
            temp=a[i];                 //结果是最小的数值都一个个被排到前面来
            a[i]=a[j];
            a[j]=temp;
        }
    }
}
```

```
for(int i=0;i<a.Length;i++)                   //输出所有的元素
    Console.Write(a[i]);
```

程序的运行结果是 35689,实现了从小到大的排序功能。

2. do 与 while 语句

do 与 while 的使用方式与 for 有点相同,不过 for 循环必须给定起点、终点,而 do 与 while 只限定条件,只有满足条件才执行内嵌表达式,否则离开循环,继续执行后面的语句。先以一个例子来介绍,代码如下:

```
int x=0;
int[] a=new int[3]{166,173,171};
while(x<a.Length)                            //条件判断
{
    if(a[x]==171)                            //找出 171 的位置并输出
        Console.WriteLine(x);
    x++;                                     //累计条件判断的变量
}
```

do-while 语句与 while 语句不同的是,它将内嵌语句执行一次,再进行条件判断是否循环执行内嵌语句,上面的例子用 do-while 来实现的话,程序代码如下:

```
int x=0;
int[] a=new int[3]{166,173,171};
do
{
    if(a[x]==171)                            //找出 171 的位置并输出
        Console.WriteLine(x);
    x++;                                     //累计条件判断的变量
}
while(x<a.Length) ;                          //条件判断
```

3. foreach 语句

foreach 语句可以让设计人员扫描整个数组的元素索引。它不用给予数组的元素个数,便能直接将数组里的所有元素输出。请看下面这个例子。

```
int[] a=new int[5]{23,34,45,56,67};
foreach(int i in a)
{
    Console.WriteLine(i);
}
```

使用 foreach 语句时,不需要知道数组里有多少个元素,通过"in 数组名称"的方式,便可将数组里的元素值逐一赋予变量 i,之后再输出。foreach 语句一般在不确定数组的元素个数时使用。

2.5.3 跳跃

程序设计里,为了让程序拥有更大的灵活性,通常都会加上中断或跳转等程序控制。C#语言中可用来实现跳跃功能的命令主要有 break 语句、continue 语句和 goto 语句。

1. break 语句

在前面介绍 switch 语句的章节里其实已经使用过 break 命令。事实上，break 不仅可以在 switch 判断语句里使用，还可以在程序的任何阶段上运用。它的作用是跳出当前的循环，例如：

```
int[] a=new int[3]{1,3,5};
for(int i=1;i<a.Length;i++)
{
    if(a[i]==3)
        break;
    a[i]++;
}
//当 a[i]=3 时，跳转到此
```

程序中当满足 a[i]=3 时，运行 break 命令，程序就跳出当前的 for 循环。

2. continue 语句

continue 语句会让程序跳过下面的语句，重新回到循环起点，例如：

```
for(int i=1;i<10;i++)                    //跳转至此
{
    if(i%2==0) continue;
    Console.Write (i);
}
```

如果变量 i 为偶数，则不执行后面的输出表达式，而是直接跳回起点，重新加 1 后继续执行。程序输出结果为 13579。

3. goto 语句

与 C 语言一样，C# 也提供了一个 goto 命令，只要给予一个标记，它可以将程序跳转到标记所在的位置，例如：

```
for(int i=1;i<10;i++)
{
    if(i%2==0) goto OutLabel;
    Console.WriteLine(i);
}
OutLabel:                        //跳转至此
    Console.WriteLine("Here,out now!");
```

2.6 异常处理

在编写程序时，不仅要关心程序的正常操作，还要把握现实世界中可能发生的各类难以预期的情况。例如数据库无法连接，网络资源不可用等。C# 语言中提供了一套安全有效的异常处理方法，可以用来解决这类现实问题。

2.6.1 溢出的处理

利用计算机进行数学计算时，因为数据类型是有数值范围的，所以计算结果往往可能超出这个范围，这种情况称为“溢出”。

默认情况下对于溢出是不进行控制的,例如下列情况。

```
using System;
public class OverFlowExample
{
    public static void Main()
    {
        int x=int.MaxValue;                //定义 x 为整型的最大数值
        int y=int.MaxValue;                //定义 y 为整型的最大数值
        int z=x+y;                         //两变量相加,结果会产生溢出
        Console.WriteLine("The default of the overflow is:"+z);
    }
}
```

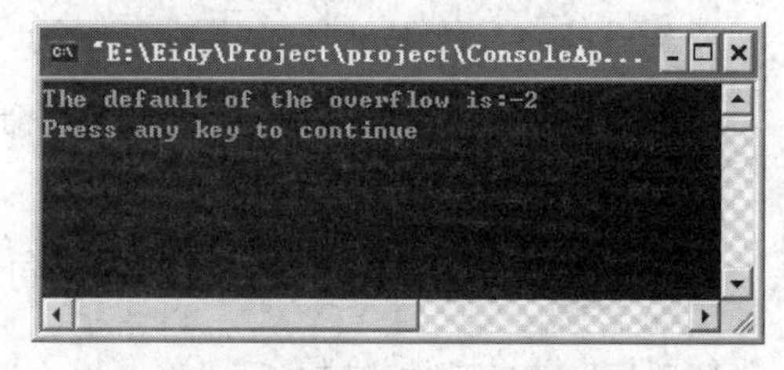

图 2-6 默认情况下的相加结果

程序运行结果如图 2-6 所示。

从输出结果可以看出,默认情况下对于溢出是不进行处理的。这样程序运行的结果就会不正确,对整个程序是相当不利的,因为结果并不是设计人员所预料的那样,而是产生了溢出,有可能危及整个程序的运行。

为了防范溢出情况的发生,C#提供了一个关键词 checked,它可以帮助设计人员检查运算是否发溢出。如果发生溢出,则抛出一个异常,例如:

```
public static void Main()
{
    int x=int.MaxValue;                //定义 x 为整型的最大数值
    int y=int.MaxValue;                //定义 y 为整型的最大数值
    int z=checked(x+y);                //两变量相加,结果会产生溢出,利用 checked 来处理
    Console.WriteLine("The default of the overflow is:"+z);
}
```

程序运行结果如图 2-7 所示。

加上 checked 后,执行结果出现了异常信息。与 checked 相反的是,如果使用 unchecked 关键词,则不检查是否发生溢出,继续执行程序,这是 C#默认的运算式检查状态。

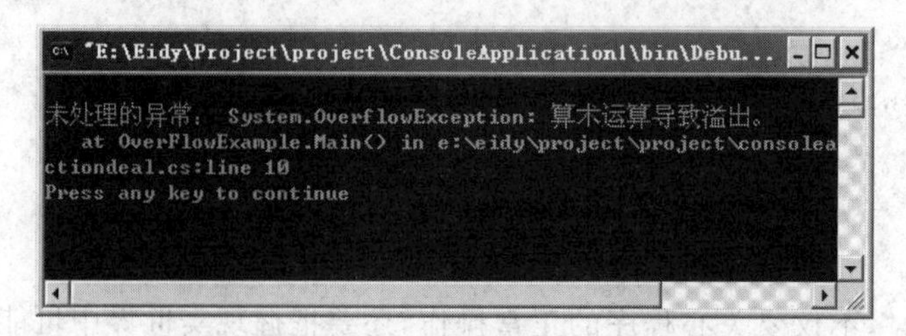

图 2-7 控制的溢出会抛出一个异常

2.6.2 异常的处理

在 C#中,所有的异常都是 System. Expection 这个类的派生类的实例。C#中获取异常的方式与 Java 一样,都是利用 try、catch 和 throw 这 3 个关键词来获取、处理或抛出异常的。例如,当程序中如果有除以 0 的操作,则会抛出一个 DivideByZeroException 的异常。

代码如下：

```
using System;
public class ExpectionExmaple
{
    public static void Main()
    {
        int x=9,y=0;
        try
        {
            int z=x/y;                                    //0 作为除数,产生异常
        }
        catch(DivideByZeroException e)                    //获取异常
        {
            Console.WriteLine("Divide by the zero");      //处理语句
        }
    }
}
```

运行上面的程序,会得到如下结果。

```
Divide by the zero
```

上面的范例程序是系统在发现问题时自动抛出的异常。程序设计人员也可以在某些条件下,用 throw 关键词让程序产生异常,并用 catch 来获取异常并处理。代码如下：

```
using System;
public class ExpectionExmaple
{
    public static void Main()
    {
        int x=9,y=0;
        try
        {
            int z=x * y;
            if(z==0) throw new Exception();                //自行控制抛出异常
        }
        catch(Exception e)                                 //获取异常
        {
            Console.WriteLine("zero in the mutiple");      //处理语句
        }
    }
}
```

在正常情况下,乘数里有 0 的话并不会发生任何异常,但是这里设计用 throw 来抛出一个异常,于是便可以用 catch 来获取异常并处理。

2.7 小　　结

C#是微软推出的专门用于.NET 平台的一门新型面向对象语言。它简洁、先进、类型安全,而且在网络编程方面,特别是 ASP.NET 网络开发方面,有强大的功能,因此应用十

分广泛。

本章主要介绍了C#语言中最基础也是最常用的一些知识,详细地讲解了面向对象语言的主要特点。这些内容足以让读者在ASP.NET中任意翱翔,大展拳脚。但是如果没有面向对象编程基础的话,要全面理解本章的内容还是有点难度。不过这不会影响以后课程的学习,随着ASP.NET介绍的慢慢深入,学习更多的例子后,读者自然会对C#得心应手。

2.8 上机实训:C# 基础知识运用

1. 实训目的

通过本章的学习,主要把握以下内容。

(1) 在C#中定义变量和常量。

(2) 使用C# 中的基本数据类型。

(3) 理解装箱和拆箱的概念。

(4) 使用C#中的运算符、选择结构和循环结构。

(5) 定义和使用数组,了解结构和枚举。

(6) 熟悉C#中的预处理指令。

(7) 熟悉C#中的字符串处理。

2. 实训环境

要求:Windows 7/XP/2000/2003操作系统,配置Visual Studio 2010运行环境,安装SQL Server 2008数据库管理系统。

3. 实训内容

(1) 编写一个使用枚举和switch case选择语句的程序。

(2) 浮点型数组排序。

(3) 编写1到9的乘法口诀表程序。

4. 实训步骤

(1) 枚举和switch case

问题:枚举类型的构建和使用;通过switch case语句来对符合条件的值进行输出。

问题说明:编写一个Degrees的枚举,然后引用这个枚举。

分析:在此问题中首先需要定义一组不同类型的学位。为此,可通过以下方式创建枚举。代码如下:

```
Enum Degrees
{
    Bachelor,          //学士
    Master,            //硕士
    Doctor             //博士
}
```

然后,可以使用switch结构,根据传递到此switch结构的枚举成员来决定要显示的信息。

参考步骤：

① 为解决方案创建一个控制台应用程序的项目 Example_3。

② 将 Program. cs 类文件重命名为“EnumDemo. cs”。

③ 将以下代码添加到 EnumDemo. cs 中。代码如下：

```
using System;
using System.Collections.Generic;
using System.Text;
namespace Example_3
{
    //学位枚举列表
    enum Degrees
    {
        //枚举成员
        Bachelor,
        Master,
        Doctor
    }
    ///<summary>
    ///此程序演示枚举和 switch case 的用法
    ///</summary>
    class EnumDemo
    {
        ///<summary>
        ///应用程序的主入口点
        ///</summary>
        [STAThread]
        static void Main(string[] args)
        {
            //用 switch case 来为相应的 case 显示信息
            switch (Degrees.Master)
            {
                case Degrees.Bachelor:
                    Console.WriteLine("你的学位为学士");
                    break;
                case Degrees.Master:
                    Console.WriteLine("你的学位为硕士");
                    break;
                case Degrees.Doctor:
                    Console.WriteLine("你的学位为博士");
                    break;
                default: break;
            }
            Console.ReadLine();
        }
    }
}
```

④ 选择“生成”|“生成解决方案”选项，以生成此项目。

⑤ 选择“调试”|“开始执行(不调试)”选项来执行此应用程序。

此应用程序的输出结果如图 2-8 所示。

图 2-8 EnumDemo. cs 的输出结果

(2) 浮点型数组排序

问题：用户输入 6 个浮点型数组，程序根据其值的大小进行排序输出。

问题说明：编写一个程序来接受用户输入的 6 个浮点数值，把这些数存放到一个数组里，然后对这些数组里面的值进行排序。

分析：此问题要求使用一个数组来接受和存储用户输入的 6 个值。该数组可通过以下方式声明。代码如下：

```
//声明长度为 6 的数组
    float[] elements=new float[6];
```

用冒泡法对数组进行排序：需要使用一个 for 循环来接受用户输入的值。再用一个嵌套 for 循环比较数组中的元素。

参考步骤：

① 为解决方案创建一个控制台应用程序的项目 Example_4。

② 将 Program. cs 类文件重命名为“ArrayDemo. cs”。

③ 将以下代码添加到 ArrayDemo. cs 中。代码如下：

```
using System;
using System.Collections.Generic;
using System.Text;
namespace Example_4
{
    ///<summary>
    ///此程序演示数组和嵌套 for 循环的用法
    ///</summary>
    class ArrayDemo
    {
        ///<summary>
        ///应用程序的主入口点
        ///</summary>
        [STAThread]
        static void Main(string[] args)
        {
            //声明长度为 6 的数组
            float[] elements=new float[6];
            //计数器变量
            int index;
            //临时变量
            float temp;
            Console.WriteLine("输入要进行排序的 6 个浮点数值：");
            //for 循环接受用户输入的值
            for (index=0; index <elements.Length; index++)
            {
                elements[index]=float.Parse(Console.ReadLine());
            }
            Console.WriteLine("\n 已排序的数组：");
```

```
            //嵌套 for 循环对值进行比较
            for (index=0; index <elements.Length; index++)
            {
                for (int j=index+1; j <elements.Length; j++)
                {
                    //如果值不以升序排序,就交换这些值
                    if (elements[index] >elements[j])
                    {
                        temp=elements[index];
                        elements[index]=elements[j];
                        elements[j]=temp;
                    }
                }
                Console.WriteLine(elements[index]);
            }
        }
    }
}
```

④ 选择“生成”|“生成解决方案”选项，以生成此项目。

⑤ 选择“调试”|“开始执行(不调试)”选项来执行此应用程序。

此应用程序的输出结果如图 2-9 所示。

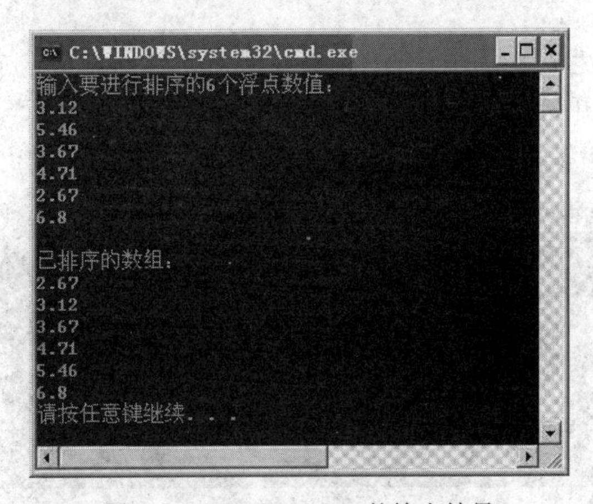

图 2-9　ArrayDemo.cs 的输出结果

(3) 从 1 到 9 的乘法口诀表

问题：编写程序输出从 1 到 9 的乘法口诀表。

问题说明：口诀表的前一部分。

1＊1=1;

1＊2=2;2＊2=4;

1＊3=3;2＊3=6;3＊3=9;

1＊4=4;2＊4=8;3＊4=12;4＊4=16;

分析：使用两个嵌套 for 循环来实现，父循环从 1 到 9，子循环从 1 到父循环的当前值。

参考步骤：

① 建立一个控制台应用程序项目，命名为 multiplicationTable。

② 把以下代码添加到 Program.cs 中。代码如下：

```
using System;
using System.Collections.Generic;
using System.Text;
namespace multiplicationTable
{
    class Program
    {
        static void Main(string[] args)
        {
            for (int i=1; i <10; i++)
            {
                //输出一行
                for (int j=1; j <=i; j++)
                {
                    Console.Write(j.ToString()+" * "+i.ToString()+"; ");
                }
                Console.Write("\n");            //换行
            }
        }
    }
}
```

③ 选择"生成"|"生成解决方案"选项，以生成此项目。
④ 选择"调试"|"开始执行(不调试)"选项来执行此应用程序。
此应用程序的输出结果如图 2-10 所示。

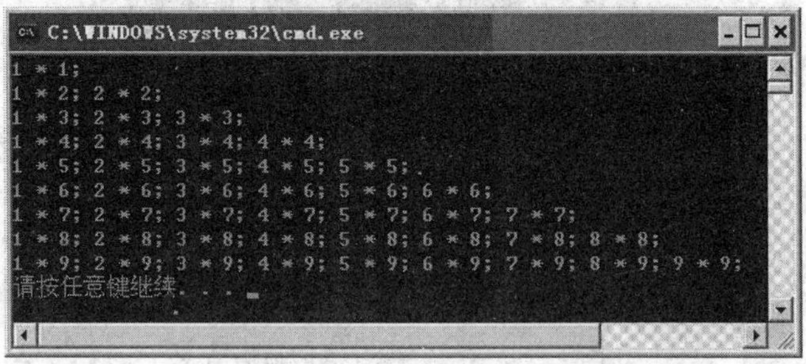

```
C:\WINDOWS\system32\cmd.exe
1 * 1;
1 * 2; 2 * 2;
1 * 3; 2 * 3; 3 * 3;
1 * 4; 2 * 4; 3 * 4; 4 * 4;
1 * 5; 2 * 5; 3 * 5; 4 * 5; 5 * 5;
1 * 6; 2 * 6; 3 * 6; 4 * 6; 5 * 6; 6 * 6;
1 * 7; 2 * 7; 3 * 7; 4 * 7; 5 * 7; 6 * 7; 7 * 7;
1 * 8; 2 * 8; 3 * 8; 4 * 8; 5 * 8; 6 * 8; 7 * 8; 8 * 8;
1 * 9; 2 * 9; 3 * 9; 4 * 9; 5 * 9; 6 * 9; 7 * 9; 8 * 9; 9 * 9;
请按任意键继续. . .
```

图 2-10 Program.cs 的运行结果

5. 实训总结

根据实训内容和步骤，写出实训体会。

第3章 ASP.NET 内置对象

本章的主要任务是学习 ASP.NET 内置对象的基本用法，重点是学习各个内置对象的基本功能，掌握其主要属性和方法。

由于各内置对象都有极其丰富的属性、方法，使用场合也各异，建议读者以本书示例为线索，重点掌握各对象的主要应用方法。

在 ASP 的开发中，这些内置对象已经存在，这些内置对象包括 Response、Request、Application 等，虽然 ASP 是一种可以称得上是“过时的”技术，但是 ASP.NET 开发人员依旧可以使用这些对象。这些对象不仅能够获取页面传递的参数，某些对象还可以保存用户的信息，如 Cookie、Session 等。

ASP.NET 提供了 7 个内置对象，如表 3-1 所示。这些对象可以在页面中直接使用，通过 ASP.NET 内置对象，在 ASP.NET 页面上以及页面之间可方便地实现获取、输出、传递、保留各种信息等操作，以完成各种复杂的功能。

表 3-1 ASP.NET 内置对象

对象名称	功能描述	对象名称	功能描述
Request	从浏览器获取信息	Session	用来保留客户端信息，保留在服务器端
Response	向浏览器输出信息	Server	获取服务器端信息
Application	为所有用户提供共享信息的手段	Trace	提供在 HTTP 页输出自定义跟踪和信息
Cookies	用来保留客户端信息，保留在客户端		

3.1 Request 对象概述

3.1.1 Request 对象常用属性和方法

当某浏览器向 Web 服务器请求一个 Web 页面时，Web 服务器就会收到一个 HTTP 请求，该请求包含用户、用户 PC、用户使用的浏览器等一系列信息。在 ASP.NET 中，可以通过 Request 对象设置或获取这些信息，Request 是 ASP.NET 最常用的对象之一。

该对象可以使用户获得 Web 请求的 HTTP 数据包的全部信息，其常用属性、方法及说明如表 3-2 和表 3-3 所示。

表 3-2 Request 对象常用属性及说明

属　性	说　明
ApplicationPath	获取服务器上 ASP.NET 虚拟应用程序的根目录路径
Browser	获取或设置有关正在请求的客户端浏览器的功能信息
ContentLength	指定客户端发送的内容长度(以字节计)
Cookies	获取客户端发送的 Cookie 集合
FilePath	获取当前请求的虚拟路径
Files	获取采用大部分 MIME 格式的由客户端上传的文件集合
Form	获取窗体变量集合
Item	从 Cookies、Form、QueryString 或 ServerVariables 集合中获取指定的对象
Params	获取 QueryString、Form、ServerVariables 和 Cookies 项的组合集合
Path	获取当前请求的虚拟路径
QueryString	获取 HTTP 查询字符串变量集合
UserHostAddress	获取远程客户端 IP 主机地址
UserHostName	获取远程客户端 DNS 名称

表 3-3 Request 对象常用方法及说明

方　法	说　明
MapPath	将当前请求的 URL 中的虚拟路径映射到服务器上的物理路径
SaveAs	将 HTTP 请求保存到磁盘

3.1.2 获取页面间传送的值

Request 方法通过 Params 属性和 QueryString 属性获取页面间的传值。

本例主要通过 Request 对象的不同属性实现获取请求页的值。执行程序，单击“跳转”按钮，运行结果如图 3-1 所示。实例位于 ASP.NET 内置对象中的 ch03。

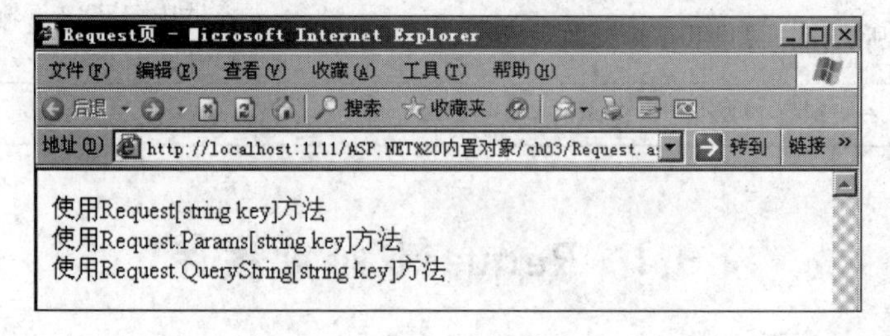

图 3-1 输出二进制图像

程序实现的主要步骤如下。

(1) 新建一个网站，默认主页为 Default.aspx。在页面上添加一个 Button 控件，ID 属性设置为 btnRedirect，Text 属性设置为“跳转”。在按钮的 btnRedirect_Click 事件中实现页面跳转并传值的功能。代码如下：

```
protected void btnRedirect_Click(object sender, EventArgs e)
```

```
{
    Response.Redirect("Request.aspx?value=获得页面间的传值");
}
```

(2) 在该网站中添加一个新页，将其命名为“Request. aspx”。在页面 Request. aspx 的初始化事件中用不同方法获取 Response 对象传递过来的参数，并将其输出在页面上。代码如下：

```
protected void Page_Load(object sender, EventArgs e)
{
    Response.Write("使用 Request[string key]方法"+Request["value"]+"<br>");
    Response.Write("使用 Request.Params[string key]方法"+
    Request.Params["value"]+"<br>");
    Response.Write("使用 Request.QueryString[string
    key]方法"+Request.QueryString["value"]+"<br>");
}
```

3.1.3　获取客户端浏览器信息

用户通过使用 Request 对象的 Browser 属性访问 HttpBrowserCapabilities 属性可以获得当前正在使用的浏览器类型，并且可以获知该浏览器是否支持某些特定功能。下面就通过一个实例进行介绍。

本例主要通过 Request 对象的 Browser 属性获取客户端浏览器信息。执行程序，运行结果如图 3-2 所示。实例位于 ASP. NET 内置对象中的 ch04。

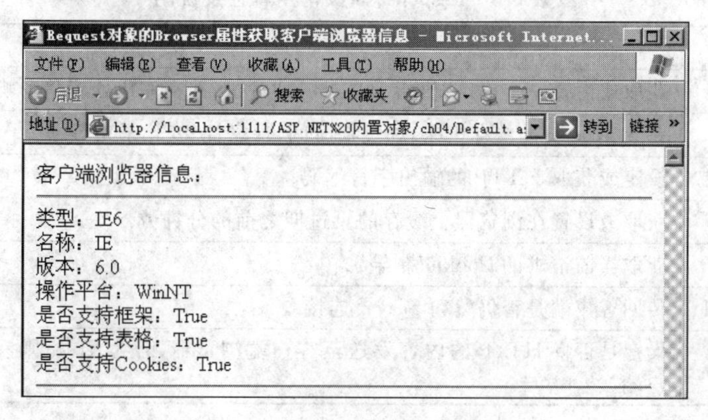

图 3-2　获取客户端浏览器信息

程序实现的主要方法如下。

新建一个网站，默认主页为 Default. aspx。在 Default. aspx 的 Page_Load 事件中先定义 HttpBrowserCapabilities 的类对象，用于获取 Request 对象的 Browser 属性的返回值。代码如下：

```
protected void Page_Load(object sender, EventArgs e)
{
    HttpBrowserCapabilities b=Request.Browser;
    Response.Write("客户端浏览器信息：");
    Response.Write("<hr>");
    Response.Write("类型："+b.Type+"<br>");
```

```
        Response.Write("名称: "+b.Browser+"<br>");
        Response.Write("版本: "+b.Version+"<br>");
        Response.Write("操作平台: "+b.Platform+"<br>");
        Response.Write("是否支持框架: "+b.Frames+"<br>");
        Response.Write("是否支持表格: "+b.Tables+"<br>");
        Response.Write("是否支持Cookies: "+b.Cookies+"<br>");
        Response.Write("<hr>");
    }
```

3.2 Response对象的功能、常用属性、方法和示例

3.2.1 Response对象概述

Response对象用于将数据从服务器发送回浏览器。它允许将数据作为请求的结果发送到浏览器中,并提供有关响应的信息,可以用来在页面中输入数据、在页面中跳转,还可以传递各个页面的参数。它与HTTP协议的响应消息相对应。

3.2.2 Response对象常用属性、方法

该对象将HTTP响应数据发送到客户端,并包含有关该响应的信息。其常用属性、方法及其说明如表3-4和表3-5所示。

表3-4 Response对象常用属性及说明

属　性	说　明
Buffer	获取或设置一个值,该值指示是否缓冲输出,并在完成处理整个响应之后将其发送
Cache	获取Web页的缓存策略,如过期时间、保密性、变化子句等
Charset	设定或获取HTTP的输出字符编码
Expires	获取或设置在浏览器上缓存的页过期之前的分钟数
Cookies	获取当前请求的Cookie集合
IsClientConnected	传回客户端是否仍然和Server连接
SuppressContent	设定是否将HTTP的内容发送至客户端浏览器,若为True,则网页将不会传至客户端

表3-5 Response对象常用方法及说明

方　法	说　明
AddHeader	将一个HTTP头添加到输出流
AppendToLog	将自定义日志信息添加到IIS日志文件
Clear	将缓冲区的内容清除
End	将目前缓冲区中所有的内容发送至客户端后关闭
Flush	将缓冲区中所有的数据发送至客户端
Redirect	将网页重新导向另一个地址
Write	将数据输出到客户端
WriteFile	将指定的文件直接写入HTTP内容输出流

3.2.3　在页面中输出数据

Response 对象通过 Write 方法或 WriteFile 方法在页面上输出数据。输出的对象可以是字符、字符数组、字符串、对象或文件。

本例主要使用 Write 方法和 WriteFile 方法实现在页面上输出数据。在运行程序之前，在网站根目录下新建一个 TextFile.txt 文件，文件内容为"Asp.net 编程词典"。执行程序，运行结果如图 3-3 所示。

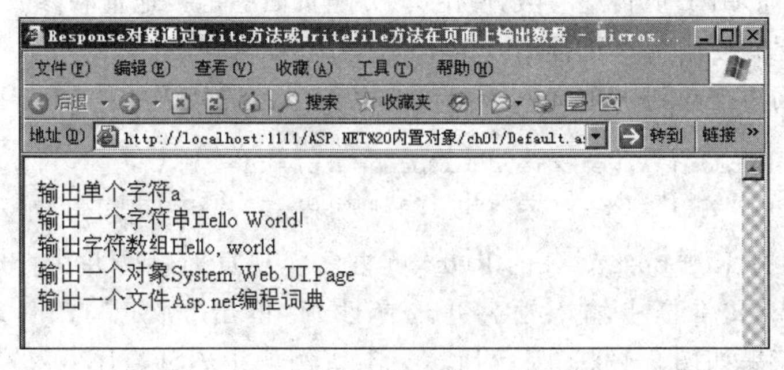

图 3-3　在页面中输出数据

程序实现的主要方法如下。

新建一个网站，默认主页为 Default.aspx。在 Default.aspx 的 Page_Load 事件中先定义 4 个变量，分别为字符型变量、字符串变量、字符数组变量和 Page 对象，然后将定义的数据在页面上输出。代码如下：

```
protected void Page_Load(object sender, EventArgs e)
{
    char c='a';                                    //定义一个字符变量
    string s="Hello World!";                       //定义一个字符串变量
    char[] cArray={ 'H', 'e', 'l', 'l', 'o', ',',
    ' ', 'w', 'o', 'r', 'l', 'd' };                //定义一个字符数组
    Page p=new Page();                             //定义一个 Page 对象
    Response.Write("输出单个字符");
    Response.Write(c);
    Response.Write("<br>");
    Response.Write("输出一个字符串"+s+"<br>");
    Response.Write("输出字符数组");
    Response.Write(cArray, 0, cArray.Length);
    Response.Write("<br>");
    Response.Write("输出一个对象");
    Response.Write(p);
    Response.Write("<br>");
    Response.Write("输出一个文件");
    Response.WriteFile(Server.MapPath(@"TextFile.txt"));
}
```

注意：输出一个文件时，该文件必须是已经存在的，如果不存在将产生"未能找到文件"异常。

3.2.4 页面跳转并传递参数

Response 对象的 Redirect 方法可以实现页面重定向的功能，并且在重定向到新的 URL 时可以传递参数。

例如，将页面重定向到 welcome.aspx 页的代码如下：

```
Response.Redirect ("~/welcome.aspx");
```

在页面重定向 URL 时传递参数，使用“?”分隔页面的链接地址和参数。当有多个参数时，参数与参数之间使用“&”分隔。

例如，将页面重定向到 welcome.aspx 页并传递参数的代码如下：

```
Response.Redirect("~/welcome.aspx?parameter=one ");
Response.Redirect("~/welcome.aspx?parameter1=one&parameter2=other");
```

本例主要通过 Response 对象的 Redirect 方法实现页面跳转并执行地址传值。运行程序，在 TextBox 文本框中输入姓名并选择性别，单击“确定”按钮，跳转到 welcome.aspx 页，运行结果如图 3-4 和图 3-5 所示。本实例位于 ASP.NET 内置对象的 ch02 实例中。

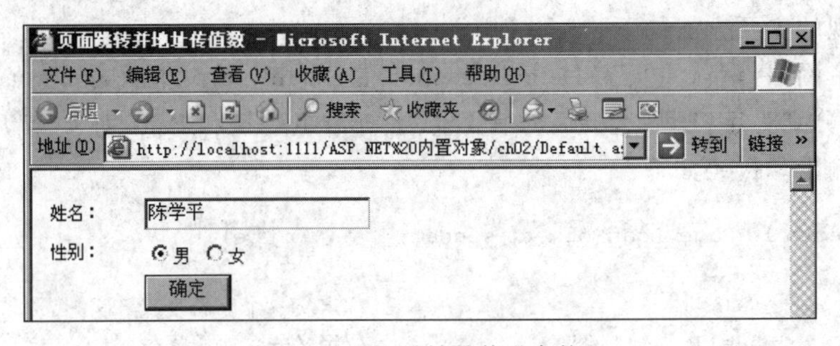

图 3-4 页面跳转并传递参数

图 3-5 地址传值并接收参数值

程序实现的主要步骤如下。

(1) 新建一个网站，默认主页为 Default.aspx，在 Default.aspx 页面上添加一个 TextBox 控件、一个 Button 控件、两个 RadioButton 控件，它们的属性设置如表 3-6 所示。

在“确定”按钮的 btnOK_Click 事件中实现跳转到 welcome.aspx 页面并传递参数 Name 和 Sex。代码如下：

表 3-6　Default. aspx 页面中的控件属性设置及其用途(1)

控件名称	控 件 类 型	主要属性设置	用　　途
txtName	TextBox		输入姓名
btnOK	Button	Text 属性设置为“确定”	执行页面跳转并传递参数的功能
rbtnSex1	RadioButton	Text 属性设置为“男”	显示“男”文本
		Checked 属性设置为 True	显示为选中状态
rbtnSex2		Text 属性设置为“女”	显示“女”文本

```
protected void btnOK_Click(object sender, EventArgs e)
{
    string name=this.txtName.Text;
    string sex="先生";
    if(rbtnSex2 .Checked)
    sex="女士";
    Response.Redirect("~/ch02/welcome.aspx?Name="+name+"&Sex="+sex);
}
```

(2) 在该网站中添加一个新页,将其命名为“welcome. aspx”。在页面 welcome. aspx 的初始化事件中获取 Response 对象传递过来的参数,并将其输出在页面上。代码如下:

```
protected void Page_Load(object sender, EventArgs e)
{
    string name=Request.Params["Name"];
    string sex=Request.Params["Sex"];
    Response.Write("欢迎"+name+sex+"!");
}
```

3.3　Application 对象

3.3.1　Application 对象概述

Application 对象用于共享应用程序级信息,即多个用户共享一个 Application 对象。

在第一个用户请求 ASP. NET 文件时,将启动应用程序并创建 Application 对象。一旦 Application 对象被创建,就可以共享和管理整个应用程序的信息。在应用程序关闭之前,Application 对象将一直存在。所以,Application 对象是用于启动和管理 ASP. NET 应用程序的主要对象。

3.3.2　Application 对象常用集合、属性和方法

Application 对象的常用集合及说明如表 3-7 所示。

表 3-7　Application 对象的常用集合及说明

集 合 名	说　　明
Contents	用于访问应用程序状态集合中的对象名
StaticObjects	确定某对象指定属性的值或遍历集合,并检索所有静态对象的属性

Application 对象的常用属性及说明如表 3-8 所示。

表 3-8 Application 对象的常用属性及说明

属 性	说 明
AllKeys	返回全部 Application 对象变量名到一个字符串数组中
Count	获取 Application 对象变量的数量
Item	允许使用索引或 Application 变量名称传回内容值

Application 对象的常用方法及说明如表 3-9 所示。

表 3-9 Application 对象的常用方法及说明

方 法	说 明
Add	新增一个 Application 对象变量
Clear	清除全部 Application 对象变量
Lock	锁定全部 Application 对象变量
Remove	使用变量名称移除一个 Application 对象变量
RemoveAll	移除全部 Application 对象变量
Set	使用变量名称更新一个 Application 对象变量的内容
UnLock	解除锁定的 Application 对象变量

3.3.3 应用 Application 对象统计网站访问量

1. 实例说明

大多数网站都具有统计网站访问量的功能，通过统计网站的访问量，可以清楚地反映网站目前的人气指数，这对于网站管理员来说是相当重要的，可以根据实际情况采取有效的措施增加网站的总访问量。本实例将利用 Application 对象和对文件的读写操作来讲解如何实现统计网站的总访问量，其运行结果如图 3-6 所示。

图 3-6 统计网站总访问量

2. 关键对象

实现统计网站的总访问量功能时，用到了 StreamReader 和 StreamWriter 两个关键对象，下面分别介绍。

(1) StreamReader 对象

对文件进行读取时通常使用 StreamReader 对象，该对象以一种特定的编码从字节流中读取字符。其常用方法及说明如表 3-10 所示。

表 3-10　StreamReader 对象的常用方法及说明

方　法	说　　明
Close	关闭 StreamReader 对象和基础流,并释放与读取器关联的所有系统资源
GetHashCode	用作特定类型的哈希函数。GetHashCode 适合在哈希算法和数据结构(如哈希表)中使用
Peek	返回下一个可用的字符,但不使用它
Read	读取输入流中的下一个字符或下一组字符
ReadBlock	从当前流中读取最大 count 的字符并从 Uidex 开始将该数据写入 buffer
ReadLine	从当前流中读取一行字符并将数据作为字符串返回
ReadToEnd	从流的当前位置到末尾读取流

在本实例中,当应用程序启动时,需要将已存放在文件中的总访问量读出来,其主要代码如下:

```
StreamReader srd;                                    //取得文件的实际路径
String file_path=Server.MapPath("counter.txt");      //打开文件进行读取
srd=File.OpenText(file_mpth);
while (srd.Peek()!=-1)
(
    string sir=srd.ReadLine();
    count=int.Parse(str);
}
Srd.Close();
```

(2) StreamWriter 对象

向文件中写入数据时通常使用 StreamWriter 对象,该对象以一种特定的编码向流中写入字符,其常用方法及说明如表 3-11 所示。

表 3-11　StreamWriter 对象的常用方法及说明

方　法	说　　明
Close	关闭当前的 StreamWriter 对象和基础流
GetHashCode	用作特定类型的哈希函数,GetHashCode 适合在哈希算法和数据结构(如哈希表)中使用
ToString	返回表示当前 Object 的 String
Write	写入流
WriteLine	写入重载参数指定的某些数据,后跟行结束符

当应用程序结束时,需要将已更改的访问量存放在文件中,其主要代码如下:

```
//在应用程序关闭时运行的代码
int Stat=0;
Stat=(int)AppLicatioa["counter "];
string file_path=Server.mapPath("counter.txt ");
StreamWriter srw=new StreamWriter (file_path ,false);
Srw.WriteLine(Stat);
```

```
aiw.Close();
```

注意：StreamWriter(String,bool)构造函数使用默认编码和缓冲区大小，为指定路径上的指定文件初始化 StreamWriter 类的新实例。如果该文件存在，则可以将其改写或向其追加；如果该文件不存在，则此构造函数将创建一个新文件。

当应用程序启动时，需要将从文件中读取的数据保存在 Application 对象中，其主要代码如下：

```
object obj=count;
//将从文件中读取的网站访问量存放在 Application 对象中
application["counter"]=obj;
```

在新会话启动时，需要获取 Applicatiod 对象中的数据，其主要代码如下：

```
int Stat=0;
//获取 Application 对象中的日访问量
Stat=(int) Application("counter"];
```

3. 设计过程

(1) 新建一个网站，命名为 StatVisitationNum，默认主页名为 Default.aspx。

(2) 在 Global.asax 文件中，当应用程序启动时读取文件中的数据，并将其值赋给 Application 对象，代码如下：

```
void Application_Start(object seader, EventArgs e)
{
    //应用程序启动时运行的代码
    int count=0;
    StreamReader srd;
    //取得文件的实际路径
    String file_path=Server.mappath("counter.txt");
    //打开文件进行读取
    srd=File.OpenText(file_path);
        while (srd.Peek() !=-1)
        {
            string str=srd.ReadLine();
            count=int.Parse(str);
        }
        srd.Close();
        object obj=count;
        //将从文件中读取的网站访问量存放在 Application 对象中
        Application["counter"]=obj;
}
```

(3) 当新会话启动时，需要获取 Application 对象中的数据信息并使总访问量加 1，代码如下：

```
void Session_Start(object sender, EventArgs e)
{
    //在新会话启动时运行的代码
    Application.Lock();                              //锁定
```

```
    //数据累加
    int Stat=0;
    //获取Application对象中保存的网站总访问量
    Stat=(int)Application["counter"];
    Stat+=1;
    object obj=Stat;
    Application["counter"]=obj;
    //将数据记录写入文件
    string file_path=Server.MapPath("counter.txt");
                                                //获取记录访问数量的文本文件路径
    StreamWriter srw=new StreamWriter(file_path, false);
                                                //创建SlrewnWriter对象
    srw.WriteLine(Stat);                        //向文本文件中写入数据
    srw.Close();                                //关闭Stream Writer对象
    Application.UnLock();                       //解除锁定
}
```

(4) 当应用程序结束时，将已更改的总访问量存放在文件中，主要代码如下：

```
void Application_End(object sender, EventArgs e)
{

    //在应用程序关闭时运行的代码
    int Stat=0;
    Stat=(int)Application["counter"];                  //获取访问数量
    string file_path=Server.MapPath("counter.txt");    //获取文本文件路径
    System.IO.StreamWriter srw=new System.IO.StreamWriter(file_path, false);
                                                       //创建Stream Writer对象
    srw.WriteLine(Stat);                               //将访问数量写入文本文件
    srw.Close();                                       //关闭StreamWriter对象
}
```

在页面Default.aspx中，当加载页面时读取Application对象中存储的总访问量，并显示在页面上，在Default.aspx的HTML文件中添加如下代码。

```
您是第<%=Application["counter"]%>位访问者
```

注意：该程序在测试时，笔者将本案例网站放在两个不同的位置，当Visual Studio 2010直接将这个网站作为根目录来访问时，测试可以显示访问量，如图3-7所示。

如果将该网站放在一个网站内，作为二级目录或三级目录来访问，则不能显示访问量，如图3-8所示。

以上两幅图请读者朋友自己比较一下。解决办法是将Global.asax文件放在整个网站的根目录下，因为放在二级目录中的话，会提示以下错误。

ASP.NET运行时错误：没有为扩展名.asax注册的生成提供程序。可以在machine.config或web.config中的<compilation><buildProviders>节注册一个。请确保所注册的提供程序具有包含值Web或All的BuildProviderAppliesToAttribute特性。

这种错误就使用户不能看到访问量的显示了，将Global.asax放在ASP.NET内置对象的根目录下，就可以显示访问量了。

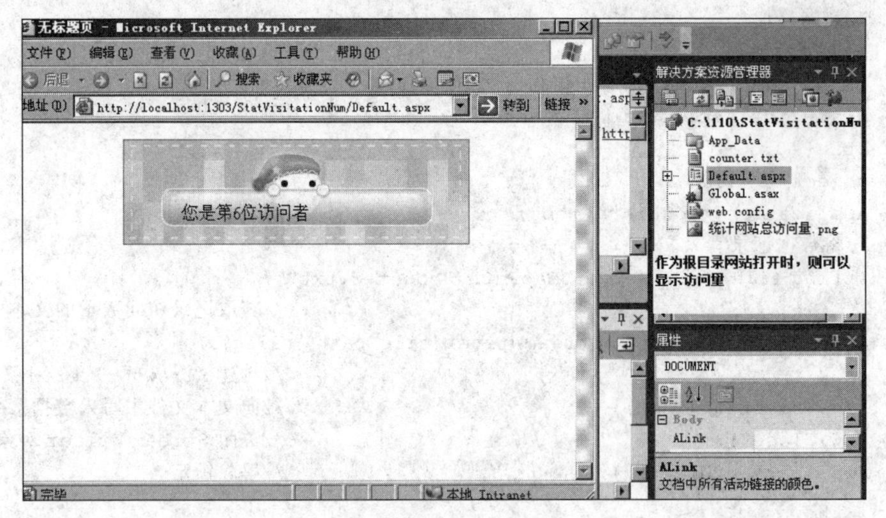

图 3-7 显示访问量

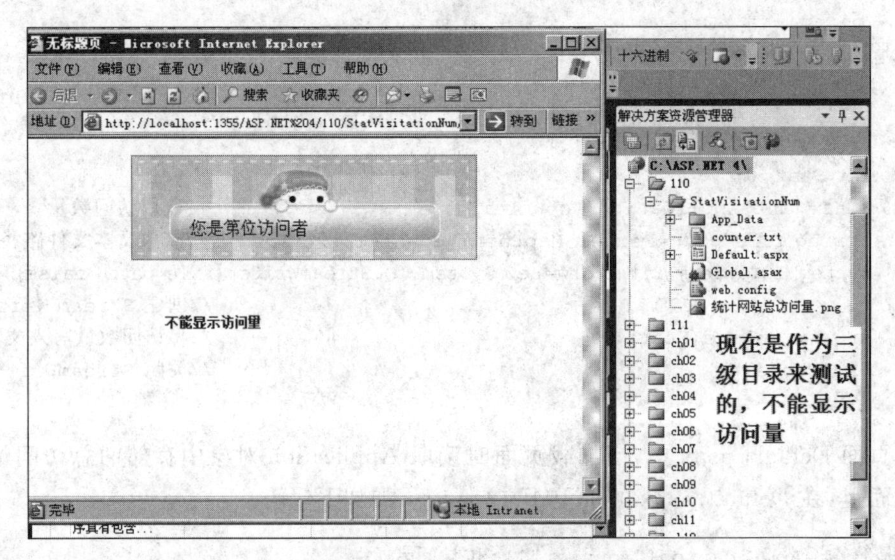

图 3-8 不能显示访问量

3.3.4 利用 Application 对象制作简单聊天室

Application 对象的典型应用就是聊天室的制作。下面就通过一个实例进行介绍。

本例主要利用 Application 对象实现聊天室功能。执行程序，首先应该登录聊天室，在“用户名”文本框中输入登录用户的名称，再单击“登录”按钮进入聊天室。运行结果如图 3-9 和图 3-10 所示。

程序实现的主要步骤如下。

(1) 新建一个网站，其主页默认为 Default.aspx，将其重命名为 Login.aspx。

(2) 在该网站中添加 3 个 Web 页面：Default.aspx、Content.aspx 和 List.aspx。其中，Default.aspx 页面为聊天室的主页面，Content.aspx 页面用来显示用户的聊天信息，List

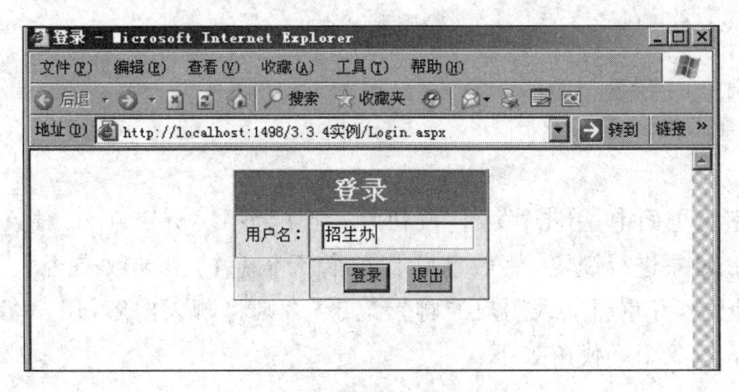

图 3-9　用户登录

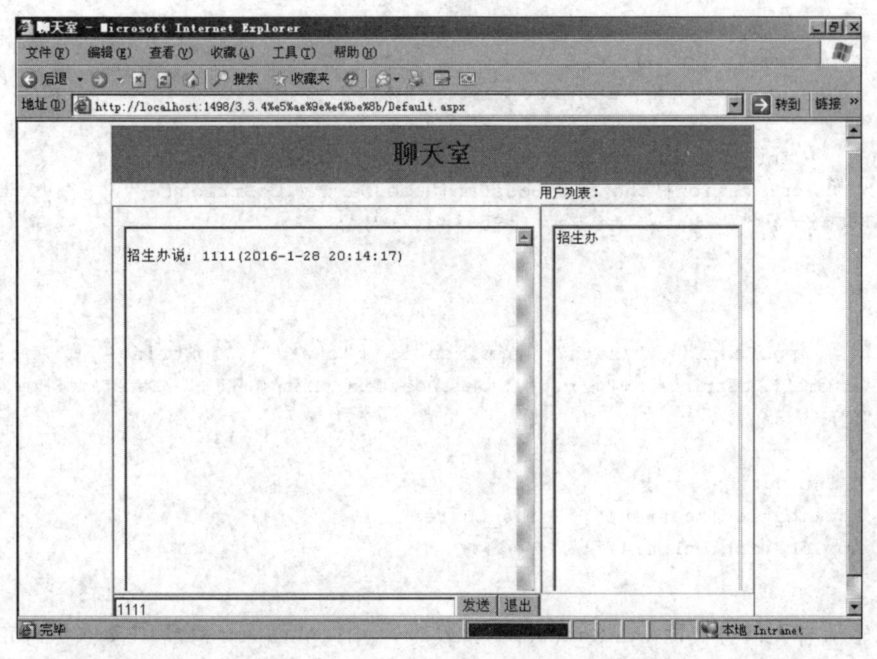

图 3-10　聊天室

.aspx 页面用来显示在线用户的列表。

(3) 在该网站中添加一个 Global.asax 全局程序集文件，用来初始化 Application 对象值。

程序主要代码如下。

① 该聊天室是使用 Application 对象实现的，在应用程序启动时，应在 Application 对象的 Application_Start 事件中将所有数据初始化。代码如下：

```
void Application_Start(object sender, EventArgs e)
{
    //在应用程序启动时运行的代码
    //建立用户列表
    string user="";                    //用户列表
    Application["user"]=user;
    Application["userNum"]=0;
```

```
        string chats="";                //聊天记录
        Application["chats"]=chats;
        //当前的聊天记录数
        Application["current"]=0;
    }
```

② 在聊天室主页面中,单击"发送"按钮时,首先调用 Application 对象的 Lock 方法对所有 Application 对象进行锁定,然后判断当前聊天信息的记录数是否大于 20,如果大于 20,则清空聊天记录,并重新加载用户的聊天记录;否则将聊天内容、用户名、发信息时间保存在 Application 对象中。代码如下:

```
protected void btnSend_Click(object sender, EventArgs e)
{
    int P_int_current=Convert.ToInt32(Application["current"]);
    Application.Lock();
    if (P_int_current==0||P_int_current >20)
    {
        P_int_current=0;
        Application["chats"]=Session["userName"].ToString()+"说: "+txtMessage.
Text.Trim()+"("+DateTime.Now.ToString()+")";
    }
    else
    {
        Application["chats"]=Application["chats"].ToString()+","+Session
["userName"].ToString()+"说: "+txtMessage.Text.Trim()+"("+DateTime.Now.ToString
()+")";
    }
    P_int_current+=1;
    Application["current"]=P_int_current;
    Application.UnLock();
}
```

③ 显示聊天信息页面 Content.aspx 加载时,从 Application 对象中读取保存的聊天信息,并将其显示在 TextBox 文本框中。Content.aspx 页面的 Page_Load 事件代码如下:

```
protected void Page_Load(object sender, EventArgs e)
{
    int P_int_current=Convert.ToInt32(Application["current"]);
    Application.Lock();
    string P_str_chats=Application["chats"].ToString();
    string[] P_str_chat=P_str_chats.Split(',');
    for (int i=P_str_chat.Length-1; i >=0; i--)
    {
        if (P_int_current==0)
        {
            txtContent.Text=P_str_chat[i].ToString();
        }
        else
        {
            txtContenttxtContent.Text=txtContent.Text+"\n"+P_str_chat[i].
```

```
ToString();
        }
    }
    Application.UnLock();
}
```

3.4 Session 对象

3.4.1 Session 对象概述

Session 对象用于存储在多个页面调用之间特定用户的信息。Session 对象只针对单一网站使用者，不同的客户端无法互相访问。Session 对象终止于联机机器离线时，也就是当网站使用者关掉浏览器或超过设定 Session 对象的有效时间时，Session 对象变量就会关闭。

3.4.2 Session 对象常用集合、属性和方法

Session 对象的常用集合及说明如表 3-12 所示。

表 3-12　Session 对象的常用集合及说明

集　合	说　明
Contents	用于确定指定会话项的值或遍历 Session 对象的集合
StaticObjects	确定某对象指定属性的值或遍历集合，并检索所有静态对象的所有属性

Session 对象的常用属性及说明如表 3-13 所示。

表 3-13　Session 对象的常用属性及说明

属　性	说　明
TimeOut	传回或设定 Session 对象变量的有效时间，如果使用者超过有效时间没有动作，Session 对象就会失效。默认值为 20 分钟

Session 对象的常用方法及说明如表 3-14 所示。

表 3-14　Session 对象的常用方法及说明

方　法	说　明
Abandon	此方法结束当前会话，并清除会话中的所有信息。如果用户随后访问页面，可以为它创建新会话（“重新建立”非常有用，这样用户就可以得到新的会话）
Clear	此方法清除全部的 Session 对象变量，但不结束会话

3.4.3 使用 Session 对象存储和读取数据

使用 Session 对象定义的变量为会话变量。会话变量只能用于会话中的特定用户。应用程序的其他用户不能访问或修改这个变量，而应用程序变量则可由应用程序的其他用户访问或修改。Session 对象定义变量的方法与 Application 对象相同，都是通过“键/值”对的方式来保存数据，语法如下：

```
Sessiont[varName]=值;
```

其中,varName 为变量名,例如:

```
//将 TextBox 控件的文本存储到 Session["Name"]中
Session["Name"]=TextBox1.Text;
//将 Session["Name"]的值读取到 TextBox 控件中
TextBox1.Text=Session["Name"].ToString();
```

用户登录后通常会记录该用户的相关信息,而该信息是其他用户不可见的,并且不可访问的,这就需要使用 Session 对象进行存储。下面通过实例介绍如何使用 Session 对象保存当前登录用户的信息。执行程序,运行结果如图 3-11 所示。

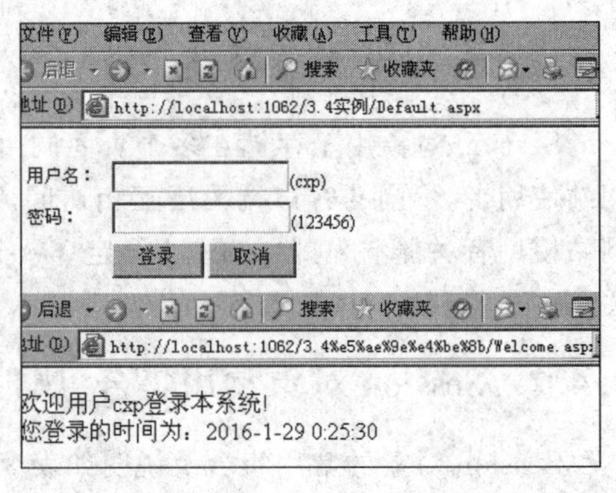

图 3-11　Session 示例

程序实现的主要步骤如下。

(1) 新建一个网站,默认主页为 Default.aspx,将其命名为"Login.aspx"。在 Login.aspx页面上添加两个 TextBox 控件和两个 Button 控件,它们的属性设置如表 3-15 所示。

表 3-15　Default.aspx 页面中的控件属性设置及其用途(2)

控件名称	控件类型	主要属性设置	用　途
txtUserName	TextBox		输入用户名
txtPwd		TextMode 属性设置为 Password	输入密码
btnLogin	Button	Text 属性设置为"登录"	"登录"按钮
btnCancel		Text 属性设置为"取消"	"取消"按钮

用户单击"登录"按钮,将触发按钮的 btnLogin _Click 事件。在该事件中,使用 Session 对象记录用户名及用户登录的时间,并跳转到 Welcome.aspx 页面。代码如下:

```
protected void btnLogin_Click(object sender, EventArgs e)
{
    if (txtUserName.Text=="mrbccd" && txtPwd .Text=="www.mrbccd.com")
    {
        Session["UserName"]=txtUserName.Text;       //使用 Session 变量记录用户名
        Session["LoginTime"]=DateTime.Now;
                                        //使用 Session 变量记录用户登录系统的时间
        Response.Redirect("~/Welcome.aspx");        //跳转到主页
    }
    else
    {
        Response.Write("<script>alert('登录失败!请返回查找原因');location=
'Login.aspx'</script>");
    }
}
```

(2) 在该网站中添加一个新页，将其命名为“Welcome. aspx”。在页面 Welcome. aspx 的初始化事件中，将登录页中保存的用户登录信息显示在页面上。代码如下：

```
protected void Page_Load(object sender, EventArgs e)
{
    Response.Write("欢迎用户"+Session["UserName"]. ToString ()+"登录本系统!
<br>");
    Response.Write("您登录的时间为: "+Session ["LoginTime"].ToString ());
}
```

3.5　Cookie 对象

3.5.1　Cookie 对象概述

Cookie 对象用于保存客户端浏览器请求的服务器页面，也可用于存放非敏感性的用户信息，信息保存的时间可以根据用户的需要进行设置。并非所有的浏览器都支持 Cookie，并且数据信息是以文本的形式保存在客户端计算机中。

3.5.2　Cookie 对象常用属性、方法

Cookie 对象的常用属性及说明如表 3-16 所示。

表 3-16　Cookie 对象的常用属性及说明

属　性	说　明
Expires	设定 Cookie 变量的有效时间，默认为 1000 分钟，若设为 0，则可以实时删除 Cookie 变量
Name	取得 Cookie 变量的名称
Value	获取或设置 Cookie 变量的内容值
Path	获取或设置 Cookie 适用的 URL

Cookie 对象的常用方法及说明如表 3-17 所示。

表 3-17　Cookie 对象的常用方法及说明

方　法	说　明
Equals	指定 Cookie 是否等于当前的 Cookie
ToString	返回此 Cookie 对象的一个字符串表示形式

3.5.3　使用 Cookie 对象保存和读取客户端信息

要存储一个 Cookie 变量，可以通过 Response 对象的 Cookies 集合。使用语法如下：

```
Response. Cookies[varName].Value=值;
```

其中，varName 为变量名。

要取回 Cookie，使用 Request 对象的 Cookies 集合，并将指定的 Cookies 集合返回。使用语法如下：

```
变量名=Request.Cookies[varName].Value;
```

本例分别通过 Response 对象和 Request 对象的 Cookies 属性将客户端的 IP 地址写入 Cookie 中并读取出来。执行程序,运行结果如图 3-12 所示。

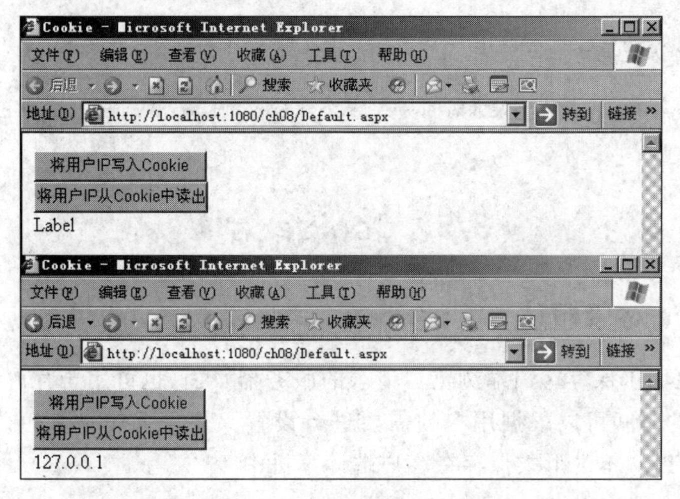

图 3-12 Cookie 示例

程序实现的主要步骤如下。

(1) 新建一个网站,默认主页为 Default.aspx,在 Default.aspx 页面上添加两个 Button 控件和一个 Label 控件,它们的属性设置如表 3-18 所示。

表 3-18 Default.aspx 页面中的控件属性设置及其用途(3)

控件名称	控件类型	主要属性设置	用　　途
Label1	Label	均默认	显示用户 IP
btnWrite	Button	Text 属性设置为"将用户 IP 写入 Cookie"	将用户 IP 保存在 Cookie 中
btnRead		Text 属性设置为"将用户 IP 从 Cookie 中读出"	将用户 IP 从 Cookie 中读出

(2) 单击"将用户 IP 写入 Cookie"按钮,将触发按钮的 Click 事件。在该事件中首先利用 Request 对象的 UserHostAddress 属性获取客户端 IP 地址,然后将 IP 保存到 Cookie 中。代码如下:

```
protected void btnWrite_Click(object sender, EventArgs e)
{
    string UserIP=Request.UserHostAddress.ToString();
    Response.Cookies["IP"].Value=UserIP;
}
```

(3) 单击"将用户 IP 从 Cookie 中读出"按钮,从 Cookie 中读出写入的 IP。代码如下:

```
protected void btnRead_Click(object sender, EventArgs e)
{
    this.Label1.Text=Request.Cookies["IP"].Value;
```

```
}
```

由于 Cookie 对象可以保存和读取客户端的信息，用户可以通过它对登录的客户进行标识，防止用户恶意攻击网站。如在线投票时，可以使用 Cookie 防止用户重复投票。

3.6　Server 对象

3.6.1　Server 对象概述

Server 对象定义了一个与 Web 服务器相关的类，用于提供对服务器上的方法和属性的访问，从而可以访问服务器上的资源。

3.6.2　Server 对象常用属性、方法

Server 对象的常用属性及说明如表 3-19 所示。

表 3-19　Server 对象的常用属性及说明

属　性	说　明
MachineName	获取服务器的计算机名称
ScriptTimeout	获取和设置请求超时值(以秒计)

Server 对象的常用方法及说明如表 3-20 所示。

表 3-20　Server 对象的常用方法及说明

方　法	说　明
Execute	在当前请求的上下文中执行指定资源的处理程序，然后将控制返回给该处理程序
HtmlDecode	对已被编码以消除无效 HTML 字符的字符串进行解码
HtmlEncode	对要在浏览器中显示的字符串进行编码
MapPath	返回与 Web 服务器上的指定虚拟路径相对应的物理文件路径
UrlDecode	对字符串进行解码，该字符串为了进行 HTTP 传输而进行编码并在 URL 中发送到服务器
UrlEncode	编码字符串，以便通过 URL 从 Web 服务器到客户端进行可靠的 HTTP 传输
Transfer	终止当前页的执行，并为当前请求开始执行新页

3.6.3　使用 Server.Execute 方法和 Server.Transfer 方法重定向页面

Execute 方法用于将执行从当前页面转移到另一个页面，并将执行返回到当前页面，执行所转移的页面在同一浏览器窗口中执行，然后原始页面继续执行。所以执行 Execute 方法后，原始页面保留控制权。

而 Transfer 方法用于将执行完全转移到指定页面。与 Execute 方法不同，执行该方法时主调页面将失去控制权。

本例实现的主要功能是通过 Server 对象的 Execute 方法和 Transfer 方法重定向页面。执行程序，单击“Execute 方法”按钮，运行结果如图 3-13 所示；单击“Transfer 方法”按钮，运行结果如图 3-14 所示。

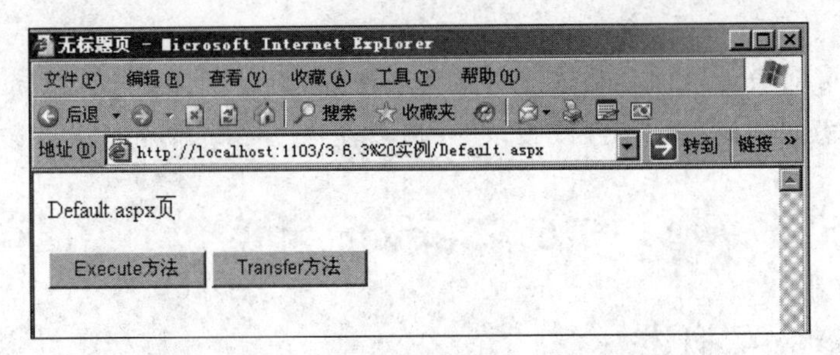

图 3-13　单击“Execute 方法”按钮运行结果

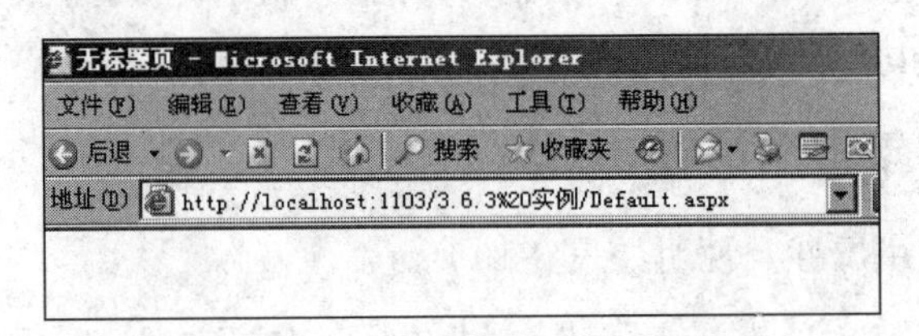

图 3-14　单击“Transfer 方法”按钮运行结果

程序实现的主要步骤如下。

(1) 新建一个网站，默认主页为 Default.aspx，在 Default.aspx 页面上添加两个 Button 控件，它们的属性设置如表 3-21 所示。

表 3-21　Default.aspx 页面中的控件属性设置及其用途(4)

控件名称	控件类型	主要属性设置	用　途
btnExecute	Button	Text 属性设置为“Execute 方法”	使用 Execute 方法重定向页面
btnTransfer		Text 属性设置为“Transfer 方法”	使用 Transfer 方法重定向页面

(2) 单击“Execute 方法”按钮，利用 Server 对象的 Execute 方法从 Default.aspx 页重定向到 newPage.aspx 页，然后控制权返回到主调页面(Default.aspx)并执行其他操作。代码如下：

```
protected void btnExecute_Click(object sender, EventArgs e)
{
    Server.Execute("newPage.aspx?message=Execute");
    Response.Write("Default.aspx 页");
}
```

(3) 单击“Transfer 方法”按钮，利用 Server 对象的 Transfer 方法从 Default.aspx 页重定向到 newPage.aspx 页，控制权完全转移到 newPage.aspx 页。代码如下：

```
protected void btnExecute_Click(object sender, EventArgs e)
{
    Server.Transfer("newPage.aspx?message=Transfer ");
    Response.Write("Default.aspx 页");
}
```

3.6.4 使用 Server.MapPath 方法获取服务器的物理地址

MapPath 方法用来返回与 Web 服务器上的指定虚拟路径相对应的物理文件路径。语法如下：

```
Server.MapPath(path);
```

其中，path 表示 Web 服务器上的虚拟路径，如果 path 值为空，则该方法返回包含当前应用程序的完整物理路径。例如，下面的示例在浏览器中输出指定文件 Default.aspx 的物理文件路径。语法如下：

```
Response.Write(Server.MapPath("Default.aspx"));
```

不能将相对路径语法与 MapPath 方法一起使用，即不能将“.”或“..”作为指向指定文件或目录的路径。

3.6.5 对字符串进行编码和解码

1. 字符串编码

Server 对象的 UrlEncode 方法用于对通过 URL 传递到服务器的数据进行编码，语法如下：

```
Server.UrlEncode(string);
```

其中，string 为需要进行编码的数据。例如：

```
Response.Write(Server.UrlEncode("http://Default.aspx"));
```

编码后的输出结果为

```
"http%3a%2f%2fDefault.aspx"。
```

Server 对象的 UrlEncode 方法的编码规则如下。

(1) 空格将被加号“+”字符所代替。

(2) 字段不被编码。

(3) 字段名将被指定为关联的字段值。

(4) 非 ASCII 字符将被转义码所替代。

2. 字符串解码

UrlDecode 方法用来对字符串进行 URL 解码并返回已解码的字符串。例如：

```
Response.Write(Server.UrlDecode("http%3a%2f%2fDefault.aspx"));
```

解码后的输出结果为"http://Default.aspx"。

3.7 综合实战

3.7.1 制作一个具有私聊功能的聊天室

在聊天室中，几个网友一起聊天时，总会有一些话题不想被同一聊天室内别的聊友看见,因此聊天室必须设置私聊功能,如图 3-15 所示。

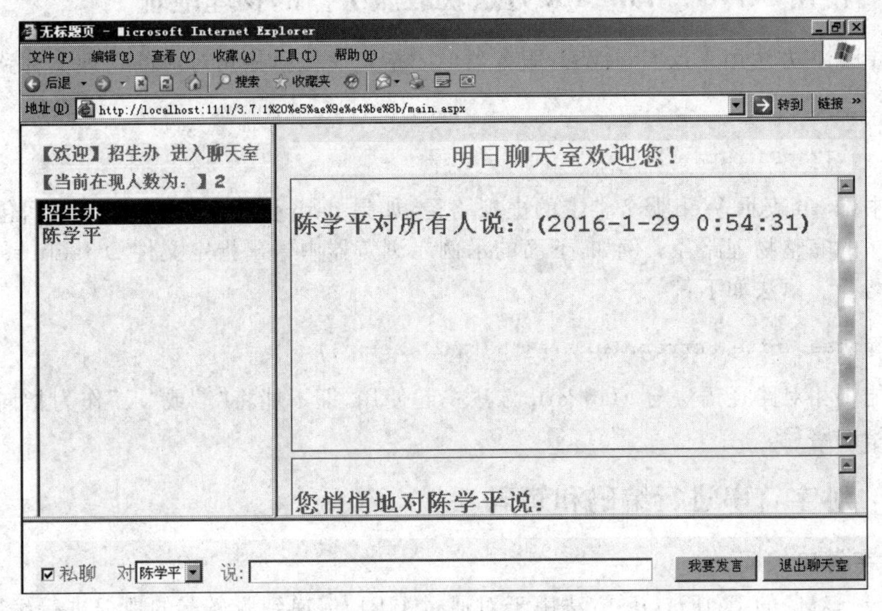

图 3-15 具有私聊功能的聊天室

在前面章节中已经制作了一个简单的聊天室,在此基础上设计一个具有私聊功能的聊天室。程序实现的主要步骤如下。

(1) 在显示聊天信息页 Bottom.aspx 中,再添加一个 TextBox 控件,用来显示私聊信息;在 Default.aspx 中,再添加一个 CheckBox 控件,用来区分聊天信息为私聊还是群聊。

(2) 为了实现私聊功能,需要修改 Global.axax 文件。在文件中加入如下代码。

```
void Application_Start(object sender, EventArgs e)
    {
        //在应用程序启动时运行的代码
        //建立用户列表
        string user="";                               //用户列表
        Application["user"]=user;
        Application["userNum"]=0;
        string chats="";                              //聊天记录
        Application["chats"]=chats;
        //当前的聊天记录数
        Application["current"]=0;
        string receive="";                            //接受列表
        Application["receive"]=receive;
        string Owner="";                              //发送列表
        Application["Owner"]=Owner;
        string chat="";                               //私聊内容列表
        Application["chat"]=chat;
        Application["chatnum"]=0;                     //私聊内容的当前记录数
        string chattime="";                           //私聊信息发送时间
        Application["chattime"]=chattime;
    }
```

(3) 进入添加的聊天信息页面 Bottom. aspx，当用户输入聊天信息并选中“私聊”复选框后，单击“我要发言”按钮，在“我要发言”按钮的 Click 事件下将发送者、接收者、发送时间、聊天内容这 4 项信息保存在 Application 对象中。其代码如下：

```
protected void Button1_Click(object sender, EventArgs e)
    {
        Application.Lock( );
        string strTxt=TextBox2.Text.ToString( );
        int intintChatNum=int.Parse(Application["chatnum"].ToString ( ));
        if (CheckBox1.Checked)
        {
         //处理私聊内容
         if (intChatNum==0||intChatNum >40)
         {
            intChatNum=0;
            Application["chat"]=strTxt.ToString( );
            Application["Owner"]=Session["user"];
            Application["chattime"]=DateTime.Now;
            Application["receive"]=DropDownList1. SelectedValue.ToString( );
         }
         else
         {
            Application["chat"]=Application["chat"] +","+strTxt.ToString( );
            Application["Owner"]=Application["Owner"]+","+Session["user"];
            Application["chattime"]=Application["chattime"]+","+DateTime.Now;
             Application ["receive"]=Application ["receive"]+","+DropDownList1.
SelectedValue.ToString( );
         }
         intChatNum+=1;
         object obj=intChatNum;
         Application["chatnum"]=obj;
        }
        else
        {
         //处理公共聊天内容
         int intintcurrent=int.Parse(Application["current"].ToString());
         if (intcurrent==0||intcurrent >40)
            {
             intcurrent=0;
                Application["chats"]=Session["user"].
ToString( )+"对"+DropDownList1.SelectedValue.ToString( )+
"说："+strTxt.T oString()+"("+DateTime.Now.ToString( )+")" ;
            }
            else
            {
              Application["chats"]=Application["chats"].ToString()+","+
Session["user"].ToString()+"对"+DropDownList 1.SelectedValue.ToString()+
"说："+strTxt.ToString()+"("+DateTime.Now.ToString()+")";
            }
            intcurrent+=1;
```

```
        object obj=intcurrent;
        Application["current"]=obj;
      }
      Application.UnLock( );
      //刷新聊天页面
      Response.Write("<script language=javascript>");
      Response.Write("this.parent.right.location.reload( )");
      Response.Write("</script>");
    }
```

(4) 进入显示聊天信息页面 right.aspx，当页面加载时，从 Application 对象中读取保存的聊天信息，将所有的聊天记录显示在页面中。代码如下：

```
protected void Page_Load(object sender, EventArgs e)
  {
    Application.Lock( );
    string OwnerName=Session["user"].ToString( );
    if (!IsPostBack)
    {
      //私聊、发送、接收
      string Owner=Application["Owner"].ToString( );
      string[] Ownsers=Owner.Split(',');
      string receive=Application["receive"].ToString( );
      string[] receivereceives=receive.Split(',');
      string chat=Application["chat"].ToString( );
      string [] chatchats=chat.Split(',');
      string chattime=Application["chattime"].ToString( );
      string[] chattimechattimes=chattime.Split(',');
      for (int i=(Ownsers.Length-1); i>=0 ; i--)
      {
        if (OwnerName.Trim( )==Ownsers[i].Trim( ))
        {
          //发送
          TextBox2TextBox2.Text=TextBox2.Text+"\n"+"您悄悄地对"+receives[i].
ToString( )+"说: "+chats[i].ToString( )+"("+chattimes[i].ToString( )+")";
        }
        else
        {
          if (OwnerName.Trim( )==receives[i].Trim( ))
          {
            //接收
            TextBox2TextBox2.Text=TextBox2.Text+"\n" +Ownsers[i].ToString( )+
"悄悄地对您说: "+chats[i].ToString( )+"("+chattimes[i].ToString( )+")";
          }
        }
      }
      //公聊
      int intintcurrent=int.Parse(Application["current"].ToString( ));
      string strchat=Application["chats"].ToString( );
```

```
        string[] strchatsstrchats=strchat.Split(',');
        for (int i=(strchats.Length-1); i >=0; i--)
        {
            if (intcurrent==0)
            {
              TextBox1.Text=strchats[i].ToString( );
            }
            else
            {
              TextBox1TextBox1.Text=TextBox1.Text+"\n"+strchats[i].ToString( );
            }
        }
    }
    Application.UnLock( );
}
```

3.7.2　制作一个投票系统

在一些文体类门户网站中，经常设立一项在线投票功能，为了在投票系统中确保准确率，防止重复投票是一项必不可少的举措。本实例将制作一个投票系统并且防止重复投票，如图 3-16～图 3-18 所示。

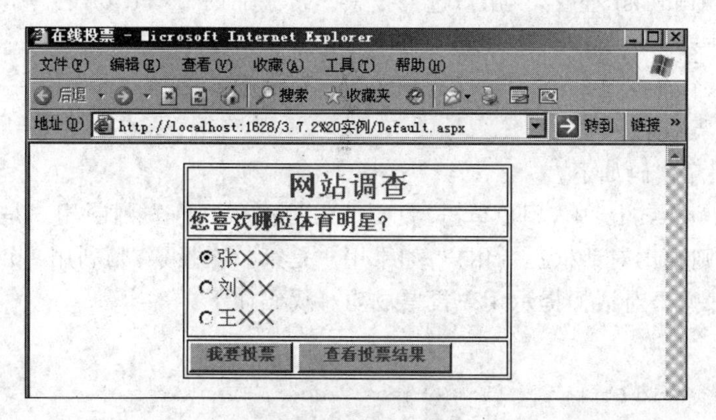

图 3-16　在线投票

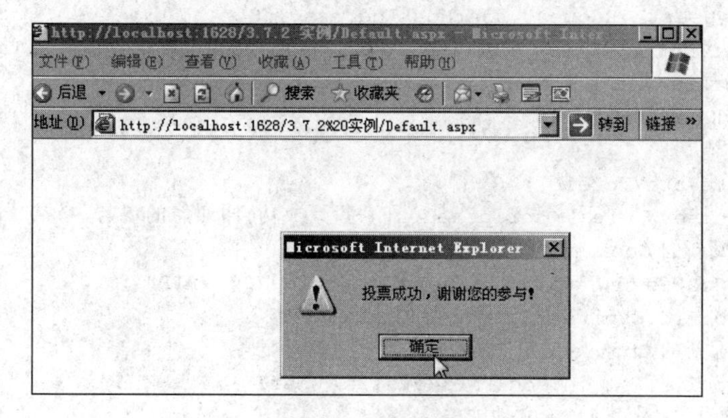

图 3-17　投票成功

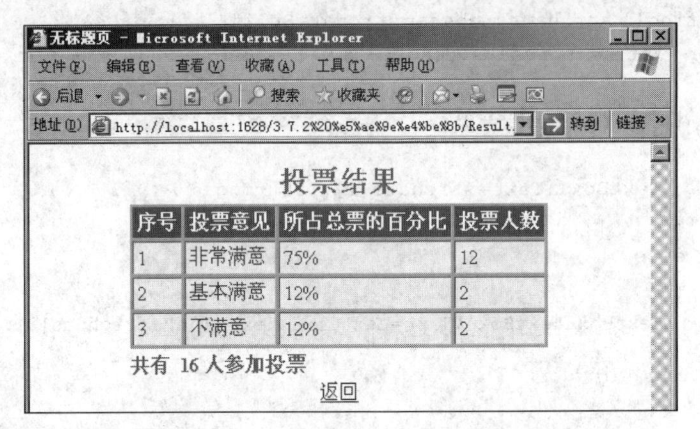

图 3-18 查看投票结果

注意:在制作之前,先要将数据库附加到 SQL Server 2008 中。附加步骤此处不多述。

程序实现的主要步骤如下。

(1) 新建一个网站,命名为 ch11,默认主页名为 Default.aspx。

(2) 在页 Default.aspx 中添加一个 Table 表格,用来布局页面。在该 Table 表格上添加一个 RadioButtonList 控件,供用户选择投票。再添加两个 Button 控件,分别用于执行投票和查询投票结果。

(3) 创建一个新页 Result.aspx,用于显示投票结果。在该页中添加一个 GridView 控件,用于显示投票结果。

(4) 主要程序代码如下。

在页面 Default.aspx 中,用户单击“我要投票”按钮后,首先判断用户是否已投过票,如果用户已投票,则弹出对话框提示用户;如果用户是第一次投票,则利用 Cookie 对象保存用户的 IP 地址,并弹出对话框提示用户投票成功。代码如下:

```
//进行投票
 protected void Button1_Click(object sender, EventArgs e)
 {
   //判断指定的 IP 是否已投过票了,如果已经投过了,则弹出提示对话框
   string UserIP=Request.UserHostAddress.ToString();
   int VoteID=Convert.ToInt32(RadioButtonList1.SelectedIndex.ToString())+1;
   HttpCookie oldCookie=Request.Cookies["userIP"];
   if (oldCookie==null)
   {
     UpdateVote(VoteID);
     Response.Write("<script>alert('投票成功,谢谢您的参与!')</script>");
     //定义新的 Cookie 对象
     HttpCookie newnewCookie=new HttpCookie("userIP");
     newCookie.Expires=DateTime.MaxValue ;
     //添加新的 Cookie 变量 IPaddress,值为 UserIP
     newCookie.Values.Add("IPaddress", UserIP);
     //将变量写入 Cookie 文件中
     Response.AppendCookie(newCookie);
```

```
      return;
    }
    else
    {
      string userIP=oldCookie.Values["IPaddress"];
      if (UserIP.Trim( )==userIP.Trim( ))
      {
        Response.Write("<script>alert('一个 IP 地址只能投一次票,谢谢您的参与!');
        history.go(-1);</script>");
        return;
      }
      else
      {
        HttpCookie newnewCookie=new HttpCookie("userIP");
        newCookie.Values.Add("IPaddress", UserIP);
        newCookie.Expires=DateTime.MaxValue ;
        Response.AppendCookie(newCookie);
        UpdateVote(VoteID);
        Response.Write("<script>alert('投票成功,谢谢您的参与!')</script>");
        return;
      }
    }
  }
```

为了使投票结果更直观,在显示投票结果页 Result.aspx 中,将投票结果以百分比的形式显示在页面上。实现此功能,需要将页 Result.aspx 切换到 HTML 视图,并将自定义方法 FormatVoteCount(string voteCount)绑定在显示框的百分比列中。代码如下:

```
<asp:TemplateField HeaderText="所占总票的百分比" >
                    <ItemTemplate>
<%#FormatVoteCount(DataBinder.Eval(Container.
DataItem, "NumVote").ToString ( ))%>%
                      </ItemTemplate>
                  </asp:TemplateField>
```

当投票结果显示框绑定时,使用自定义方法 FormatVoteCount(string voteCount)将百分比列显示在界面中。代码如下:

```
public int FormatVoteCount(string voteCount)
  {
    int total=TotalNum( );
    //如果没有被投票
    if (voteCount.Length <=0)
    {
        //返回 0 个百分比
        return(0);
    }
    if (total >0)
    {
        //返回实际的百分比
        return (int.Parse(voteCount) * 100/total);
```

```
    }
    return (0);
}
```

3.8 小　　结

本章重点介绍了 ASP.NET 的预定义对象,所介绍的对象包括 Request 对象、Response 对象、Server 对象、Session 对象和 Application 对象等,其中前 3 个对象是最常用的。Request 对象通过 HTTP 请求可以得到客户端的信息,Response 对象控制发送给客户端的信息,而 Server 对象提供了服务器端的基本属性与方法。通过这些内容的介绍,读者应能够熟练地掌握和运用各种 ASP.NET 对象进行深入的网络程序开发。

3.9 上机实训:ASP.NET 服务对象

1. 实训目的

(1) 掌握 Request 对象和 Response 对象的使用方法。

(2) 掌握 Sessions 对象和 Application 对象的使用方法。

(3) 了解 Cookies 对象的使用方法。

(4) 了解 Server 对象的使用方法。

(5) 了解 Page 对象的使用方法。

2. 实训环境

(1) 计算机 1 台。

(2) Microsoft Visual Studio 2010 工具软件。

3. 实训内容及步骤

(1) Response 对象的使用

使用 Response 对象输出相关信息及输出一个 Excel 文件。

① 创建一个新的网站 WebSite3,并建立一个新的 Web 窗体 3-1.aspx。

② 在页面中添加一个 LinkButton1 控件,将其 Text 属性设置为“下载学生成绩考核表”。

③ 打开 3-1.aspx 页面的代码设计器窗口 3-1.aspx.cs,在页面装入时执行的事件过程中输入代码如下:

```
protected void Page_Load(object sender, EventArgs e)
{
    this.Title="Response 对象的使用示例";
    Response.Write("<font face=黑体 size=4 color=blue >欢迎访问我的站点</font>
  <br><br>");
    Response.Write("现在时刻是: "+DateTime.Now.ToLongTimeString()+"<br><br>");
    Response.Write("<a href='http://www.cqcet.edu.cn'>访问重庆电子工程职业学院
  </a><br><br>");
    Response.Write("<a href='javascript:window.opener=null;window.close()'>关
```

```
闭本窗口 </a><br><br>");
}
```

④ 双击 LinkButton1 控件，打开 3-1.aspx.cs 代码设计器窗口，在 LinkButton1 事件处理器的编辑区中输入代码如下：

```
protected void LinkButton1_Click(object sender, EventArgs e)
{
    Response.ContentType="application/vnd.ms-excel";
    Response.ContentEncoding=System.Text.Encoding.GetEncoding("gb2312");
    Response.WriteFile(Page.MapPath("3-1.xls"));
}
```

⑤ 保存文件，测试、运行，查看程序运行后的效果。单击“下载学生成绩考核表”，弹出“下载文件”对话框，用户可以单击“打开”按钮浏览 Excel 文件或者单击“保存”按钮下载文件到本地硬盘。

注意：3-1.xls 这个文件事先设计好，并放在网站文件夹中。

(2) Request 对象的使用

在页面 1 中输入姓名“* *”，单击“提交”按钮后跳转到页面 2，同时页面 2 中显示“欢迎 * * 光临本站”的提示信息；若在页面 1 中没有输入姓名就直接单击“提交”按钮，跳转到页面 2 后显示“请返回主页输入你的姓名”，则单击“返回”按钮回到页面 1。

① 在 WebSite3 创建一个新的 Web 窗体 3-2-1.aspx。

② 在页面中添加文字“请输入你的姓名”，添加一个文本框控件 TextBox1 和一个按钮控件 Button1，调整各控件的大小和位置。

③ 设置 TextBox1 的 ID 属性为 txtUsername，设置 Button1 的 ID 属性为 btnSubmit，Text 属性为“提交”。

④ 再创建一个新的 Web 窗体 3-2-2.aspx，作为接受信息的页面。

⑤ 双击“提交”按钮，打开 3-2-1.aspx 的代码设计器窗口 3-2-1.aspx.cs，在 Button1 的 Click 事件处理器的编辑区中输入代码如下：

```
protected void btnSubmit_Click(object sender, EventArgs e)
{
    string username=txtUsername.Text;
    Response.Redirect("3-2-2.aspx?name="+username);
}
```

⑥ 双击 3-2-2.aspx 页面，打开代码设计器窗口，在页面装入时执行的事件处理器的编辑区中输入代码如下：

```
protected void Page_Load(object sender, EventArgs e)
{
    if (Request.QueryString["name"]==null||Request.QueryString["name"]=="")
    {
        Response.Write("请返回主页输入你的姓名<br>");
        Response.Write("<a href='3-2-1.aspx'>返回</a>");
    }
    else
```

```
        {
            Response.Write("欢迎 "+Request.QueryString["name"]+" 光临本站");
        }
    }
```

⑦ 保存文件,测试、运行,查看程序运行后的效果。

(3) 使用 Application 对象统计网站的访问次数

① 新建一个 Web 窗体 3-3.aspx。

② 在页面上放置两个 Label 控件,控件 ID 分别为 Count、C_Time,Text 属性都为空,Count 用于显示计数值,C_Time 用于显示访问的当前时间。

③ 在 3-3.aspx 页面的空白处双击,进入程序编辑窗口,在 Page_load 事件中输入以下程序代码。

```
protected void Page_Load(object sender, EventArgs e)
{
    Application.Lock();
    Application["Counter"]=Convert.ToInt32(Application["Counter"])+1;
    Application.UnLock();
    Count.Text="您是本站第"+Application["Counter"]+"位访客!";
    C_Time.Text="您最近一次浏览本站的时间是: "+System.DateTime.Now;
}
```

④ 保存文件,测试、运行程序,查看结果。连续单击"刷新"按钮,观察网页上访客人数的变化。

(4) 使用 Session 和 Application 对象统计网站的在线人数和访问次数

① 新建一个 Web 窗体 3-4.aspx。

② 在页面上放置两个 Label 控件,控件 ID 分别为 Count、Current,Text 属性都为空,Count 用于显示访问次数计数值,Current 用于显示当前在线人数。

③ 新建一个全局应用程序类 Global.asax。

④ 双击打开 Global.asax 文件,在 Application_Start、Session_Start、Session_End 事件过程中输入以下程序代码。

```
void Application_Start(object sender, EventArgs e)
{
    //在应用程序启动时运行的代码
    Application["count"]=0;
    Application["current"]=0;
}
void Session_Start(object sender, EventArgs e)
{
    //在新会话启动时运行的代码
    Application.Lock();
    Application["count"]=Convert.ToInt32(Application["count"])+1;
    Application["current"]=Convert.ToInt32(Application["current"])+1;
    Application.UnLock();
}
void Session_End(object sender, EventArgs e)
```

```
{
    //在会话结束时运行的代码
    Application.Lock();
    Application["current"]=Convert.ToInt32(Application["current"])-1;
    Application.UnLock();
}
```

⑤ 在3-4.aspx页面的空白处双击，进入程序编辑窗口，在Page_Load事件过程中输入以下程序代码。

```
protected void Page_Load (object sender, EventArgs e)
{
    Count.Text="您是第"+Application["count"]+"位访客!";
    Current.Text="当前在线人数为:"+Application["current"];
}
```

⑥ 由于Session的默认连接时间是20分钟，为便于查看效果，因此为网站添加一个Web配置文件Web.config。

⑦ 双击打开Web.config文件，在<system.web>与</system.web>节点之间添加<sessionState>节点，并将其TimeOut属性值设置为1，其含义是将Session的连接时间设置为1分钟，程序如下：

```
<sessionStatetimeout="1"></sessionState>
```

⑧ 保存文件，测试、运行程序，查看结果。

⑨ 一分钟之后，重新打开一个浏览器窗口，从前面的页面中将网页地址复制后粘贴到新窗口，按Enter键后，再查看页面显示结果。

4. 实训注意事项

(1) 在使用Response对象的WriteFile方法将文件写入HTML流之前，应使用ContentType属性说明文件的类型或标准MIME类型。常用的类型及子类型包括text/html(默认值)、image/jpeg、application/msword、application/vnd.ms-excel和application/vnd.ms-powerpoint。

(2) 使用Response对象的Redirect方法进行页面跳转时，若需从A页面传递数据到B页面，只能通过url参数中的"?"来实现。而在B页面，可以使用Request对象的QueryString属性读取上一页传递来的数据。

(3) 修改已存在Application对象中的数据，需要使用Set方法并配合Lock()和UnLock()方法使用，而且Application("对象名")的返回值是一个Object类型的数据，操作时应根据实际情况对数据类型进行转换。

(4) 页面之间传递数据时，数据的传递方式和接收方式是一一对应的，不能用错。

第4章 Web服务器控件

4.1 Web服务器控件简介

ASP. NET 提供了一系列服务器控件,这些控件不仅增强了 ASP. NET 的功能,同时将以往由开发人员完成的许多重复工作都交由控件去完成,大大提高了开发人员的工作效率。创建 Web 页面时,可使用的服务器控件类型有 HTML 服务器控件、Web 服务器控件和用户控件 3 种。其中,Web 服务器控件是 ASP. NET 的精华所在。Web 服务器控件功能全面,极大地简化和方便了开发人员的开发工作。本章将主要介绍 Web 服务器控件中的常用控件。

4.1.1 Web服务器控件概述

Web 服务器控件在服务器端创建,且需要 runat="server"属性才能工作。可以把它们看成是服务器上执行程序逻辑的组件,这个组件可能生成一定的用户界面,也可能不包括用户界面。每个服务器控件都包含一些成员对象,以便开发人员调用。例如,属性、事件和方法等。

4.1.2 Web服务器控件的属性

1. WebControl 基类

在 ASP. NET 中,所有的 Web 服务器控件都定义在 System. Web. UI. WebControls 命名空间中,派生自 WebControl 基类。WebControl 类派生自 Control 基类,因此它有许多属性和方法与 HTML 服务器控件相同。但相比之下,WebControl 基类提供了一个比 HTML 服务器控件更抽象、更一致的模型。表 4-1 展示了 WebControl 基类常用的基本属性,这些属性大部分都封装了 CSS 样式特性,使 Web 服务器控件配置起来更加简单、方便。

表 4-1 WebControl 基类常用的基本属性

属性	说明
AccessKey	获取或设置能够快速导航到 Web 服务器控件的访问键
Attributes	获取与控件的属性不对应的任意特性的集合
BackColor	获取或设置 Web 服务器控件的背景色

续表

属　性	说　明
BorderColor	获取或设置 Web 控件的边框颜色
BorderStyle	获取或设置 Web 服务器控件的边框样式
BorderWidth	获取或设置 Web 服务器控件的边框宽度
ClientID	获取由 ASP.NET 生成的服务器控件标识符
Controls	获取 ControlCollection 对象，该对象表示 UI 层次结构中指定服务器控件的子控件
CssClass	获取或设置由 Web 服务器控件在客户端呈现的级联样式表(CSS)类
EnableTheming	获取或设置一个值，该值指示是否对此控件应用主题
Font	获取与 Web 服务器控件关联的字体属性
ForeColor	获取或设置 Web 服务器控件的前景色(通常是文本颜色)
Height	获取或设置 Web 服务器控件的高度
ID	获取或设置分配给服务器控件的编程标识符
Style	获取将在 Web 服务器控件的外部标记上呈现为样式属性的文本属性的集合
Visible	获取或设置一个值，该值指示服务器控件是否作为 UI 呈现在页上
TabIndex	获取或设置 Web 服务器控件的选项卡索引
Width	获取或设置 Web 服务器控件的宽度

2. 单位

Web 服务器控件的宽度、高度和类似属性是以单位进行设置的。单位是以对象(Unit 结构)的形式实现的，使用这些对象可以通过多种方式指定值和度量单位。其中，Unit 结构组合了一个数值以及某种度量单位(如 px、%等)，因此在给控件设置属性时，必须给数值加上这些度量单位(如 px、%等)以指示单位的类型。

例如，下面这段代码定义了一个 TextBox 控件，这里通过设置属性 BorderWidth、Hight 和 Width 的值来定义 TextBox 控件的边框大小、高度和宽度。代码如下：

```
<asp:TextBox ID="TextBox1" runat="server" BorderWidth="1px" Width="300px"
Height="20px"></asp:TextBox>
```

以上是通过控件定义标记来设置控件的属性。

3. 枚举值

Web 控件的一些属性值只能为类库提供枚举值，例如，设置一个控件的 BackColor 属性，可以从颜色的枚举值中选取一个值。设置文本框控件 TextBox1 的背景色为红色，代码如下：

```
TextBox1.BackColor=Color.Red;
```

而在.aspx 文件中,则可以按照如下的代码形式来设置枚举属性,而且在 Visual Studio 2010 中编辑这个属性时,可以选用的枚举值会自动列举出来。例如:

```
<asp:TextBox ID="text1" runat="Server" BackColor="red">
```

4. 字体

控件的字体属性依赖于定义在命名空间 System.Web.UI.WebControls 中的 FontInfo 对象,FontInfo 提供的属性如表 4-2 所示。

表 4-2 FontInfo 对象的属性

属 性	说 明
Name	指明字体的名称(例如 Arial)
Names	指明一系列字体,浏览器会首先选用第一个匹配用户安装的字体
Size	指明字体的大小
Bold、Italic、Strikeout、Underline 和 Overline	布尔属性,用来设定是否应用给定的样式特性

下面是几个设置控件字体的例子,例如:

```
//设置按钮 Button1 的字体属性
Button1.Font.Name="Verdana";              //设置字体为 Verdana
Button1.Font.Bold=true;                   //加粗
Button1.Font.Size=FontUnit.Small;         //设置字体的相对大小
Button1.Font.Size=FontUnit.Point(12);     //设置字体的实际大小为 12 像素
```

在.aspx 文件中,可以使用诸如这样的标记来设置字体属性: Font-Name、Font-Size 等。例如:

```
<asp:Button id="Button1" Font-Name="Verdana" Font-Size="Small" Text="按钮"
runat="server" />
```

4.1.3 Web 服务器控件的事件

在 ASP.NET 页面中,用户与服务器的交互是通过 Web 控件的事件来完成的,例如,当单击一个按钮控件时,就会触发该按钮的单击事件,如果开发人员在该按钮的单击事件处理函数中编写相应代码,服务器就会按照这些代码来对用户的单击行为作出响应。

1. Web 服务器控件的事件模型

Web 控件事件的工作方式与传统的 HTML 标记的客户端事件工作方式有所不同,这是因为 HTML 标记的客户端事件是在客户端引发和处理的,而 ASP.NET 页面中的 Web 控件的事件是在客户端引发,在服务器端处理。

Web 控件的事件模型: 客户端捕捉到事件信息,然后通过 HTTP POST 将事件信息传输到服务器,而且页框架必须解释该 POST 以确定所发生的事件,然后在要处理该事件的服务器上调用代码中的相应方法。基于以上的事件模型,Web 控件事件可能会影响页面的性能。因此,Web 控件仅仅提供有限的事件,表 4-3 所示的是常用的控件事件。

表 4-3　Web 控件常用的事件

事　件　名	支持的控件功能
Click Button、ImageButton	单击事件
TextBox 控件中的 TextChanged	输入焦点变化
DropDownList 控件中的 SelectedIndexChanged 事件、ListBox、CheckBoxList、RadioButtonList	选择项变化

Web 控件通常不支持经常发生的事件，如 onmouseover 事件等，因为这些事件如果在服务器端处理，就会浪费大量的资源。但 Web 控件仍然可以为这些事件调用客户端处理程序。此外，控件和 Web 页面一样，在每个处理步骤都会引发生命周期事件，如 Init、Load 和 PreRender 事件，在应用程序中也可以利用这些生命周期事件。

所有的 Web 事件处理函数都包括两个参数：第 1 个参数表示引发事件的对象；第 2 个参数表示包含该事件特定信息的事件对象，通常是 EventArgs 类型或 EventArgs 类型的继承类型。

例如按钮的单击事件处理函数，代码如下：

```
public void Button1_Click(Object Sender, EventArgs e)
{
//单击事件处理程序
//在此处添加处理程序
}
```

上面定义的函数中包含两个参数：第 1 个参数 Sender 为引发事件的对象，这里引发该事件的对象就是一个 Button 对象；第 2 个参数 e 为 EventArgs 类型，它表示该事件本身。

2. 服务器控件事件的绑定

在处理 Web 控件时，需要把事件绑定到事件处理程序。事件绑定到事件处理程序的方法有以下两种。

(1) 在 ASP. NET 页面中声明控件时，指定该控件的事件对应的事件处理程序，例如把一个 Button 控件的 Click 事件绑定到名为 ButtonClick 的方法，代码如下：

```
<asp:button id="Button1" runat="server" text="按钮" onclick=" ButtonClick"/>
```

(2) 如果控件是被动态创建的，则需要使用代码动态地绑定事件到方法，例如以下代码。

```
Button btn=new Button;
btn.Text="提交";
btn.Click=new System.EventHandler(ButtonClick);
```

代码说明：这段代码声明了一个按钮控件，并把名为 ButtonClick 的方法绑定到该控件的 Click 事件。其中，第 1 行定义了一个按钮控件 btn，第 3 行为该控件添加了一个名为 ButtonClick 的单击事件处理程序。

4.2　简 单 控 件

ASP. NET 提供了诸多控件，这些控件包括简单控件、数据库控件、登录控件等强大的控件。在 ASP. NET 中，简单控件是最基础也是经常被使用的控件，简单控件包括标签控件(Label)、超链接控件(HyperLink)以及图像控件(Image)等。

4.2.1 标签控件

服务器标签控件(Label)为开发人员提供了一种以编程方式设置 Web 窗体页中文本的方法。当希望在运行时更改页面中的文本时就可以使用 Label 控件。当希望显示的内容不可以被用户编辑时,也可以使用 Label 控件。

Label 控件最常用的 Text 属性用于设置要显示的文本内容,声明 Label 控件的语法定义如下:

```
<asp:Label id="Label1" Text="要显示的文本内容" runat="server"/></asp:Label>
```

以上代码是定义 Label 标记的两种方式,属性 ID 定义该控件的标识为 Label,Text 属性表示控件要显示的文字,属性 runat 表示该控件是一个服务器控件。也可以通过在代码里面动态设置它的 Text 属性来改变这个内容。

注意:通常情况下,控件的 ID 也应该遵循良好的命名规范,以便维护。

同样,标签控件的属性能够在相应的.cs 代码中初始化,示例代码如下:

```
protected void Page_Load(object sender, EventArgs e)
{
    Label1.Text="你好,欢迎来到重庆电子工程职业学院";
    //标签赋值
}
```

上述代码在页面初始化时为 Label1 的文本属性设置为"你好,欢迎来到重庆电子工程职业学院"。

该例显示效果如图 4-1 所示。

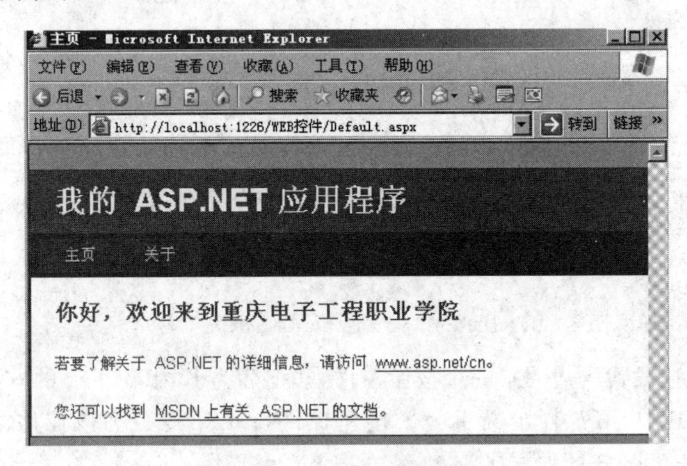

图 4-1 Label 显示效果

注意:如果开发人员只是为了显示一般的文本或者 HTML 效果,不推荐使用 Label 控件,因为服务器控件过多会导致性能问题。使用静态的 HTML 文本能够让页面解析速度更快。

4.2.2 超链接控件

超链接控件(HyperLink)相当于实现了HTML代码中的<a href=""></a>效果，当然，超链接控件有自己的特点，当拖动一个超链接控件到页面时，系统会自动生成控件声明代码，示例代码如下：

```
<asp:HyperLink ID="HyperLink1" runat="server">HyperLink</asp:HyperLink>
```

上述代码声明了一个超链接控件，相对于HTML代码形式，超链接控件可以通过传递指定的参数来访问不同的页面。当触发了一个事件后，超链接的属性可以被改变。超链接控件通常使用的两个属性如下：①ImageUrl，要显式图像的URL；②NavigateUrl，要跳转的URL。

HyperLink控件除了基本属性之外，还有以下几个重要的属性。

(1) .Text：用于设置或获取HyperLink控件的文本内容。

(2) .NavigateURL：用于设置或获取单击HyperLink控件时链接到的URL。

(3) .Target：用于设置或获取目标链接要显示的位置，有如下的值可选：_blank表示在新窗口中显示目标链接的页面；parent表示将目标链接的页面显示在上一个框架集父级中；_self表示将目标链接的页面显示在当前的框架中；_top表示将内容显示在没有框架的全窗口中；页面可以是自定义的HTML框架的名称。

(4) .ImageUrl：用于设置或获取显示为超链接图像的URL。

注意：与标签控件相同的是，如果只是为了单纯地实现超链接，同样不推荐使用HyperLink控件，因为过多地使用服务器控件同样有可能造成性能问题。

4.2.3 图像控件

图像控件(Image)用来在Web窗体中显示图像，图像控件常用的属性如下。

(1) AlternateText：在图像无法显示时显示的备用文本。

(2) ImageAlign：图像的对齐方式。

(3) ImageUrl：要显示图像的URL。

当图片无法显示的时候，图片将被替换成AlternateText属性中的文字，ImageAlign属性用来控制图片的对齐方式，而ImageUrl属性用来设置图像的链接地址。同样，HTML中也可以使用<img src="" alt="">来替代图像控件，图像控件具有可控性的优点，也就是通过编程来控制图像控件，图像控件基本声明代码如下：

```
<asp:Image ID="Image1" runat="server" />
```

除了显示图形以外，Image控件的其他属性还允许为图像指定各种文本，各属性如下。

(1) ToolTip：浏览器显示在工具提示中的文本。

(2) GenerateEmptyAlternateText：如果将此属性设置为true，则呈现的图片的alt属性将设置为空。

开发人员能够为Image控件配置相应的属性以便在浏览时呈现不同的样式，创建一个Image控件也可以直接通过编写HTML代码进行呈现，示例代码如下：

```
<asp:Image ID="Image1" runat="server"
AlternateText="图片连接失效" ImageUrl="http://www.shangducms.com/images/cms.
jpg" />
```

上述代码设置了一个图片,并当图片显示失效的时候提示图片连接失效。

注意:当双击图像控件时,系统并没有生成事件所需要的代码段,这说明 Image 控件不支持任何事件。

4.3 文本框控件

在 Web 开发中,Web 应用程序通常需要和用户进行交互,例如用户注册、登录、发帖等,因此就需要文本框控件(TextBox)来接受用户输入的信息。开发人员还可以使用文本框控件制作高级的文本编辑器用于 HTML,以及文本的输入输出。

4.3.1 TextBox 控件

TextBox 控件为用户提供了一种向 Web 窗体页面中输入信息(包括文本、数字和日期)的方法。TextBox 控件声明的语法定义有两种,代码如下:

```
<asp: TextBox id=" TextBox1" runat="server"/></asp:TextBox>
```

与 Label 控件一样,可以在后台通过代码给它的 Text 属性赋值。代码如下:

```
TextBox1.Text="要显示的文本内容"
```

TextBox 控件除了所有控件都具有的基本属性之外,还有以下几个重要属性。

(1) AutoPostBack:用于设置在文本修改后是否自动回传到服务器。它有两个选项,true 表示回传;false 表示不回传。默认为 false。

(2) Columns:获取或设置文本框的宽度(以字符为单位)。

(3) MaxLength:获取或设置文本框中最多允许的字符数。

(4) ReadOnly:获取或设置一个值,用于指示是否可以更改 TextBox 控件的内容。它有两个选项,true 表示只读,不能修改;false 表示可以修改。

(5) TextMode:用于设置文本的显示模式。有 3 个选项,SingleLine 表示创建只包含一行的文本框;Password 表示创建用于输入密码的文本框,用户输入的密码被其他字符替换。MultiLine 表示创建包含多行的文本框。

(6) Text:设置和读取 TextBox 中的文字。

(7) Row:用于获取或设置多行文本框中显示的行数,默认值为 0,表示单行文本框。当 TextMode 属性为 MultiLine(在多行文本框模式下)时该属性才有效。TextBox 控件有一个常用 TextChanged 事件,当文本框的内容向服务器发送时,如果内容和上次发送的不同,就会触发该事件。

4.3.2 文本框控件的使用

在默认情况下,文本框为单行类型,同时文本框模式也包括多行和密码,示例代码如下:

```
<asp:TextBox ID="TextBox1" runat="server"></asp:TextBox>
<br />
<br />
<asp:TextBox ID="TextBox2" runat="server" Height="101px" TextMode="MultiLine"
Width="325px"></asp:TextBox>
<br />
<br />
<asp:TextBox ID="TextBox3" runat="server" TextMode="Password"></asp:TextBox>
```

上述代码演示了 3 种文本框的使用方法，上述代码运行后的结果如图 4-2 所示。

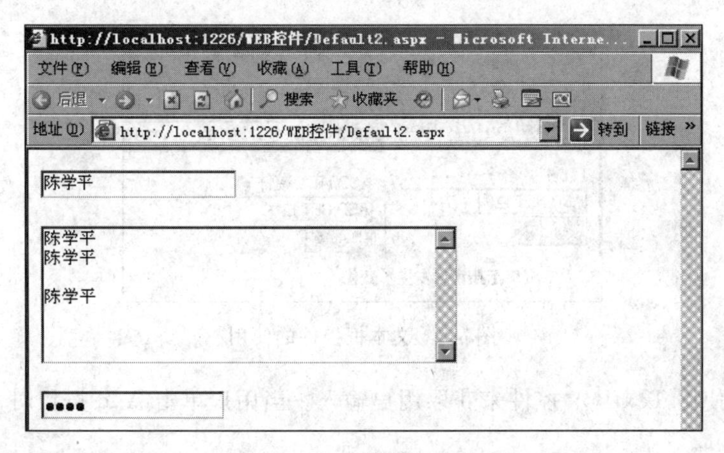

图 4-2　文本框的 3 种形式

文本框无论是在 Web 应用程序开发还是在 Windows 应用程序开发中都是非常重要的。文本框在用户交互中能够起到非常重要的作用。在文本框的使用中，通常需要获取用户在文本框中输入的值或者检查文本框属性是否被改写。当获取用户的值的时候，必须通过一段代码来控制。文本框控件 HTML 页面示例代码如下：

```
<form id="form1" runat="server">
<div>
    <asp:Label ID="Label1" runat="server" Text="Label"></asp:Label>
    <br />
    <asp:TextBox ID="TextBox1" runat="server"></asp:TextBox>
    <br />
    <asp:Button ID="Button1" runat="server" onclick="Button1_Click" Text=
"Button" />
    <br />
</div>
</form>
```

上述代码声明了一个文本框控件和一个按钮控件，当用户单击按钮控件时，就需要实现标签控件的文本改变。为了实现相应的效果，可以通过编写 cs 文件代码进行逻辑处理，示例代码如下：

```
public partial class _Default : System.Web.UI.Page
{
    protected void Page_Load(object sender, EventArgs e)      //页面加载时触发
```

```
    {
    }
    protected void Button1_Click(object sender, EventArgs e)    //双击按钮时触发的事件
    {
        Label1.Text=TextBox1.Text;                       //标签控件的值等于文本框中控件的值
    }
}
```

上述代码中,当双击按钮时,就会触发一个按钮事件,这个事件就是将文本框内的值赋值到标签内,运行结果如图 4-3 所示。

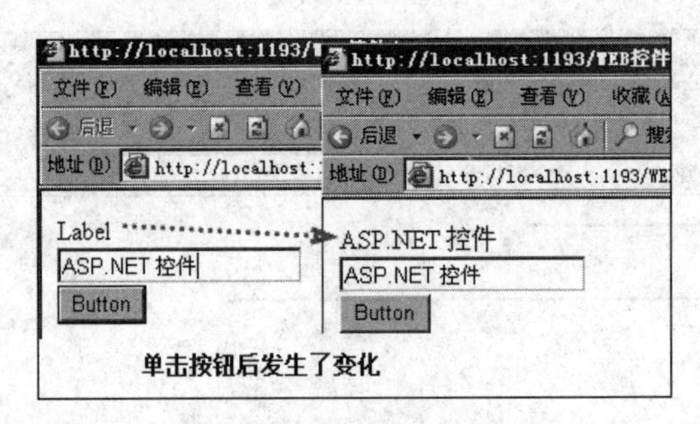

图 4-3 文本框控件的使用

以下代码使用 TextBox 控件来获取用户输入。当用户单击 Add 按钮时,将显示文本框中的输入值之和。

```
<%@Page Language="C#" AutoEventWireup="true" CodeFile="Default3.aspx.cs"
Inherits="Default3" %>

<!DOCTYPE html PUBLIC "-//W3C//DTD XHTML 1.0 Transitional//EN" "http://www.w3.
org/TR/xhtml1/DTD/xhtml1-transitional.dtd">
    <HTML>
        <HEAD>
        <script runat="server">
            protected void AddButton_Click(Object sender, EventArgs e)
            {
                int Answer;
                Answer=Convert.ToInt32(Value1.Text)+Convert.ToInt32(Value2.
Text);
                AnswerMessage.Text=Answer.ToString();
            }
        </script>
        </HEAD>
        <body>
            <form runat="server" ID="Form1">
                <h3>TextBox 示例</h3>
                <table>
                    <tr>
                        <td colspan="5">
                            请在文本输入控件中输入一个整数。
                            <br>
                            点"加"按钮计算两个值的和。
```

```
                    </td>
                </tr>
                <tr>
                    <td colspan="5"> </td>
                </tr>
                <tr align="center">
                    <td>
                    <asp:TextBox ID="Value1" Columns="2" MaxLength="3" Text=
"1" runat="server" />
                    </td>
                    <td>    +</td>
                    <td>
                        <asp:TextBox ID="Value2" Columns="2" MaxLength="3"
Text="1" runat="server" />
                    </td>
                    <td>    =</td>
                    <td>
                        <asp:Label ID="AnswerMessage" runat="server" />
                    </td>
                </tr>
                <tr>
                    <td colspan="2">
                    <asp:RequiredFieldValidator ID="Value1RequiredValidator"
ControlToValidate="Value1" ErrorMessage="请输入一个值。<br>"
Display="Dynamic" runat="server" />
                    <asp:RangeValidator ID="Value1RangeValidator"
ControlToValidate="Value1" Type="Integer" MinimumValue="1"
MaximumValue="100" ErrorMessage="请输入一个 1-100<br>之间的整数。<br>"
Display="Dynamic" runat="server" />
                    </td>
                    <td colspan="2">
                    <asp:RequiredFieldValidator ID="Value2RequiredValidator"
ControlToValidate="Value2" ErrorMessage="请输入一个值。<br>"
Display="Dynamic" runat="server" />
                    <asp:RangeValidator ID="Value2RangeValidator"
ControlToValidate="Value2" Type="Integer" MinimumValue="1"
MaximumValue="100" ErrorMessage="请输入一个 1-100 <br>之间的整数。<br>"
Display="Dynamic" runat="server" />
                    </td>
                    <td>  </td>
                <tr align="center">
                    <td colspan="4">
                        <asp:Button ID="AddButton" Text="加"
OnClick="AddButton_Click" runat="server" />
                    </td>
                    <td>     </td>
                </tr>
            </table>
        </form>
    </body>
</HTML>
```

运行结果如图 4-4 所示。

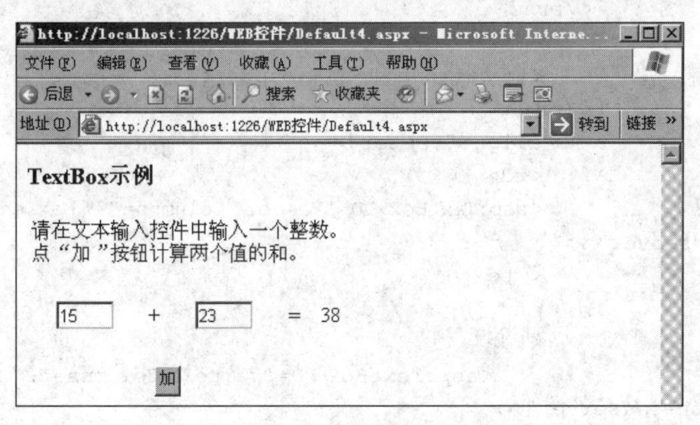

图 4-4 TextBox 控件运行结果

4.4 按钮控件

在 Web 应用程序和用户交互时,常常需要提交表单、获取表单信息等操作。在这期间,按钮控件是非常必要的。按钮控件能够触发事件,或者将网页中的信息回传给服务器。在 ASP.NET 中,包含 3 类按钮控件,分别为 Button、LinkButton、ImageButton。

4.4.1 按钮控件的通用属性

按钮控件用于事件的提交,按钮控件包含一些通用属性,按钮控件的常用通用属性有以下几种。

(1) CausesValidation:按钮是否导致激发验证检查。

(2) CommandArgument:与此按钮管理的命令参数。

(3) CommandName:与此按钮关联的命令。

(4) ValidationGroup:使用该属性可以指定单击按钮时调用页面上的哪些验证程序。如果未建立任何验证组,则会调用页面上的所有验证程序。

下面的语句声明了 3 种按钮,示例代码如下:

```
<asp:Button ID="Button1" runat="server" Text="Button" />     //普通的按钮
    <br />
<asp:LinkButton ID="LinkButton1" runat="server">LinkButton</asp:LinkButton>
                                                             //Link 类型的按钮
    <br />
<asp:ImageButton ID="ImageButton1" runat="server" />         //图像类型的按钮
```

对于这 3 种按钮,它们的作用基本相同,主要是表现形式不同,如图 4-5 所示。

4.4.2 Click 单击事件

这 3 种按钮控件对应的事件通常是 Click 单击和 Command 命令事件。在 Click 单击事

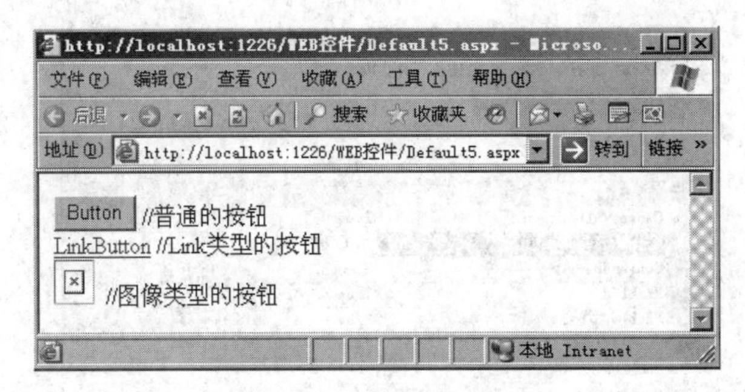

图 4-5　3 种按钮类型

件中，通常用于编写用户单击按钮时所需要执行的事件，示例代码如下：

```
protected void Button1_Click(object sender, EventArgs e)
{
    Label1.Text="普通按钮被触发";            //输出信息
}
protected void LinkButton1_Click(object sender, EventArgs e)
{
    Label1.Text="连接按钮被触发";            //输出信息
}
protected void ImageButton1_Click(object sender, ImageClickEventArgs e)
{
    Label1.Text="图片按钮被触发";            //输出信息
}
```

上述代码分别为 3 种按钮生成了事件，其代码都是将 Label1 的文本设置为相应的文本，运行结果如图 4-6 所示。

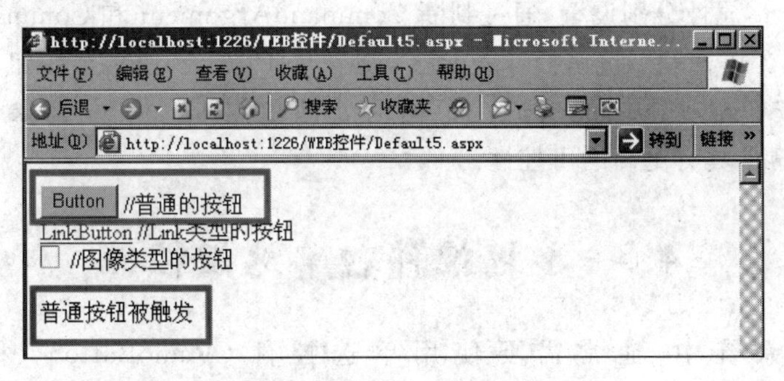

图 4-6　按钮的 Click 事件

4.4.3　Command 命令事件

按钮控件中，Click 事件并不能传递参数，所以处理的事件相对简单。而 Command 事件可以传递参数，负责传递参数的是按钮控件的 CommandArgument 和 CommandName 属性，如图 4-7 所示。

将 CommandArgument 和 CommandName 属性分别设置为 Hello！和 Show，单击按钮创建一个 Command 事件并在事件中编写相应代码，示例代码如下：

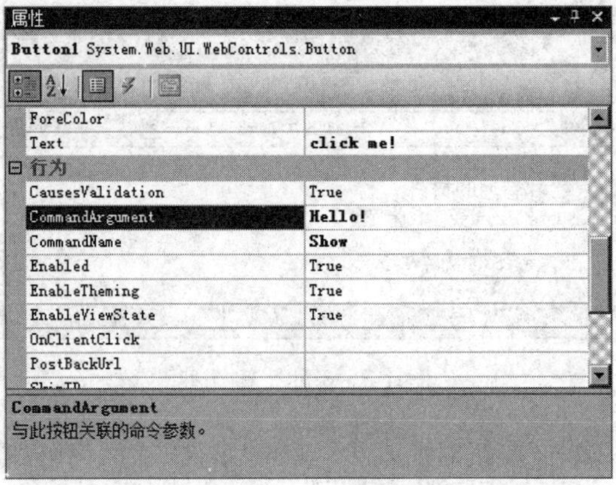

图 4-7 CommandArgument 和 CommandName 属性

```
protected void Button1_Command(object sender, CommandEventArgs e)
{
    if (e.CommandName=="Show")    //如果 CommandNmae 属性的值为 Show,则运行下面代码
    {
        Label1.Text=e.CommandArgument.ToString();
                                    //CommandArgument 属性的值赋值给 Label1
    }
}
```

注意：当按钮同时包含 Click 和 Command 事件时，通常情况下会执行 Command 事件。

Command 有一些 Click 不具备的好处，就是传递参数。可以对按钮的 CommandArgument 和 CommandName 属性分别设置，通过判断 CommandArgument 和 CommandName 属性来执行相应的方法。这样一个按钮控件就能够实现不同的方法，使多个按钮与一个处理代码关联或者一个按钮根据不同的值进行不同的处理和响应。相比 Click 单击事件而言，Command 命令事件具有更高的可控性。

4.5 单选控件和单选组控件

在投票等系统中，通常需要使用单选控件（RadioButton）和单选组控件（RadioButtonList）。顾名思义，在单选控件和单选组控件的项目中，只能在有限种选择中进行一个项目的选择。在进行投票等应用开发并且只能在选项中选择单项时，单选控件和单选组控件都是最佳的选择。

4.5.1 单选控件

单选控件可以为用户选择某一个选项，单选控件的常用属性有以下几种。

(1) Checked：控件是否被选中。

(2) GroupName：单选控件所处的组名。

(3) TextAlign：文本标签相对于控件的对齐方式。

单选控件通常需要 Checked 属性来判断某个选项是否被选中，多个单选控件之间可能存在某些联系，这些联系通过 GroupName 进行约束和联系，示例代码如下：

```
<asp:Label ID="Label1" runat="server" Text="Label"></asp:Label>
<br />
<asp:RadioButton ID="RadioButton1" runat="server" AutoPostBack="True"
GroupName="choose" oncheckedchanged="RadioButton1_CheckedChanged"
Text="Choose1" />
<asp:RadioButton ID="RadioButton2" runat="server" AutoPostBack="True"
GroupName="choose" oncheckedchanged="RadioButton2_CheckedChanged"
Text="Choose2" />
<br />
<br />
<asp:RadioButtonList ID="RadioButtonList1" runat="server" AutoPostBack="True"
onselectedindexchanged="RadioButtonList1_SelectedIndexChanged">
<asp:ListItem>Choose1</asp:ListItem>
<asp:ListItem>Choose2</asp:ListItem>
<asp:ListItem>Choose3</asp:ListItem>
</asp:RadioButtonList>
```

上述代码声明了 3 个单选控件，并将 GroupName 属性都设置为 choose。单选控件中最常用的事件是 CheckedChanged，当控件的选中状态改变时，则触发该事件，示例代码如下：

```
protected void Page_Load(object sender, EventArgs e)
{

}

protected void RadioButton1_CheckedChanged(object sender, EventArgs e)
{
    Label1.Text="第一个被选中";
}

protected void RadioButton2_CheckedChanged(object sender, EventArgs e)
{
    Label1.Text="第二个被选中";
}

protected void RadioButtonList1_SelectedIndexChanged(object sender, EventArgs e)
{
    Label1.Text=RadioButtonList1.Text;
}
```

上述代码中，当选中状态被改变时，则触发相应的事件。运行结果如图 4-8 所示。

与 TextBox 文本框控件相同的是，单选控件不会自动进行页面回传，必须将 AutoPostBack 属性设置为 true 时才能在焦点丢失时触发相应的 CheckedChanged 事件。

使用单选控件的情况跟使用复选控件的条件差不多，区别在于：单选控件的选择可能性不一定是两种，只要是有限种可能性，并且只能从中选择一种结果，原则上都可以用单选

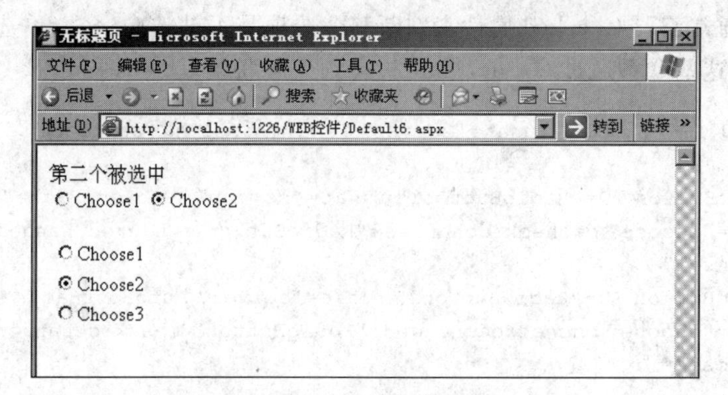

图 4-8 单选控件的使用

控件来实现,此控件在控件工具箱中的图标为 RadioButton 。

单选控件的主要属性跟复选控件也很类似,也有 Id 属性、Text 属性,同样也依靠 Checked 属性来判断是否被选中,但是与多个复选控件之间互不相关的情况不同,多个单选控件之间存在联系,要么是同一选择中的条件,要么不是。所以单选控件多了一个 GroupName 属性,它用来指明多个单选控件是否为同一条件下的选择项,GroupName 相同的多个单选控件之间只能有一个被选中。

通过设置 Text 属性来指定要在控件中显示的文本。该文本可显示在单选按钮的左侧或右侧。设置 TextAlign 属性来控制该文本显示在哪一侧。如果为每一个 RadioButton 控件指定了相同的 GroupName,则可以将多个单选按钮分为一组。将单选按钮分为一组将只允许从该组中进行互相排斥的选择。

注意:还可以使用 RadioButtonList 控件。对于通过使用数据绑定创建的一组单选按钮而言,RadioButtonList 控件更易于使用,而单个 RadioButton 控件则能够更好地控制布局。

若要确定 RadioButton 控件是否已选中,请测试 Checked 属性。以下示例说明如何使用 RadioButton 控件为用户提供一组互相排斥的选项。代码如下:

```
<%@Page Language="C#" AutoEventWireup="True" %>
<html>
<head>
    <script runat="server">
        void SubmitBtn_Click(Object Sender, EventArgs e)
        {
            if (Radio1.Checked) Label1.Text="您选择了: "+Radio1.Text;
            else if (Radio2.Checked) Label1.Text="您选择了: "+Radio2.Text;
            else if (Radio3.Checked) Label1.Text="您选择了: "+Radio3.Text;
        }
    </script>
</head>
<body>
    <form runat="server">
        <h3>RadioButton 示例</h3>
        <h4>选择你的学历:</h4>
        <asp:RadioButton id="Radio1" Text="高中" Checked="True"
GroupName="RadioGroup1" runat="server" /><br>
```

```
        <p>
    <asp:RadioButton id="Radio2" Text="大学" GroupName="RadioGroup1"
runat="server"/><br>
    <p>
        <asp:RadioButton id="Radio3" Text="研究生" GroupName="RadioGroup1"
runat="server"/><br><p>
        <asp:Button id="Button1" Text="提交" OnClick="SubmitBtn_Click" runat
=server/>
        <asp:Label id="Label1" Font-Bold="true" runat="server" />
    </form>
</body>
</html>
```

运行结果如图 4-9 所示。

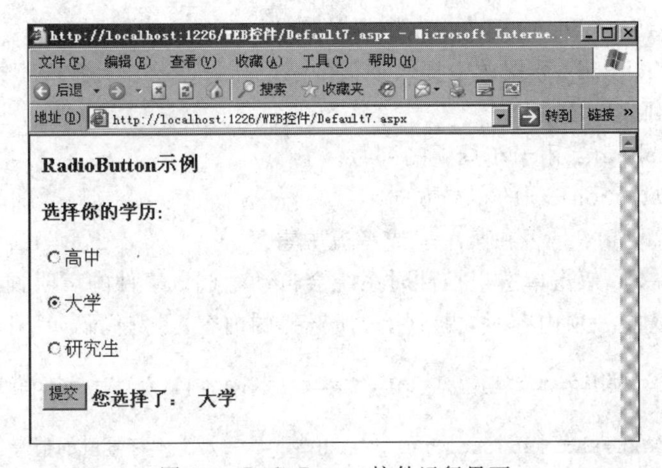

图 4-9　RadioButton 控件运行界面

4.5.2　单选组控件

与单选控件相同，单选组控件也是只能选择一个项目的控件，而与单选控件不同的是，单选组控件没有 GroupName 属性，但是却能够列出多个单选项目。另外，单选组控件所生成的代码也比单选控件的少。单选组控件添加项如图 4-10 所示。

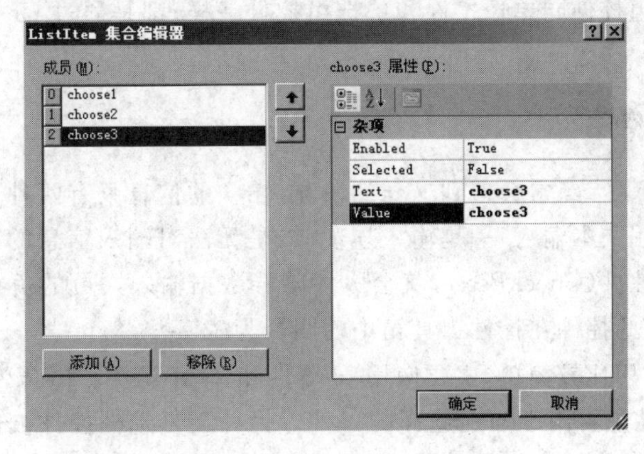

图 4-10　单选组控件添加项

添加项目后,系统自动在.aspx页面声明服务器控件代码,代码如下:

```
<asp:RadioButtonList ID="RadioButtonList1" runat="server">
    <asp:ListItem>Choose1</asp:ListItem>
    <asp:ListItem>Choose2</asp:ListItem>
    <asp:ListItem>Choose3</asp:ListItem>
</asp:RadioButtonList>
```

上述代码使用了单选组控件进行单选功能的实现,单选组控件还包括一些属性用于样式和重复的配置。单选组控件的常用属性有以下几种。

(1) DataMember:在数据集用做数据源时做数据绑定。

(2) DataSource:向列表填入项时所使用的数据源。

(3) DataTextFiled:提供项文本的数据源中的字段。

(4) DataTextFormat:应用于文本字段的格式。

(5) DataValueFiled:数据源中提供项值的字段。

(6) Items:列表中项的集合。

(7) RepeatColumn:用于布局项的列数。

(8) RepeatDirection:项的布局方向。

(9) RepeatLayout:是否在某个表或者流中重复。

同单选控件一样,双击单选组控件时系统会自动生成该事件的声明,同样可以在该事件中确定代码。当选择一项内容时,提示用户所选择的内容,示例代码如下:

```
protected void RadioButtonList1_SelectedIndexChanged(object sender, EventArgs e)
{
    Label1.Text=RadioButtonList1.Text;          //文本标签段的值等于选择的控件的值
}
```

4.6 复选框控件和复选组控件

当一个投票系统需要用户能够选择多个选择项时,则单选控件就不符合要求了。ASP.NET还提供了复选框控件(CheckBox)和复选组控件(CheckBoxList)来满足多选的要求。复选框控件和复选组控件同单选控件和单选组控件一样,都是通过Checked属性来判断是否被选择。

4.6.1 复选框控件

在日常信息输入中,经常会遇到这样的情况,输入的信息只有两种可能性(例如,性别、婚否之类),如果采用文本输入,一是输入烦琐;二是无法对输入信息的有效性进行控制,这时如果采用复选框控件(CheckBox),就会大大减轻数据输入人员的负担,同时输入数据的规范性得到了保证,此控件在控件工具箱中的图标为 ☑ CheckBox 。

CheckBox的使用比较简单,主要使用Id属性和Text属性。Id属性指定对复选控件实例的命名,Text属性主要用于描述选择的条件。另外当复选框控件被选择以后,通常根据其Checked属性是否为真来判断用户选择与否。

CheckBox 控件在 Web 窗体页上创建复选框，该复选框允许用户在 true 或 false 状态之间切换。通过设置 Text 属性可以指定要在控件中显示的标题。标题可显示在复选框的右侧或左侧。设置 TextAlign 属性以指定标题显示在哪一侧。

注意：由于<asp:CheckBox>元素没有内容，因此可用“/>”结束该标记，而不必使用单独的结束标记。

若要确定是否已选中 CheckBox 控件，请测试 Checked 属性。当 CheckBox 控件的状态在向服务器的各次发送过程间更改时，将引发 CheckedChanged 事件。可以为 CheckedChanged 事件提供事件处理程序，以便在向服务器的各次发送过程中，CheckBox 控件的状态发生改变时可以执行特定的任务。

注意：当创建多个 CheckBox 控件时，还可以使用 CheckBoxList 控件。对于使用数据绑定创建一组复选框而言，CheckBoxList 控件更易于使用，而各个 CheckBox 控件则可以更好地控制布局。

默认情况下，CheckBox 控件在被单击时不会自动向服务器发送窗体。若要启用自动发送，请将 AutoPostBack 属性设置为 true。

同单选控件一样，复选框控件也通过 Checked 属性判断是否被选择，但复选框控件没有 GroupName 属性，示例代码如下：

```
<asp:CheckBox ID="CheckBox1" runat="server" Text="Check1" AutoPostBack="true" />
<asp:CheckBox ID="CheckBox2" runat="server" Text="Check2" AutoPostBack="true"/>
```

上述代码中声明了两个复选框控件。对于复选框控件而言，它不支持 GroupName 属性，当双击复选框控件时，系统会自动生成方法。当复选框控件的选中状态被改变后，会激发该事件。示例代码如下：

```
protected void CheckBox1_CheckedChanged(object sender, EventArgs e)
{
    Label1.Text="选框 1 被选中";                          //当选框 1 被选中时
}
protected void CheckBox2_CheckedChanged(object sender, EventArgs e)
{
    Label1.Text="选框 2 被选中,并且字体变大";             //当选框 2 被选中时
    Label1.Font.Size=FontUnit.XXLarge;
}
```

上述代码分别为两个选框设置了事件，设置了当选择选框 1 时，则文本标签输出“选框 1 被选中”，如图 4-11 所示。当选择选框 2 时，则输出“选框 2 被选中，并且字体变大”，运行结果如图 4-12 所示。

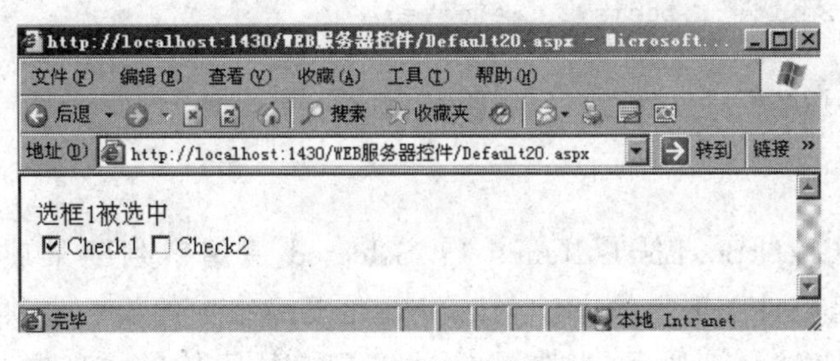

图 4-11　选框 1 被选中

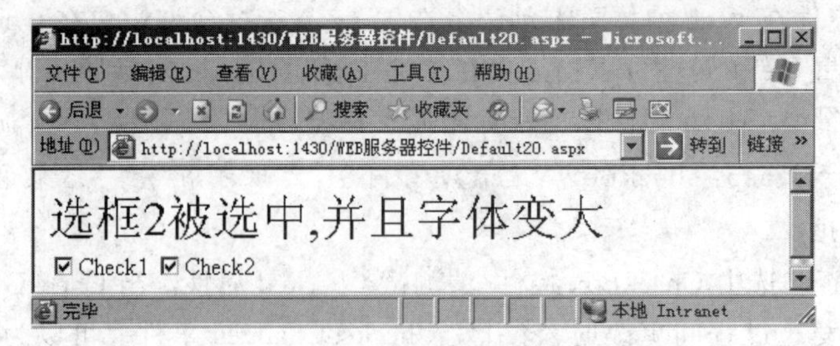

图 4-12 选框 2 被选中

对于复选框控件而言,用户可以在复选框控件中选择多个选项,所以就没有必要为复选框控件进行分组。在单选控件中,相同组名的控件只能选择一项用于约束多个单选框中的选项,而复选框就没有约束的必要。

4.6.2 复选组控件

同单选组控件相同,为了方便复选框控件的使用,.NET 服务器控件中同样包括了复选组控件,拖动一个复选组控件到页面可以同单选组控件一样添加复选组列表。添加在页面后,系统生成代码如下:

```
<asp:CheckBoxList ID="CheckBoxList1" runat="server" AutoPostBack="True"
onselectedindexchanged="CheckBoxList1_SelectedIndexChanged">
    <asp:ListItem Value="Choose1">Choose1</asp:ListItem>
    <asp:ListItem Value="Choose2">Choose2</asp:ListItem>
    <asp:ListItem Value="Choose3">Choose3</asp:ListItem>
</asp:CheckBoxList>
```

上述代码中,同样增加了 3 个项目供用户选择,复选组控件最常用的是 SelectedIndexChanged 事件。当控件中某项的选中状态被改变时,则会触发该事件。示例代码如下:

```
protected void CheckBoxList1_SelectedIndexChanged(object sender, EventArgs e)
{
    if (CheckBoxList1.Items[0].Selected)                          //判断某项是否被选中
    {
        Label1.Font.Size=FontUnit.XXLarge;                        //更改字体大小
    }
    if (CheckBoxList1.Items[1].Selected)                          //判断是否被选中
    {
        Label1.Font.Size=FontUnit.XLarge;                         //更改字体大小
    }
    if (CheckBoxList1.Items[2].Selected)
    {
        Label1.Font.Size=FontUnit.XSmall;
    }
}
```

上述代码中,CheckBoxList1.Items[0].Selected 是用来判断某项是否被选中,其中 Item 数组是复选组控件中项目的集合,Items[0]是复选组中的第一个项目。上述代码用来修改字体的大小,如图 4-13 所示,当选择不同的选项时,字体的大小也不相同,运行结果如

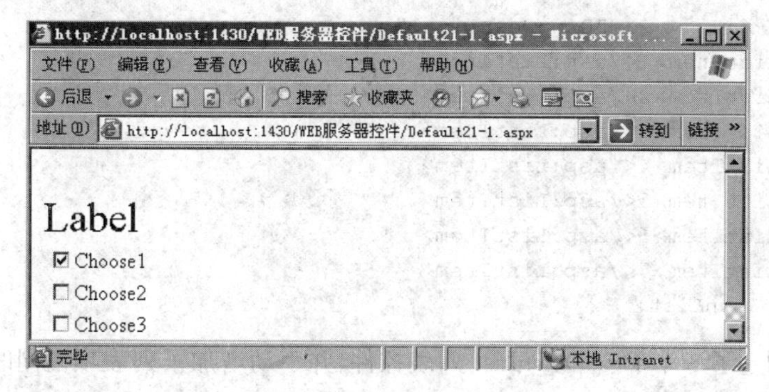

图 4-13　选择大号字体

图 4-14 所示。

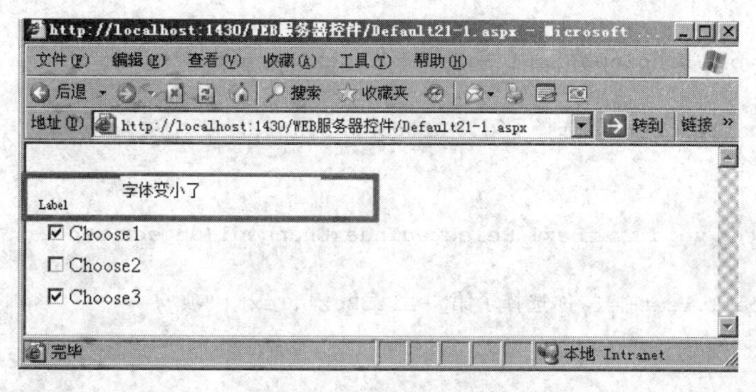

图 4-14　选择小号字体

如图 4-13 和图 4-14 所示，当用户选择不同的选项时，Label 标签的字体大小会随之改变。

注意：复选组控件与单选组控件不同，它不能直接获取复选组控件中某个选中项目的值，因为复选组控件返回的是第一个选择项的返回值，只能通过 Item 集合来获取选择的某个或多个选中的项目值。

4.7　列 表 控 件

在 Web 开发中，经常需要使用列表控件（DropDownList 和 ListBox），它使用户的输入更加简单。例如在用户注册时，用户的所在地是有限的集合，而且用户不喜欢经常输入，这样就可以使用列表控件。同样列表控件还能够简化用户输入并且防止用户输入在实际中不存在的数据，如性别的选择等。

4.7.1　DropDownList 列表控件

列表控件能在一个控件中为用户提供多个选项，同时又能够避免用户输入错误的选项。例如，在用户注册时，可以选择性别是男，或者女，这时就可以使用 DropDownList 列表控件，同时又避免了用户输入其他的信息。因为性别除了男就是女，输入其他的信息说明这个信息是错误或者是无效的。下列语句声明了一个 DropDownList 列表控件，示例代码如下：

```
<asp:DropDownList ID="DropDownList1" runat="server">
    <asp:ListItem>1</asp:ListItem>
    <asp:ListItem>2</asp:ListItem>
    <asp:ListItem>3</asp:ListItem>
    <asp:ListItem>4</asp:ListItem>
    <asp:ListItem>5</asp:ListItem>
    <asp:ListItem>6</asp:ListItem>
    <asp:ListItem>7</asp:ListItem>
</asp:DropDownList>
```

上述代码创建了一个 DropDownList 列表控件,并手动增加了列表项。同时 DropDownList 列表控件也可以绑定数据源控件。DropDownList 列表控件最常用的事件是 SelectedIndexChanged,当 DropDownList 列表控件选择项发生变化时,则会触发该事件,示例代码如下:

```
protected void DropDownList1_SelectedIndexChanged1(object sender, EventArgs e)
    {
        Label1.Text="你选择了第"+DropDownList1.Text+"项";
    }

    protected void ListBox1_SelectedIndexChanged1(object sender, EventArgs e)
    {
        Label1.Text+=",你选择了第"+ListBox1.Text+"项";
    }

    protected void BulletedList1_Click(object sender, BulletedListEventArgs e)
    {
        Label1.Text+=",你选择了第"+BulletedList1.Items[e.Index].ToString()+"项";
    }
```

上述代码中,当选择的项目发生变化时则会触发该事件,如图 4-15 所示。当用户再次进行选择时,系统将会更改标签 1 中的文本,如图 4-16 所示。

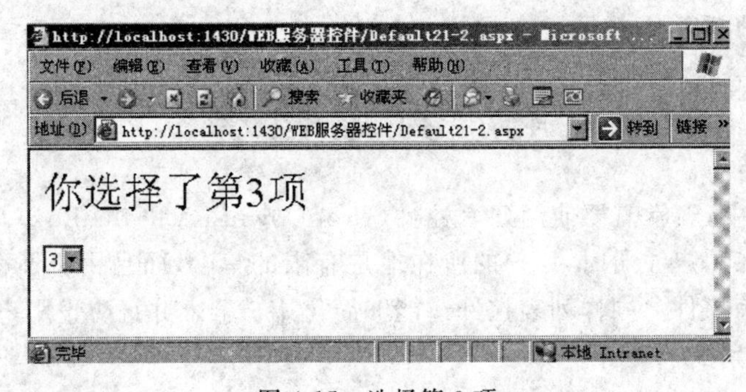

图 4-15 选择第 3 项

当用户选择相应的项目时,就会触发 SelectedIndexChanged 事件,开发人员可以通过捕捉相应的用户选中的控件进行编程处理,这里就捕捉了用户选择的数字进行字体大小的更改。

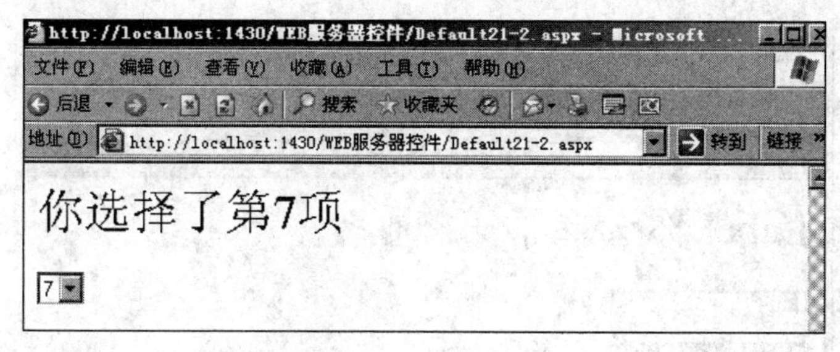

图 4-16　选择第 7 项

4.7.2　ListBox 列表控件

相对于 DropDownList 控件而言，ListBox 列表控件可以指定用户是否允许多项选择。设置 SelectionMode 属性为 Single 时，表明只允许用户从列表框中选择一个项目，而当 SelectionMode 属性的值为 Multiple 时，用户可以按住 Ctrl 键或者使用 Shift 组合键从列表中选择多个数据项。当创建一个 ListBox 列表控件后，开发人员能够在控件中添加所需的项目，添加完成后的示例代码如下：

```
<asp:ListBox ID="ListBox1" runat="server" Width="137px" AutoPostBack="True">
    <asp:ListItem>1</asp:ListItem>
    <asp:ListItem>2</asp:ListItem>
    <asp:ListItem>3</asp:ListItem>
    <asp:ListItem>4</asp:ListItem>
    <asp:ListItem>5</asp:ListItem>
    <asp:ListItem>6</asp:ListItem>
</asp:ListBox>
```

从结构上看，ListBox 列表控件的 HTML 样式代码和 DropDownList 控件十分相似。同样，SelectedIndexChanged 也是 ListBox 列表控件中最常用的事件，双击 ListBox 列表控件，系统会自动生成相应的代码。同样，开发人员可以为 ListBox 控件中的选项改变后的事件做编程处理，示例代码如下：

```
protected void ListBox1_SelectedIndexChanged(object sender, EventArgs e)
{
    Label1.Text="你选择了第"+ListBox1.Text+"项";
}
```

上述代码中，当 ListBox 控件选择项发生改变后，该事件就会被触发并修改相应 Label 标签中的文本，如图 4-17 所示。

上面的程序同样实现了 DropDownList 中程序的效果。不同的是，如果需要实现让用户选择多个 ListBox 项，只需要设置 SelectionMode 属性为 Multiple 即可，如图 4-18 所示。

当设置了 SelectionMode 属性后，用户可以按住 Ctrl 键或者使用 Shift 组合键选择多项。同样，开发人员也可以编写处理选择多项时的事件，示例代码如下：

```
protected void ListBox1_SelectedIndexChanged1(object sender, EventArgs e)
{
    Label1.Text+=",你选择了第"+ListBox1.Text+"项";
}
```

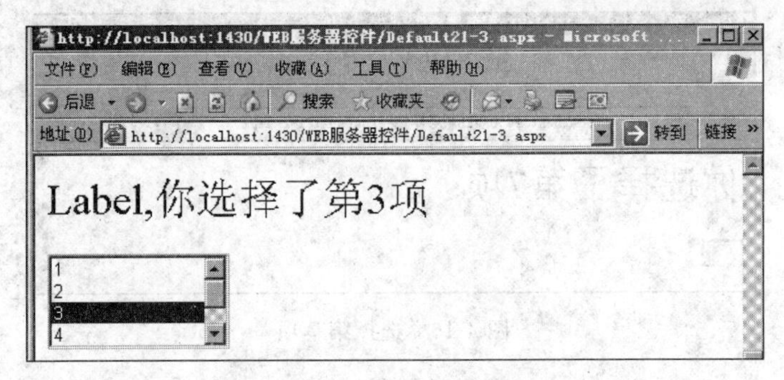

图 4-17　ListBox 单选

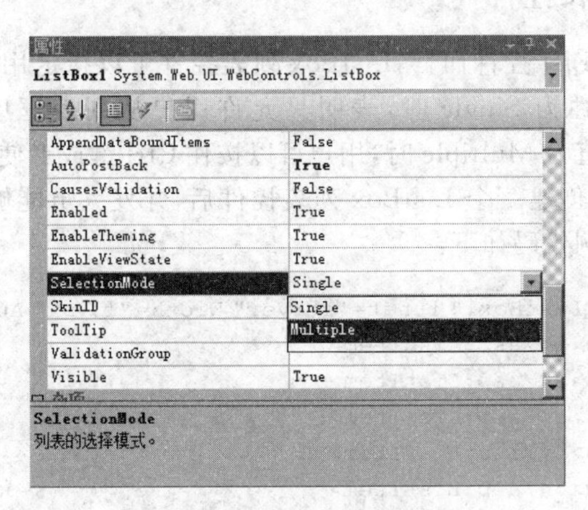

图 4-18　SelectionMode 属性

上述代码使用了"+="运算符,在触发 SelectedIndexChanged 事件后,应用程序将为 Label1 标签赋值,当用户每选一项的时候,就会触发该事件,如图 4-19 所示。

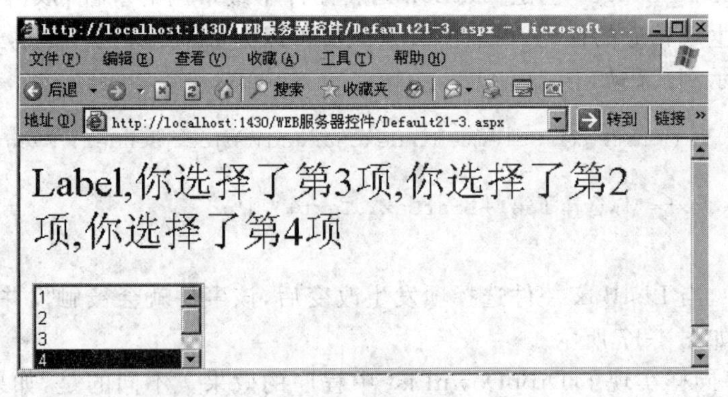

图 4-19　选择效果

4.8　日历控件

在传统的 Web 开发中,日历是最复杂也是最难实现的功能,好在 ASP.NET 中提供了强大的日历控件(Calendar)来简化日历控件的开发。日历控件能够实现日历的翻页、日历的选取以及数据的绑定，开发人员能够在博客、OA 等应用的开发中使用日历控件从而减少日历应用的开发。

4.8.1　日历控件的样式

日历控件通常在博客、论坛等程序中使用，日历控件不仅仅只是显示了一个日历，用户还能够通过日历控件进行时间的选取。在 ASP.NET 中，日历控件还能够和数据库进行交互操作，实现复杂的数据绑定。开发人员能够将日历控件拖到主窗口中，在主窗口的代码视图下会自动生成日历控件的 HTML 代码，示例代码如下：

```
<asp:Calendar ID="Calendar1" runat="server"></asp:Calendar>
```

ASP.NET 通过上述简单的代码就创建了一个强大的日历控件，其效果如图 4-20 所示。

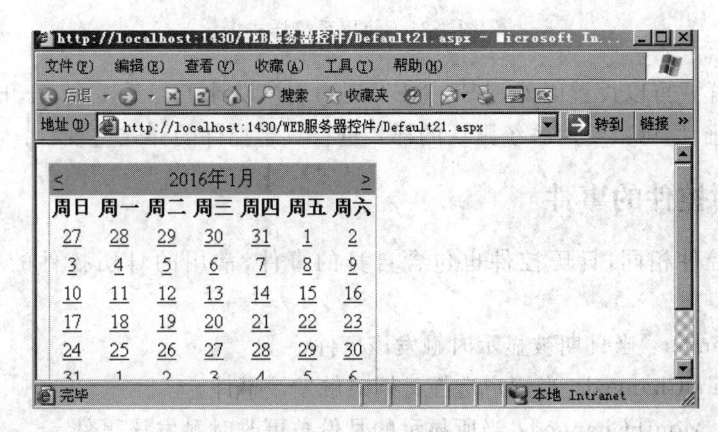

图 4-20　日历控件

日历控件通常用于显示日历，日历控件允许用户选择日期和移动到下一页或上一页。通过设置日历控件的属性，可以更改日历控件的外观。常用的日历控件的属性如下。

(1) DayHeaderStype：日历中显示一周中每一天的名称和部分的样式。

(2) DayStyle：所显示的月份中各天的样式。

(3) NextPrevStyle：标题栏左右两端的月导航所在部分的样式。

(4) OtherMonthDayStyle：上一个月和下一个月的样式。

(5) SelectedDayStyle：选定日期的样式。

(6) SelectorStyle：位于日历控件左侧，包含用于选择一周或整个月的连接的列样式。

(7) ShowDayHeader：显示或隐藏一周中的每一天的部分。

(8) ShowGridLines：显示或隐藏一个月中的每一天之间的网格线。

(9) ShowNextPrevMonth：显示或隐藏到下一个月或上一个月的导航控件。

(10) ShowTitle：显示或隐藏标题部分。

(11) TitleStyle：位于日历顶部，包含月份名称和月导航连接的标题栏样式。

(12) TodayDayStyle：当前日期的样式。

(13) WeekendDayStyle：周末日期的样式。

Visual Studio 还为开发人员提供了默认的日历样式从而能够选择自动套用格式进行

样式控制,如图 4-21 所示。

图 4-21 使用系统样式

除了上述样式可以设置以外,ASP.NET 还为用户设计了若干样式,若开发人员觉得设置样式非常困难,则可以使用系统默认的样式进行日历控件的样式呈现。

4.8.2 日历控件的事件

同所有的控件相同,日历控件也包含自身的事件,常用的日历控件的事件包括以下几种。

(1) DayRender:当日期被显示时触发该事件。

(2) SelectionChanged:当用户选择日期时触发该事件。

(3) VisibleMonthChanged:当所显示的月份被更改时触发该事件。

在创建日历控件中每个日期单元格时,则会触发 DayRender 事件。当用户选择日历中的日期时,则会触发 SelectionChanged 事件,同样,当双击日历控件时,会自动生成该事件的代码块。当对当前月份进行切换时,则会激发 VisibleMonthChanged 事件。开发人员可以通过一个标签来接受当前事件,当选择日历中的某一天,则此标签显示当前日期,示例代码如下:

```
protected void Calendar1_SelectionChanged(object sender, EventArgs e)
{
    Label1.Text="现在的时间是:"+Calendar1.SelectedDate.Year.ToString()+"年" +
Calendar1.SelectedDate.Month.ToString()+"月" +
Calendar1.SelectedDate.Day.ToString()+"号" +
Calendar1.SelectedDate.Hour.ToString()+"点";
}
```

在上述代码中,当用户选择了日历中的某一天时,则标签中的文本会变为当前的日期文本,如“现在的时间是 xx”之类。在进行逻辑编程的同时,也需要对日历控件的样式做稍许更改,日历控件的 HTML 代码如下:

```
<asp:Calendar ID="Calendar1" runat="server" BackColor="#FFFFCC"
BorderColor="#FFCC66" BorderWidth="1px" DayNameFormat="Shortest"
Font-Names="Verdana" Font-Size="8pt" ForeColor="#663399" Height="200px"
```

```
onselectionchanged="Calendar1_SelectionChanged" ShowGridLines="True" Width=
"220px">
            <SelectedDayStyle BackColor="#CCCCFF" Font-Bold="True" />
            <SelectorStyle BackColor="#FFCC66" />
            <TodayDayStyle BackColor="#FFCC66" ForeColor="White" />
            <OtherMonthDayStyle ForeColor="#CC9966" />
            <NextPrevStyle Font-Size="9pt" ForeColor="#FFFFCC" />
            <DayHeaderStyle BackColor="#FFCC66" Font-Bold="True" Height="1px" />
            <TitleStyle BackColor="#990000" Font-Bold="True" Font-Size="9pt"
             ForeColor="#FFFFCC" />
</asp:Calendar>
```

上述代码中的日历控件选择的是 ASP.NET 的默认样式，如图 4-22 所示。当确定了日历控件样式，并编写了相应的 SelectionChanged 事件代码后，就可以通过日历控件获取当前时间，或者对当前时间进行编程，如图 4-23 所示。

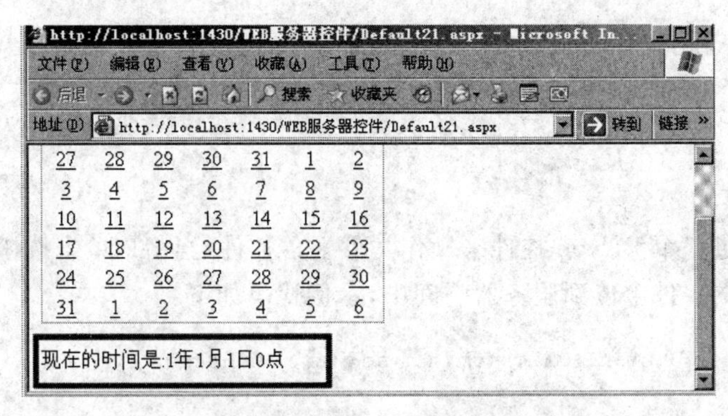

图 4-22 日历控件默认样式

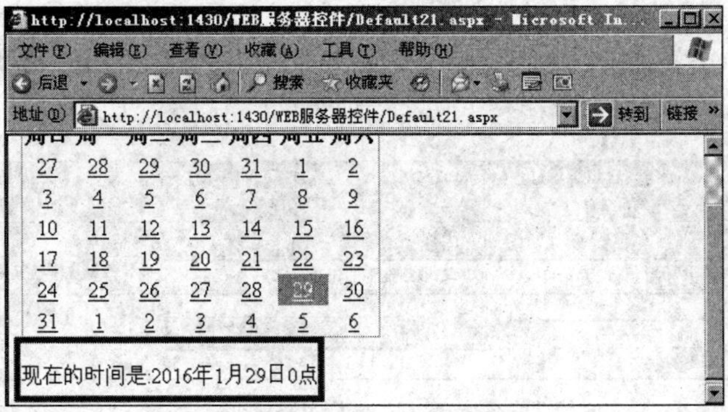

图 4-23 选择一个日期

4.9 文件上传控件

在网站开发中，如果需要加强用户与应用程序之间的交互，就需要上传文件。例如在论坛中，用户需要上传文件分享信息或在博客中上传视频分享快乐等。上传文件在 ASP 中是一个复杂的问题，可能需要通过组件才能够实现文件的上传。在 ASP.NET 中，开发环境默认地提供了文件上传控件(FileUpload)来简化文件上传的开发。当开发人员使用文件上传控件时,将会显示一个文本框,用户可以输入或通过“浏览”按钮浏览和选择希望上传到服务器的文件。创建一个文件上传控件的系统生成的 HTML 代码如下:

```
<asp:FileUpload ID="FileUpload1" runat="server" />
```

文件上传控件可视化设置属性较少,大部分都是通过代码控制完成的。当用户选择了一个文件并提交页面后,该文件作为请求的一部分上传,文件将被完整地缓存在服务器内存中。当文件完成上传,页面才开始运行,在代码运行的过程中,可以检查文件的特征,然后保存该文件。同时,上传控件在选择文件后并不会立即执行操作,需要其他的控件来完成,例如按钮控件(Button)。实现文件上传的 HTML 核心代码如下:

```
<body>
    <form id="form1" runat="server">
        <div>
            <asp:FileUpload ID="FileUpload1" runat="server" />
            <asp:Button ID="Button1" runat="server" Text="选择好了,开始上传" />
        </div>
    </form>
</body>
```

上述代码通过一个 Button 控件来操作文件上传控件,当用户单击按钮控件后就能够将上传控件中选中的控件上传到服务器空间中,示例代码如下:

```
protected void Button1_Click(object sender, EventArgs e)
{
    FileUpload1.PostedFile.SaveAs(Server.MapPath("upload/image1.jpg"));
                                                            //上传文件另存为
}
```

上述代码将一个文件上传到了 upload 文件夹内,并保存为 jpg 格式,如图 4-24 所示。打开服务器文件,可以看到文件已经上传了,如图 4-25 所示。

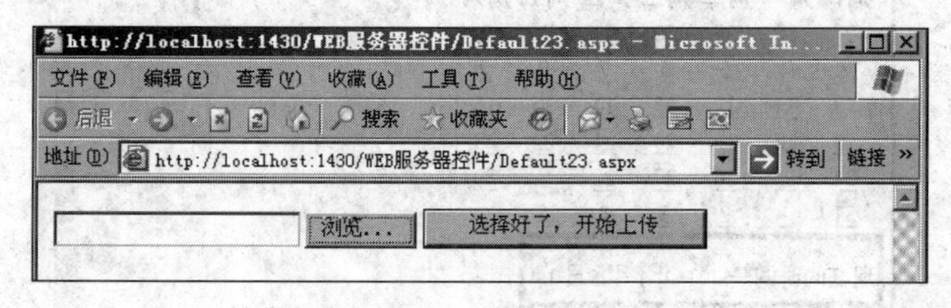

图 4-24 上传文件

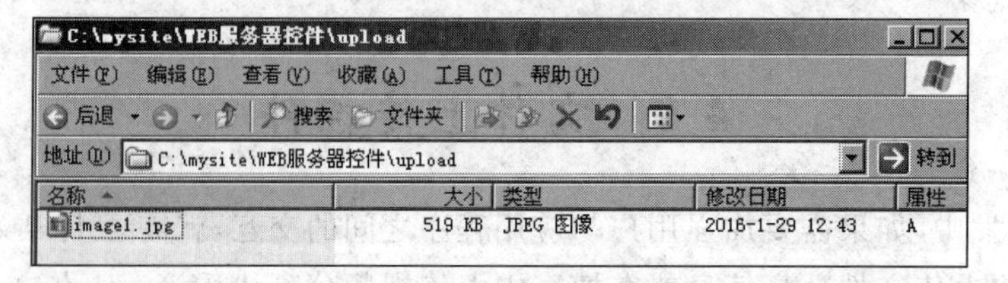

图 4-25 文件已经被上传

上述代码将文件保存在 upload 文件夹中,并保存为 jpg 格式。但是通常情况下,用户上传的并不都是 jpg 格式,也有可能是 doc 等其他格式的文件,这段代码并没有对其他格式进行处理而全部保存为了 jpg 格式。同时,也没有对上传的文件进行过滤,存在极大的安全风险,开发人员可以将相应文件上传的 cs 更改,以便限制用户上传的文件类型,示例代码如下:

```
protected void Button1_Click(object sender, EventArgs e)
{
    if (FileUpload1.HasFile)                                   //如果存在文件
    {
        string fileExtension=System.IO.Path.GetExtension(FileUpload1.FileName);
                                                               //获取文件扩展名
        if (fileExtension !=".jpg")                            //如果扩展名不等于.jpg 时
        {
            Label1.Text="文件上传类型不正确,请上传 jpg 格式";      //提示用户重新上传
        }
        else
        {
            FileUpload1.PostedFile.SaveAs(Server.MapPath("upload/image1.jpg"));
                                                               //文件保存
            Label1.Text="文件上传成功";                         //提示用户上传成功
        }
    }
}
```

上述代码决定了用户只能上传 jpg 格式,如果用户上传的文件不是 jpg 格式,那么用户将被提示上传的文件类型有误并停止用户的文件上传,如果文件的类型为 jpg 格式,用户就能够上传文件到服务器的相应目录中,如图 4-26 所示。运行上传控件进行文件上传,运行结果如图 4-27 所示。

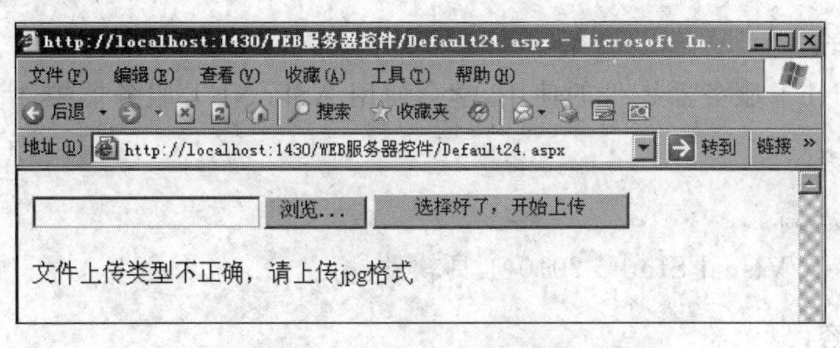

图 4-26 文件类型错误

图 4-27 文件类型正确

值得注意的是,上传的文件在.NET中,默认上传文件最大为4MB左右,不能上传超过该限制的任何内容。当然,开发人员可以通过配置.NET相应的配置文件来更改此限制,但是推荐不要更改此限制,否则可能造成潜在的安全威胁。

4.10 小 结

本章讲解了ASP.NET中常用的控件,这些控件极大地提高了开发人员的效率,对于开发人员而言,能够直接拖动控件来完成应用的开发。虽然控件非常的强大,但是这些控件却制约了开发人员的学习,人们虽然能够使用ASP.NET中的控件来创建强大的多功能网站,却不能深入地了解控件的原理,所以对这些控件熟练掌握,是了解控件原理的第一步。本章还介绍了以下内容。

(1) 控件的属性:介绍了控件的属性。

(2) 简单控件:介绍了标签控件等简单控件。

(3) 文本框控件:介绍了文本框控件。

(4) 按钮控件:介绍了按钮控件的实现和按钮事件的运行过程。

(5) 单选控件和单选组控件:介绍了单选控件和单选组控件。

(6) 复选框控件和复选组控件:介绍了复选框控件和复选组控件。

这些控件为ASP.NET应用程序的开发提供了极大的便利,在ASP.NET控件中,不仅仅包括这些基本的服务器控件,还包括高级的数据源控件和数据绑定控件用于数据操作,因此需要熟练掌握基本控件的使用。

4.11 上机实训:ASP.NET服务器控件

1. 实训目的

熟悉ASP.NET服务器控件的使用,学会使用ASP.NET服务器控件设计Web页面。

2. 实训环境

(1) 计算机1台。

(2) Microsoft Visual Studio 2010工具软件。

3. 实训内容

(1) 新建一个名为Practice4的网站。

(2) 添加一个名为"ImageButton.aspx"的Web页面,在该页面上使用ImageButton控件,当在图像上单击鼠标时,在Label控件中显示鼠标单击的位置。

(3) 添加一个名为"CheckBoxList.aspx"的Web页面,在该页面上添加一个CheckBoxList控件,运行时在Page_Load事件中动态地为该控件添加6门课程,当用户选择一门课程时,通过Label控件显示所有被选择的课程名。

(4) 添加一个名为"Calendar.aspx"的Web页面,在该页面上添加一个Calendar控件来实现日历的显示和选择,设置日历显示样式为彩色型1,并将选择的日期通过标签显示出来。

(5) 添加一个名为“RangeValidator.aspx”的 Web 页面，在其中添加一个“考生年龄”的输入文本框，要求输入的值必须在 18 到 80 之间，使用 RangeValidator 控件验证用户在文本框中输入的内容是否在有效范围内。

(6) 添加一个名为“CompareValidator.aspx”的 Web 页面，在其中添加一个文本框，用于输入日期，要求输入的日期必须是一个 2001 年 9 月 1 日以后的日期，使用 CompareValidator 控件来验证文本框的输入。

(7) 添加一个名为“RegularExpressionValidator.aspx”的 Web 页面，该窗体中包含两个文本框控件，分别用来输入“姓名(拼音)”和“电话”，再创建两个 RegularExpressionValidator 控件来验证文本框的输入是否正确。

(8) 添加一个名为“CustomValidator.aspx”的 Web 页面，编写自定义验证控件的验证代码，用于验证输入的正整数是素数。

(9) 添加一个名为“Login.aspx”的 Web 页面，设计一个登录窗体，并使用合适的验证控件实现登录验证功能，无须编写后台代码。

(10) 在网站上经常看到用户注册页面，请使用本章所学的控件，设计一张用户注册页面 Register.aspx。要求：页面输入需使用合适的验证控件进行验证，无须编写后台代码。

第5章 验证控件

5.1 认识验证控件

对于交互式网页而言，用户向服务器提交数据是十分频繁的动作。从理论上来说，用户提交的数据是不可信任的。尤其是对于一些特别服务网站(比如银行、证券等)，如果没有一个系统的、严格的验证程序，危险是可想而知的。

在以往，Web 开发者尤其是 ASP 开发者，一直对数据验证比较恼火，当好不容易写出数据并提交程序的主体以后，还不得不花大把的时间去验证用户的每一个输入是否合法。如果开发者熟悉 JavaScript 或者 VBScript，可以用这些脚本语言轻松实现验证，但是又要考虑用户浏览器是否支持这些脚本语言；如果对这些不是很熟悉或者想支持所有用户浏览器，就必须在 ASP 程序里面验证，但是这样的验证会增加服务器负担。现在有了 ASP. NET，不但可以轻松地实现对用户输入的验证，而且还可以选择验证在服务器端进行还是在客户端进行，再也不必考虑那么多了，程序员们可以将主要精力放在主程序的设计上了。

在 ASP. NET 里，验证控件是属于 Web 控件组的，一共提供了 6 个用于验证的服务器端控件，具体如下。

(1) RangeValidator 控件：用于输入值范围限制。

(2) RegularExpressionValidator 控件：用于正则表达式验证。

(3) RequiredFieldValidator 控件：用于监视控件必须填有数据。

(4) CompareValidator 控件：用于比较两个监视控件的值。

(5) ValidationSummary 控件：用于收集显示的错误信息。

(6) CustomValidator 控件：允许用户自己编写验证函数。

5.2 常用验证控件

下面几节将逐个介绍各验证控件的使用方法。

5.2.1 表单验证控件

在实际的应用中，如在用户填写表单时，有一些项目是必填项，例如用户名和密码。在传统的 ASP 中，当用户填写表单后，页面需要被发送到服务器并判断表单中的某项 HTML 控件的值是否为空，如果为空，则返回错误信息。在 ASP. NET 中，系统提供了表单验证控件(RequiredFieldValidator)进行验证。使用 RequiredFieldValidator 控件能够指定某个用户在特定的控件中必须提供相应的信息，如果不填写相应的信息，RequiredFieldValidator 控件就会提示错误信息，RequiredFieldValidator 控件的示例代码如下：

```
<body>
    <form id="form1" runat="server">
    <div>
        姓名:<asp:TextBox ID="TextBox1" runat="server"></asp:TextBox>
            <asp:RequiredFieldValidator ID="RequiredFieldValidator1" runat="server"
ControlToValidate="TextBox1" ErrorMessage="必填字段不能为空">
            </asp:RequiredFieldValidator>
        <br />
        密码:<asp:TextBox ID="TextBox2" runat="server"></asp:TextBox>
        <br />
        <asp:Button ID="Button1" runat="server" Text="Button" />
        <br />
    </div>
    </form>
</body>
```

在进行验证时，RequiredFieldValidator 控件必须绑定一个服务器控件，在上述代码中，RequiredFieldValidator 控件的服务器控件绑定为 TextBox1，当 TextBox1 中的值为空时，则会提示自定义错误信息“必填字段不能为空”，如图 5-1 所示。

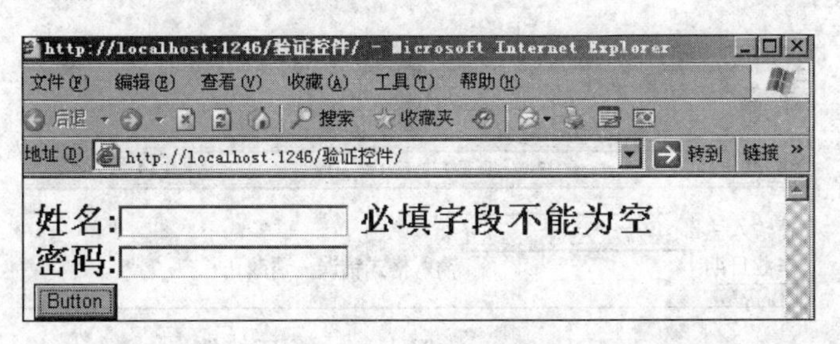

图 5-1　RequiredFieldValidator 验证控件

当姓名选项未填写时，会提示必填字段不能为空，并且该验证在客户端执行。当发生此错误时，用户会立即看到该错误提示而不会立即进行页面提交，当用户填写完成并再次单击按钮控件时，页面才会向服务器提交。

5.2.2　比较验证控件

比较验证控件(CompareValidator)对照特定的数据类型来验证用户的输入。因为当用户输入用户信息时，难免会输入错误信息，如当需要了解用户的生日时，用户很可能输入了其他的字符串。CompareValidator 比较验证控件能够比较控件中的值是否符合开发人员的需要。CompareValidator 控件的特有属性有以下几种。

(1) ControlToCompare：以字符串形式输入的表达式，要与另一控件的值进行比较。

(2) Operator：要使用的比较。

(3) Type：要比较两个值的数据类型。

(4) ValueToCompare：以字符串形式输入的表达式。

当使用 CompareValidator 控件时，可以方便地判断用户是否正确输入，示例代码如下：

```
<body>
    <form id="form1" runat="server">
    <div>
        请输入生日：
        <asp:TextBox ID="TextBox1" runat="server"></asp:TextBox>
        <br />
        毕业日期：
        <asp:TextBox ID="TextBox2" runat="server"></asp:TextBox>
        <asp:CompareValidator ID="CompareValidator1" runat="server"
ControlToCompare="TextBox2" ControlToValidate="TextBox1"
CultureInvariantValues="True" ErrorMessage="输入格式错误!请改正!"
Operator="GreaterThan" Type="Date">
        </asp:CompareValidator>
        <br />
        <asp:Button ID="Button1" runat="server" Text="Button" />
        <br />
    </div>
    </form>
</body>
```

上述代码判断 TextBox1 的输入格式是否正确，当输入格式错误时，会提示错误，如图 5-2 所示。

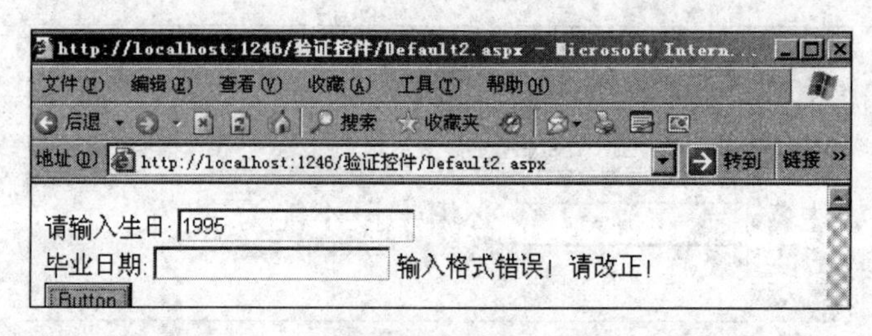

图 5-2 CompareValidator 验证控件

CompareValidator 验证控件不仅能够验证输入的格式是否正确，还可以验证两个控件之间的值是否相等。如果两个控件之间的值不相等，CompareValidator 验证控件同样会将自定义错误信息呈现在用户的客户端浏览器中。

5.2.3 范围验证控件

范围验证控件(RangeValidator)可以检查用户的输入是否在指定的上限与下限之间。通常情况下用于检查数字、日期、货币等。范围验证控件的常用属性有以下几种。

(1) MinimumValue：指定有效范围的最小值。

(2) MaximumValue：指定有效范围的最大值。

(3) Type：指定要比较的值的数据类型。

通常情况下，为了控制用户输入的范围，可以使用该控件。当输入用户的生日时，假设今年是 2008 年，那么用户就不应该输入 2009 年，同样很少有人的寿命会超过 100，所以对输入日期的下限也需要进行规定，示例代码如下：

```
<div>
    请输入生日:<asp:TextBox ID="TextBox1" runat="server"></asp:TextBox>
    <asp:RangeValidator ID="RangeValidator1" runat="server"
ControlToValidate="TextBox1" ErrorMessage="超出规定范围,请重新填写"
MaximumValue="2016/1/1" MinimumValue="1986/1/1" Type="Date">
    </asp:RangeValidator>
    <br />
    <asp:Button ID="Button1" runat="server" Text="Button" />
</div>
```

上述代码将 MinimumValue 属性值设置为 1986/1/1，并将 MaximumValue 的值设置为 2016/1/1，当用户的日期低于最小值或高于最高值时，则提示错误，如图 5-3 所示。

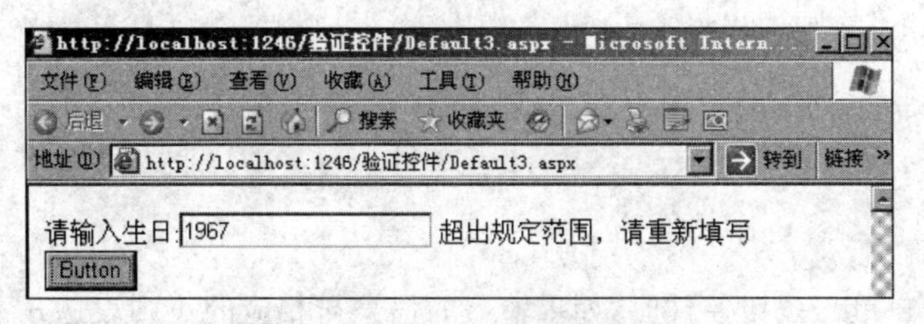

图 5-3　RangeValidator 验证控件

注意：RangeValidator 验证控件在进行控件的值的范围的设定时，其范围不仅仅可以是一个整数值，同样还能够是时间、日期等值。

5.2.4　正则验证控件

在上述控件中，虽然能够实现一些验证，但是验证的能力是有限的，例如在验证的过程中只能验证是否是数字，或者是否是日期。也可能在验证时只能验证一定范围内的数值，虽然这些控件提供了一些验证功能，但却限制了开发人员进行自定义验证和错误信息的开发。为实现一个验证，很可能需要多个控件同时搭配使用。

正则验证控件(RegularExpressionValidator)就解决了这个问题，正则验证控件的功能非常强大，它用于确定输入的控件的值是否与某个正则表达式所定义的模式相匹配，如电子邮件、电话号码以及序列号等。

使用 RegularExpressionValidator 控件，对用户输入的 E-mail 地址、身份证号、邮政编码进行验证，要求 E-mail 地址、身份证号、邮政编码满足正则表达式，代码如下：

```
<body>
    <form id="form1" runat="server">
    <div>
        <asp:Label ID="Label1" runat="server" Text="身份证号: "></asp:Label>
        <asp:TextBox ID="TextBox1" runat="server"></asp:TextBox>
        <asp:RegularExpressionValidator ID="RegularExpressionValidator1"
runat="server" ErrorMessage="身份证号应为 15 或 18 位"
ControlToValidate="TextBox1"
ValidationExpression="\d{17}[\d|X]|\d{15}">
```

```
        </asp:RegularExpressionValidator>
        <br />
        <asp:Label ID="Label2" runat="server" Text="邮编: "></asp:Label>
        <asp:TextBox ID="TextBox2" runat="server"></asp:TextBox>
        <asp:RegularExpressionValidator ID="RegularExpressionValidator2"
runat="server" ErrorMessage="邮编应为 6 位数字"
ControlToValidate="TextBox2" ValidationExpression="\d{6}">
</asp:RegularExpressionValidator>
        <br />
        <asp:Label ID="Label3" runat="server" Text="E_mail: "></asp:Label>
        <asp:TextBox ID="TextBox3" runat="server">
        </asp:TextBox>
       <asp:RegularExpressionValidator ID="RegularExpressionValidator3"
runat="server" ErrorMessage="E-mail 地址格式为: ******@**.**" ControlToValidate=
"TextBox3" ValidationExpression="\w+([-+.']\w+)*@\w+([-.]\.w+)*\.\w+([-.]\
w+)*">
        </asp:RegularExpressionValidator>
    </div>
    </form>
</body>
```

运行后当用户单击按钮控件时,如果输入的信息与相应的正则表达式不匹配,则会提示错误信息,如图 5-4 所示。

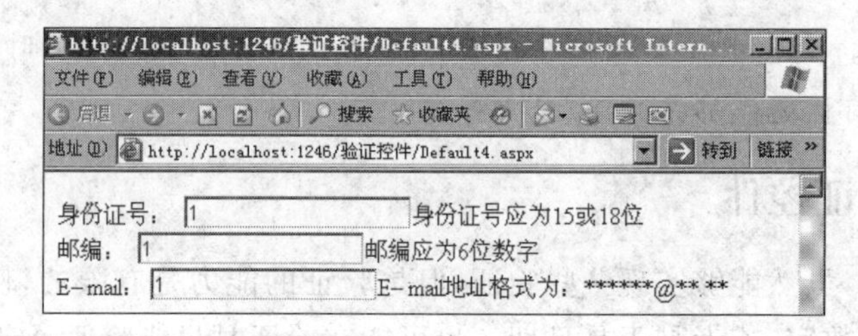

图 5-4 RegularExpressionValidator 验证控件

同样,开发人员也可以自定义正则表达式来规范用户的输入。使用正则表达式能够加快验证速度并在字符串中快速匹配,而另一方面,使用正则表达式能够减少复杂的应用程序的功能开发和实现。

注意:在用户输入为空时,其他的验证控件都会验证通过。所以,在验证控件的使用中,通常需要同表单验证控件(RequiredFieldValidator)一起使用。

5.2.5 自定义逻辑验证控件

自定义逻辑验证控件(CustomValidator)允许使用自定义的验证逻辑创建验证控件。使用 CustomValidator 控件,设计用户自定义验证,以下代码用来验证用户输入的数字是不是偶数。

前台代码如下:

```
<body>
    <form id="form1" runat="server">
    <div>
```

```
        <asp:Label ID="Label1" runat="server" Text="请输入一个偶数: "></asp:Label>
        <asp:TextBox ID="TextBox1" runat="server"></asp:TextBox>
        <asp:CustomValidator ID="CustomValidator1" runat="server"
ErrorMessage="您输入的数不是偶数。" ControlToValidate="TextBox1"
onservervalidate="CustomValidator1_ServerValidate"></asp:CustomValidator>
        <br />
    <asp:Button ID="Button1" runat="server" Text="提交" onclick="Button1_Click" />
    </div>
    </form>
</body>
```

后台代码如下：

```
protected void CustomValidator1_ServerValidate (object source, ServerValidateEvent-
Args args)
{
try
    {
        //int i=int.Parse(args.Value);
        int i=Convert.ToInt32(TextBox1.Text);
        args.IsValid=((i %2)==0);
    }
    catch
    {
        args.IsValid=false;
    }
}

protected void Button1_Click(object sender, EventArgs e)
{
    if(Page.IsValid)
    Response.Write("你输入的是偶数: "+TextBox1.Text);
}
```

显示结果如图 5-5 和图 5-6 所示。

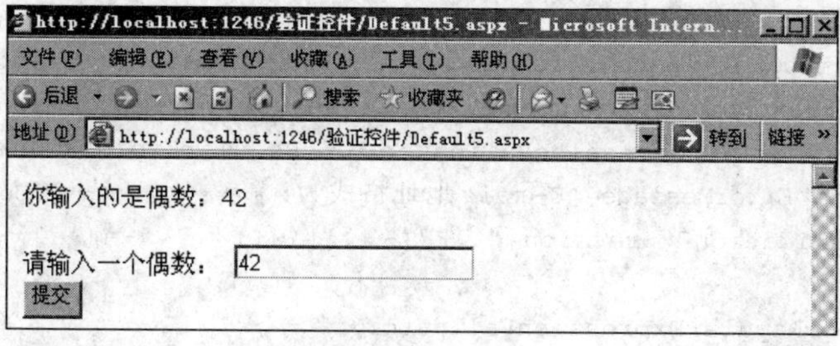

图 5-5　输入偶数

5.2.6　验证组控件

验证组控件(ValidationSummary)能够对同一页面的多个控件进行验证。同时，验证组控件(ValidationSummary)通过 ErrorMessage 属性为页面上的每个验证控件显示错误信

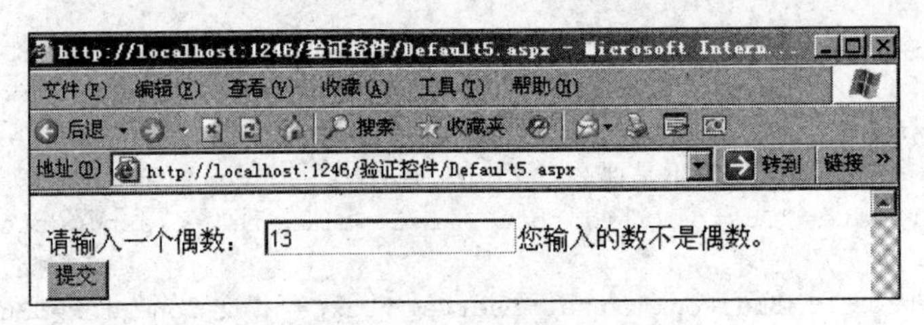

图 5-6 输入奇数

息。验证组控件的常用属性有以下几种。

(1) DisplayMode：摘要可显示为列表、项目符号列表或单个段落。

(2) HeaderText：标题部分指定一个自定义标题。

(3) ShowMessageBox：是否在消息框中显示摘要。

(4) ShowSummary：控制是显示还是隐藏 ValidationSummary 控件。

验证控件能够显示页面的多个控件产生的错误，示例代码如下：

```
<body>
    <form id="form1" runat="server">
    <div>
        <asp:Label ID="Label1" runat="server" Text="身份证号: "></asp:Label>
        <asp:TextBox ID="TextBox1" runat="server"></asp:TextBox>
        <asp:RegularExpressionValidator ID="RegularExpressionValidator1"
runat="server" ErrorMessage="身份证号应为 15 或 18 位"
ControlToValidate="TextBox1" ValidationExpression="\d{17}[\d|X]|\d{15}">
        </asp:RegularExpressionValidator>
        <br />
        <asp:Label ID="Label2" runat="server" Text="邮编: "></asp:Label>
        <asp:TextBox ID="TextBox2" runat="server"></asp:TextBox>
        <asp:RegularExpressionValidator ID="RegularExpressionValidator2"
runat="server" ErrorMessage="邮编应为 6 位数字"
ControlToValidate="TextBox2" ValidationExpression="\d{6}">
        </asp:RegularExpressionValidator>
        <br />
        <asp:Label ID="Label3" runat="server" Text="E_mail: "></asp:Label>
        <asp:TextBox ID="TextBox3" runat="server"></asp:TextBox>
        <asp:RegularExpressionValidator ID="RegularExpressionValidator3"
runat="server" ErrorMessage="E-mail 地址格式为: ******@**.**" ControlToValidate=
"TextBox3" ValidationExpression="\w+([-+.']\w+)*@\w+([-.]\w+)*\.\w+([-.]\
w+)*">
        </asp:RegularExpressionValidator>
        <asp:ValidationSummary ID="ValidationSummary1" runat="server"
ShowMessageBox="True" />
    </div>
    <asp:Button ID="Button1" runat="server" Text="Button" />
    </form>
</body>
```

运行结果如图 5-7 所示。

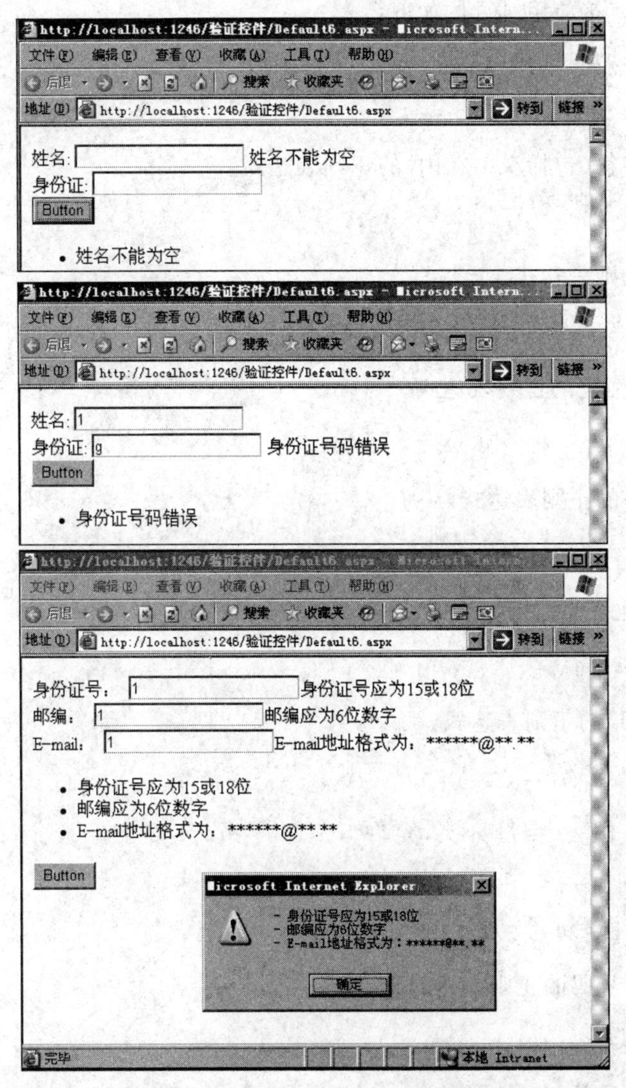

图 5-7　ValidationSummary 验证控件

当有多个错误发生时，ValidationSummary 控件能够捕获多个验证错误并呈现给用户，这样就避免了一个表单需要多个验证时要使用多个验证控件进行绑定，使用 ValidationSummary 控件就无须为每个需要验证的控件进行绑定。

以上代码中，用户必须定义一个函数来验证输入。

5.3　小　　结

本章主要介绍了 ASP.NET 编程技术中的验证控件，通过后一节的实例可以感受到，这些验证控件的功能十分强大，由于篇幅有限，只能介绍基本的知识。如果要深入学习有关验证方面的知识，建议参阅有关正则表达式方面的书籍。在脚本程序的写作中，正则表达式是经常用到的，但是由于表达式可读性不强，难以记忆，因此这里只给出几个比较常用的表

达式,需要时可以直接使用。具体如下:

匹配中文字符的正则表达式。

```
[\u4e00-\u9fa5]
```

匹配双字节字符(包括汉字在内)的正则表达式。

```
[^\x00-\xff]
```

匹配空行的正则表达式。

```
\n[\s|]*\r
```

匹配HTML标记的正则表达式。

```
/<(.*)>.*<\/\1>|<(.*) \/>/
```

匹配首尾空格的正则表达式。

```
(^\s*)|(\s*$)
```

匹配E-mail地址的正则表达式。

```
\w+([-+.]\w+)*@\w+([-.]\w+)*\.\w+([-.]\w+)*
```

匹配网址URL的正则表达式:

```
^[a-zA-z]+://(\\w+(-\\w+)*)(\\.(\\w+(-\\w+)*))*(\\?\\S*)?$
```

匹配账号是否合法(字母开头,允许5~16字节,允许字母、数字、下画线)的正则表达式。

```
^[a-zA-Z][a-zA-Z0-9_]{4,15}$
```

匹配国内电话号码的正则表达式。

```
(\d{3}-|\d{4}-)?(\d{8}|\d{7})?
```

匹配腾讯QQ号的正则表达式。

```
^[1-9]*[1-9][0-9]*$
```

学习的目的在于实际应用,只有在实例练习中多加运用,才能真正发挥它们的作用。下一章将开始学习与数据库操作有关的知识。

5.4 上机实训:ASP.NET验证控件

1. 实训目的

(1) 了解客户端和服务器验证。

(2) 掌握如何使用ASP.NET 4.0各验证控件。

2. 实训环境

(1) 计算机1台。

(2) Microsoft Visual Studio 2010 工具软件。

3. 实训内容

(1) 设计并实现一个带验证控件的用户注册页面。

(2) 设计并实现同一个页面的分组验证功能。

4. 实训过程(步骤、实现代码)

1) 设计并实现一个带验证控件的用户注册页面

(1) 设计 Web 窗体

新建一个 Web 窗体,切换到"设计"视图。如图 5-8 所示,向页面输入"用户名:""密码:""确认密码:""生日:""电话号码:"和"身份证号:"等信息;添加 6 个 TextBox 控件、6 个 RequiredFieldValidator 控件、1 个 CompareValidator 控件、1 个 RangeValidator 控件、1 个 RegularExpressionValidator 控件、1 个 CustomValidator 控件、1 个 Button 控件、1 个 Label 控件和 1 个 ValidatorSummary 控件。适当调整各个控件的位置和大小。

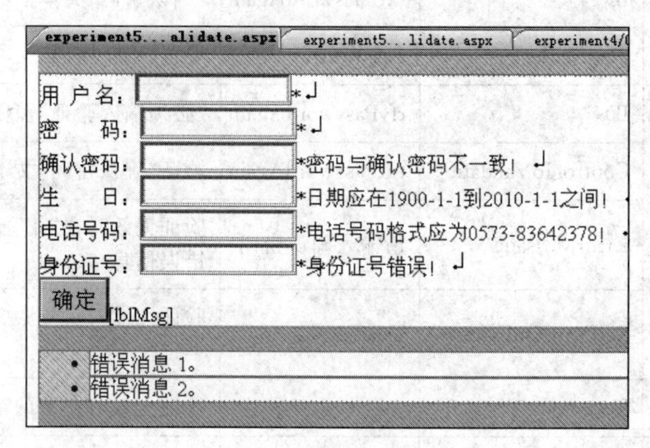

图 5-8　设计界面(1)

(2) 设置属性

Web 窗体中各控件的属性设置如表 5-1 所示。

表 5-1　各控件的属性设置表

控　件	属性名	属性值	说　明
TextBox	ID	txtName	"用户名"本框的编程名称
RequiredFieldValidator	ID	rfvName	"必须输入验证"控件的编程名称
	ControlToValidate	txtName	验证"用户名"文本框
	ErrorMessage	请输入用户名	验证无效时在"汇总验证"控件中显示的错误信息
	SetFocusOnError	True	验证无效时将焦点定位到"用户名"文本框
	Text	*	验证无效时提示的错误信息

续表

控　　件	属性名	属性值	说　　明
TextBox	ID	txtPassword	“密码”文本框的编程名称
	TextMode	Password	设置“密码”文本框为密码模式
RequiredFieldValidator	ID	rfvPassword	“必须输入验证”控件的编程名称
	ControlToValidate	txtPassword	验证“密码”文本框
	ErrorMessage	请输入密码	验证无效时在“汇总验证”控件中显示的错误信息
	SetFocusOnError	True	验证无效时将焦点定位到“密码”文本框
	Text	*	验证无效时提示的错误信息
TextBox	ID	txtPasswordAgain	“确认密码”文本框的编程名称
	TextMode	Password	设置“确认密码”文本框为密码模式
RequiredFieldValidator	ID	rfvPasswordAgain	“必须输入验证”控件的编程名称
	ControlToValidate	txtPasswordAgain	验证“确认密码”文本框
	ErrorMessage	请输入确认密码	验证无效时在“汇总验证”控件中显示的错误信息
	SetFocusOnError	True	验证无效时将焦点定位到“确认密码”文本框
	Text	*	验证无效时提示的错误信息
CompareValidator	ID	cvPassword	“比较验证”控件的编程名称
	ControlToCompare	TxtPassword	与“密码”文本框比较
	ControlToValidate	TxtPasswordAgain	验证“确认密码”文本框
	ErrorMessage	密码与确认密码不一致	验证无效时在“汇总验证”控件中显示的错误信息
	SetFocusOnError	True	验证无效时将焦点定位到“确认密码”文本框
TextBox	ID	txtBirthday	“生日”文本框的编程名称
RequiredFieldValidator	ID	rfvBirthday	“必须输入验证”控件的编程名称
	ControlToValidate	txtBirthday	验证“生日”文本框
	ErrorMessage	请输入生日	验证无效时在“汇总验证”控件中显示的错误信息
	SetFocusOnError	True	验证无效时将焦点定位到“生日”文本框
	Text	*	验证无效时提示的错误信息

续表

控　　件	属性名	属性值	说　　明
RangeValidator	ID	rvBirthday	"范围验证"控件的编程名称
	ControlToValidate	txtBirthday	验证"生日"文本框
	ErrorMessage	日期应在1900-1-1到2010-1-1之间	验证无效时在"汇总验证"控件中显示的错误信息
	MaximumValue	2010-1-1	设置最大的日期为2010-1-1
	MinimumValue	1900-1-1	设置最小的日期为1900-1-1
	SetFocusOnError	True	验证无效时将焦点定位到"生日"文本框
	Type	Date	要比较的值为日期型
TextBox	ID	txtTelephone	"电话号码"文本框的编程名称
RequiredField Validator	ID	rfvTelephone	"必须输入验证"控件的编程名称
	ControlToValidate	txtTelephone	验证"电话号码"文本框
	ErrorMessage	请输入电话号码	验证无效时在"汇总验证"控件中显示的错误信息
	SetFocusOnError	True	验证无效时将焦点定位到"电话号码"文本框
	Text	*	验证无效时提示的错误信息
RegularExpression Validator	ID	revTelephone	"规则表达式验证"控件的编程名称
	ControlToValidate	txtTelephone	验证"电话号码"文本框
	ErrorMessage	电话号码格式应为0573-83642378	验证无效时在"汇总验证"控件中显示的错误信息
	ValidationExpression	\d{4}－\d{8}	表达式为"4个数字～8个数字"
	SetFocusOnError	True	验证无效时将焦点定位到"电话号码"文本框
TextBox	ID	txtIdentity	"身份证号"文本框的编程名称
RequiredField Validator	ID	rfvIdentity	"必须输入验证"控件的编程名称
	ControlToValidate	txtIdentity	验证"身份证号"文本框
	ErrorMessage	请输入身份证号	验证无效时在"汇总验证"控件中显示的错误信息
	SetFocusOnError	True	验证无效时将焦点定位到"身份证号"文本框
	Text	*	验证无效时提示的错误信息

续表

控　　件	属 性 名	属 性 值	说　　明
RegularExpression Validator	ID	cvIdentity	“自定义验证”控件的编程名称
	ControlToValidate	txtIdentity	验证“身份证号”文本框
	ErrorMessage	身份证号错误!	验证无效时在“汇总验证”控件中显示的错误信息
	SetFocusOnError	True	验证无效时将焦点定位到“身份证号”文本框
Button	ID	btnSubmit	“确定”按钮的编程名称
	Text	确定	“确定”按钮上显示的文本
Label	ID	lblMsg	显示“验证通过”信息的 Label 控件的编程名称
	Text	空	初始不显示任何内容
ValidationSummary	ID	vsSubmit	“汇总验证”按钮的编程名称
	ShowMessageBoxt	True	以对话框形式显示汇总的验证错误信息
	ShowSummary	False	不在网页上显示汇总的验证错误信息

(3) 编写事件、方法代码

“自定义验证”控件 cvIdentity 的 ServerValidate 事件代码如下：

```
protected void cvIdentity_ServerValidate(object source, ServerValidateEventArgs
args)
{
    //获取输入的身份证号码
    string cid=args.Value;
    //初始设置
    args.IsValid=true;
    try
    {
        //获取身份证号码中的出生日期并转换为 DateTime 类型
        DateTime.Parse(cid.Substring(6, 4)+"-"+cid.Substring(10, 2)+"-"+cid.
Substring(12, 2));
    }
    catch
    {
        //若转换出错,则验证未通过
        args.IsValid=false;
    }
}
```

按钮 btnSubmit 被单击时执行的事件代码如下：

```
protected void btnSubmit_Click(object sender, EventArgs e)
{
    lblMsg.Text="";
    if (Page.IsValid)
```

```
        {
            lblMsg.Text="验证通过!";
            //TODO:将注册信息存入数据库
        }
    }
```

(4) 浏览建立的 Web 窗体并进行测试

测试结果如图 5-9 所示。

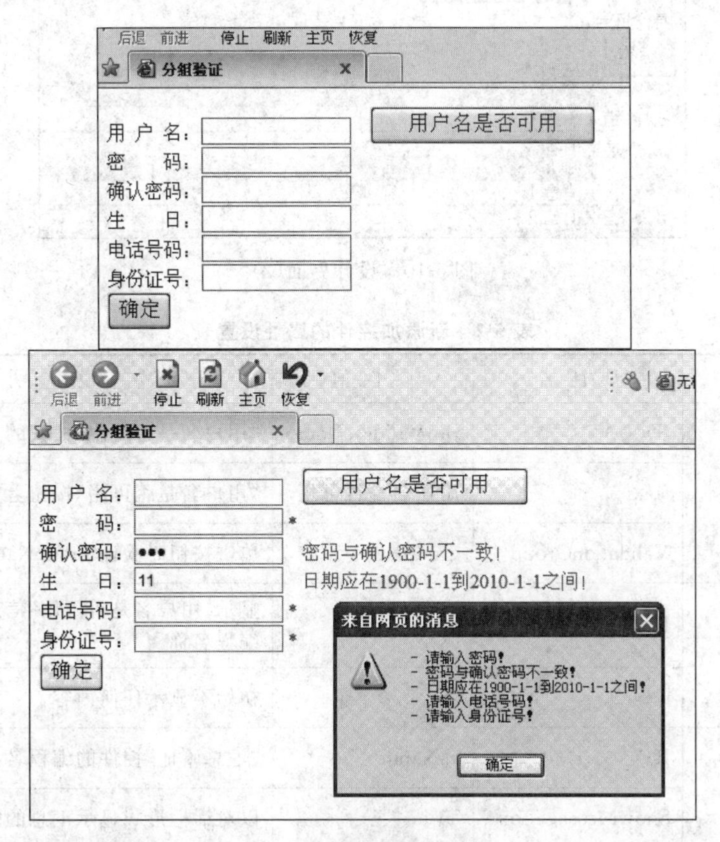

图 5-9 用户注册页面测试(1)

2) 设计并实现同一个页面的分组验证功能

(1) 设计 Web 窗体

新建一个 Web 窗体,切换到"设计"视图。如图 5-10 所示,在图 5-8 的基础上,再向页面添加 1 个 Button 控件、1 个 Label 控件和 1 个 ValidationSummary 控件。适当调整各个控件的位置和大小。

(2) 设置属性

在表 5-1 的基础上,设置"必须输入验证"控件 rvfName 的属性 ValidatorGroup 值为 groupName;设置其他验证控件和"确定"按钮的属性 ValidationGroup 值为 groupSubmit;新添加控件的属性设置如表 5-2 所示。

(3) 编写事件代码

除包含实验步骤 1)中 cvIdentity_ServerValidate 和 btnSubmit_Click 事件代码外,还要添加按钮 btnValidateName 被单击时执行的事件,代码如下:

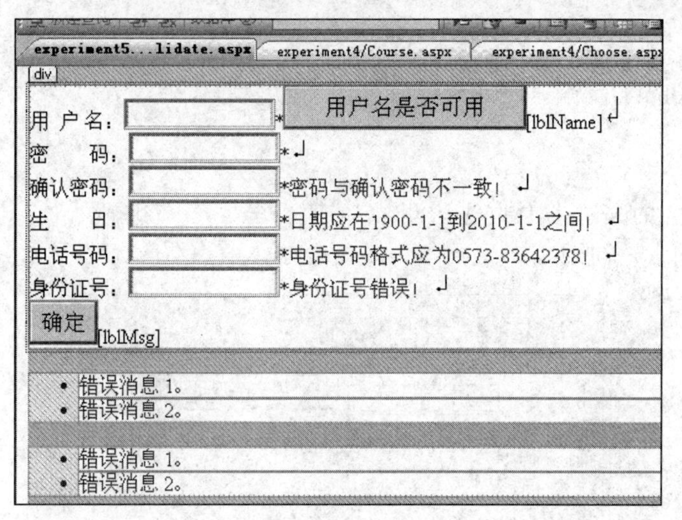

图 5-10 设计界面(2)

表 5-2 新添加控件的属性设置表

控 件	属 性 名	属 性 值	说 明
Button	ID	BtnValidateName	“用户名是否可用”按钮的编程名称
	Text	用户名是否可用	“用户名是否可用”按钮上显示的文本
	ValidationGroup	groupName	单击按钮时验证 groupName 组
Label	ID	lblName	显示“用户名是否可用”信息的 Label 控件编程名称
	Text	空	初始不显示任何内容
ValidationSummary	ID	vsName	“汇总验证”控件的编程名称
	ShowMessageBox	True	以对话框形式显示汇总的验证错误信息
	ShowSummary	False	不在网页上显示汇总的验证错误信息
	ValidationGroup	groupName	汇总 groupName 组的错误验证信息

```
protected void btnValidateName_Click(object sender, EventArgs e)
{
    //实际工程应与数据库中的用户名比较
    if (txtName.Text=="jxssg")
    {
        lblName.Text="抱歉!该用户名已被占用!";
    }
    else
    {
        lblName.Text="恭喜!该用户名可用!";
    }
}
```

最后，浏览建立的 Web 窗体并查看效果，如图 5-11 所示。

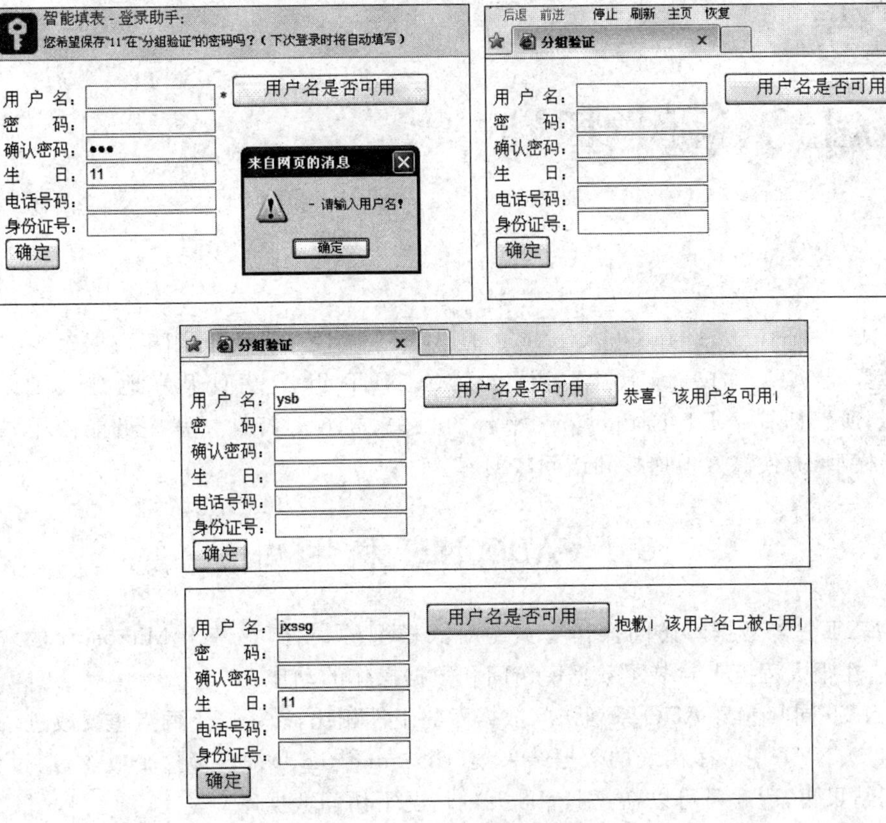

图 5-11　用户注册页面测试(2)

5. 讨论问题及回答

在给标准控件添加验证控件的时候，不是很熟悉哪一种情况下使用哪一种验证控件，所以实验做得比较慢。解决办法就是好好体会各个验证控件的使用场合，以后再次需要验证控件的时候就知道哪一个对应哪一个。

通过实训学会了分组验证的方法，以及如何使用 ASP.NET 4.0 各验证控件，并且知道了客户端和服务器验证的基本原理。

第6章 ADO.NET基础

ADO. NET(ActiveX Data Object. NET)是 Microsoft 公司开发的用于数据库连接的一套组件模型，是 ADO 的升级版本。由于 ADO. NET 组件模型很好地融入了.NET Framework，所以拥有.NET Framework 平台的无关、高效等特性。程序员能使用 ADO .NET 组件模型，方便高效地连接和访问数据库。

6.1 ADO.NET 概述

ADO. NET 是与数据库访问操作有关的对象模型的集合，它基于 Microsoft 的. NET Framework，在很大程度上封装了数据库访问和数据操作的动作。

ADO. NET 同其前身 ADO 系列访问数据库的组件相比，做了以下两点重要改进。

(1) ADO. NET 引入了离线的数据结果集(Disconnected DataSet)这个概念，通过使用离线的数据结果集，程序员可以在数据库断开的情况下访问数据库。

(2) ADO. NET 还提供了对 XML 格式文档的支持，所以通过 ADO. NET 组件可以方便地在异构环境的项目间读取和交换数据。

6.1.1 ADO. NET 体系结构

ADO. NET 组件的表现形式是. NET 的类库，它拥有两个核心组件：. NET Data Provider(数据提供者)和 DataSet(数据结果集)对象。

. NET Data Provider 是专门为数据处理以及快速地只进、只读访问数据而设计的组件，包括 Connection、Command、DataReader 和 DataAdapter 四大类对象，其主要功能如下。

(1) 在应用程序里连接数据源，连接 SQL Server 数据库服务器。

(2) 通过 SQL 语句的形式执行数据库操作，并能以多种形式把查询到的结果集填充到 DataSet 里。

DataSet 对象是支持 ADO. NET 的断开式、分布式数据方案的核心对象。DataSet 是数据的内存驻留表示形式，无论数据源是什么，它都会提供一致的关系编程模型。它是专门为独立于任何数据源的数据访问而设计的。

DataSet 对象的主要功能如下。

(1) 用其中的 DataTable 和 DataRelations 对象来容纳. NET Data Provider 对象传递过来的数据库访问结果集，以便应用程序访问。

(2) 把应用代码里的业务执行结果更新到数据库中。

DataSet 对象还能在离线的情况下管理和存储数据，这在海量数据访问控制的场合下是非常有用的。

图 6-1 描述了 ADO. NET 组件的体系结构。

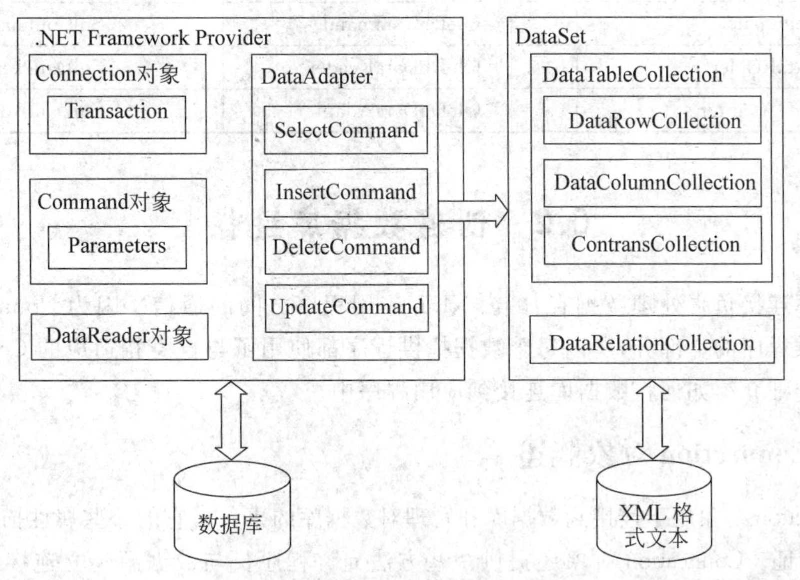

图 6-1　ADO. NET 体系结构

6.1.2　ADO. NET 对象模型

ADO. NET 对象模型中有 5 个主要的数据库访问和操作对象，分别是 Connection（连接）、Command（控制）、DataReader、DataAdapter（数据修改）和 DataSet 对象。

其中，Connection 对象主要负责连接数据库，Command 对象主要负责生成并执行 SQL 语句，DataReader 对象主要负责读取数据库中的数据，DataAdapter 对象主要负责在 Command 对象执行完 SQL 语句后生成并填充 DataSet 和 DataTable，而 DataSet 对象主要负责存取和更新数据。

ADO. NET 主要提供了两种数据提供者（Data Provider），分别是 SQL Server. NET Provider 和 OLE DB. NET Provider。

SQL Server. NET Framework 数据提供程序使用它自身的协议与 SQL Server 数据库服务器通信，而 OLE DB. NET Framework 则通过 OLE DB 服务组件（提供连接池和事务服务）和数据源的 OLE DB 提供程序与 OLE DB 数据源进行通信。

它们两者内部均有 Connection、Command、DataReader 和 DataAdapter 四类对象。对于不同的数据提供者，上述 4 种对象的类名是不同的，但它们连接访问数据库的过程却大同小异。

这是因为它们以接口的形式封装了不同数据库的连接访问动作。正是由于这两种数据提供者使用数据库访问驱动程序屏蔽了底层数据库的差异，所以从用户的角度来看，它们的差别仅仅体现在命名上。

表 6-1 描述了这两类数据提供者下的对象命名。

表 6-1 ADO.NET 对象描述

对　象　名	OLE DB 数据提供者的类名	SQL Server 数据提供者的类名
Connection	OleDbConnection	SqlConnection
Command	OleDbCommand	SqlCommand
DataReader	OleDbDataReader	SqlDataReader
DataAdapter	OleDbDataAdapter	SqlDataAdapter

6.2 创建数据库连接

数据库连接负责处理数据存储与.NET 应用程序之间的通信。因为 Connection 对象是数据提供程序的一部分,所以每个数据提供程序都使用了与自身相适应的 Connection 对象。本节详细介绍如何将数据库连接到应用程序中。

6.2.1 Connection 对象概述

Connection 对象用于连接到数据库和管理对数据库的事务。它的一些属性描述数据源和用户身份验证。Connection 对象还提供一些方法允许程序员与数据源建立连接或者断开连接,并且微软提供了以下 4 种数据库连接方式,具体是 System.Data.OleDb.OleDbConnection、System.Data.SqlClient.SqlConnection、System.Data.Odbc.OdbcConnection、System.Data.OracleClient.OracleConnection。

6.2.2 Connection 对象的属性及方法

Connection 对象用来和数据库建立连接。在 ADO.NET 中的连接是以单个 Connection 类的形式进行建模的。Connection 类表示一个数据源的单个连接,但并不一定表示单个调用。下面将具体介绍 Connection 对象的属性,如表 6-2 所示。

表 6-2 Connection 对象的属性

属　性	说　明
ConnectionString	执行 Open 方法连接数据源的字符串
ConnectionTimeout	尝试建立连接的时间,超过时间则产生异常
Database	将要打开数据库的名称
DataSource	包含数据库的位置和文件
Provider	OLE DB 数据提供程序的名称
ServerVersion	OLE DB 数据提供程序提供的服务器版本
State	显示当前 Connection 对象的状态

下面详细介绍 Connection 对象的常用属性。

(1) ConnectionString 属性

获取用来连接到数据库的连接字符串。

语法如下：

```
public override String ConnectionString{get; set;}
```

属性值：当前数据库的名称或连接打开后要使用的数据库的名称。默认值为空字符串。如果当前数据库发生更改，连接通常会动态更新此属性。

(2) Database 属性

在连接打开之后获取当前数据库的名称，或者在连接打开之前获取连接字符串中指定的数据库名称。

语法如下：

```
Object.Database
```

属性值：通过 System.Data.OleDb.NET 数据提供程序，用于连接到 Access 数据库的 AccessDataSource 控件的 OLE DB 连接字符串。

(3) DataSource 属性

获取或设置对象，数据绑定控件从该对象中检索其数据项列表。

语法如下：

```
Object.DataSource[=data Source]
```

属性值：一个表示数据源的对象，数据绑定控件从该对象中检索其数据。

注意：除了 ConnectionString 外，其他都是只读属性，只能通过连接字符串的标记配置数据库连接。

.NET 框架支持两种数据提供程序：在 System.Data.OleDB 命名空间中实现 OleDbConnection 对象；在 System.Data.SqlClient 命名空间中实现 SqlConnection 对象。

OleDbConnection 对象使用 OLE DB，任何 OLE DB 提供程序都能够使用 OLE DB，包括 SQL Server。但是 SqlConnection 对象只能被 SQL Server 使用，因为 SqlConnection 对象直接连接到 SQL Server，因此效率更高。在这里主要介绍 SqlConnection 类，下面列出 SqlConnection 类的方法及说明，如表 6-3 所示。

表 6-3　SqlConnection 类的方法

方　法	说　明
BeginTransaction	开始一个数据库事务。允许指定事务的名称和隔离级
ChangeDatabase	改变当前连接的数据库。需要一个有效的数据库名称
Close	关闭数据库连接。使用该方法关闭一个打开的连接
CreateCommand	创建并返回一个与该连接关联的 SqlCommand 对象
Dispose	调用 Close
EnlistDistriutedTransaction	如果自动登记被禁用，则以指定的分布式企业服务(Enterprise Services) DTC 事务登记连接。.NET Framework 1.0 版本不支持该方法
EnlistTransaction	在指定的位置或分布式事务中登记该连接。ADO.NET 1.x 不支持该方法
GetSchema	检索指定范围(表、数据库)的模式信息。ADO.NET 1.x 不支持该方法

续表

方　法	说　明
ResetStatistics	复位统计信息服务。ADO.NET 1.x 不支持该方法
RetrieveStatistics	获得一个用关于连接的信息(诸如传输的数据、用户详情、事务)进行填充的散列表。ADO.NET 1.x 不支持该方法
Open	打开一个数据库连接

下面详细介绍 SqlConnection 类的常用方法。

(1) Close 方法

关闭数据库连接,使用该方法关闭一个打开的连接。

语法如下:

```
Object.Close
```

指示是否在关闭之前保存解决方案;如果应该在关闭之前保存解决方案,则为 True,否则为 False。

(2) CreateCommand 方法

创建并返回一个与该连接关联的 SqlCommand 对象。

语法如下:

```
DBCommand CreateCommand()
```

返回值:一个 DbCommand 对象。

注意:如果连接超出范围,并不会自动关闭,那样会浪费掉一定的系统资源。因此必须在连接对象超出范围之前,通过调用 Close 或 Dispose 方法,显式地关闭连接,这样可以节省部分的系统资源。

6.2.3 数据库连接字符串

为了连接到数据源,需要一个连接字符串。连接字符串通常由分号隔开的名称和值组成,它指定数据库运行库的设置。连接字符串中的典型信息包括数据库的名称、服务器的位置和用户的身份。还可以指定其他操作信息,诸如连接超时和连接池(Connection Pooling)设置。下面详细介绍数据库连接字符串常用的参数及描述,如表 6-4 所示。

表 6-4 数据库连接字符串常用的参数及描述

参　数	描　述
Provider	这个属性用于设置或返回连接提供程序的名称,仅用于 OleDbConnection 对象
Connection Timeout	在终止尝试并产生异常前,等待连接到服务器的连接时间长度(以秒为单位)。默认值是 15 秒
Initial Catalog 或 Database	数据库的名称
Data Source 或 Server	连接打开时使用的 SQL Server 名称,或者是 Microsoft Access 数据库的文件名
Password 或 pwd	SQL Server 账户的登录密码

续表

参　数	描　述
User ID 或 uid	SQL Server 登录账户
Integrated Security	此参数决定连接是否是安全连接。可能的值有 True、False 和 SSPI(SSPI 是 True 的同义词)
Persist Security Info	设置为 False 时,如果连接是打开的或曾经处于打开状态,那么安全敏感信息(如密码)不会作为连接的一部分返回。设置属性值为 True 可能有安全风险。False 是默认值

在连接数据库时,只要使用几个主要的参数就可以完成连接数据库的操作。例如,连接 SQL 数据库的 master 库的连接字符串如下:

```
"server=localhost;database=master;uid=sa;pwd=";
//数据库名为 master,用户名为 sa,用户密码为空
```

注意:在连接本机时,server 参数也可以用"."来代替"localhost"。

6.2.4 打开和关闭数据库连接

打开和关闭数据库是进行数据库操作必不可少的步骤,Open 和 Close 方法由 DataAdapter 对象和 Data Command 对象自动调用。如果需要,可以显式地调用这两个对象。Open 方法被 DataAdapter 或者 Command 调用,Command 对象的状态保持不变。

下面以查询 student 表数据为例介绍如何打开和关闭数据库。代码如下:

```
protected void Page_Load(object sender, EventArgs e)
{
    //数据库名为 stu,用户名为 sa,用户密码为空
    String strCon="server=(local);database=stu;uid=sa;pwd=";
    SqlConnection conn=new SqlConnection(strCon);
    conn.Open();                                          //打开数据库连接
    SqlCommand cmd=new SqlCommand("select * from student", conn);
                                                          //查询学生信息表
    conn.Close();                                         //关闭数据库连接
}
```

上述是典型的数据库连接代码,对于存放数据库的连接信息,还可有另外两种方法,下面分别介绍。

(1) 将数据库连接字符串存放在应用程序的配置文件(即 Web.config)中,代码如下:

```
<configuration>
<appSetting>
<add key="strconnection" value=" server=(local);database=stu;uid=sa;pwd=">
</appSetting>
</configuration>
```

那么在上述典型的代码中,连接的字符串将改写如下(其他代码不变):

```
string strCon=ConfigurationSetting.AppSetting["strconnection"];
```

(2) 将数据库连接字符串存放在一个新建的类的方法中，例如可将此类命名为 MyClass，并在这个类中编写如下代码。

```
public class MyClass
{
    private static string strsql=" server=(local);database=stu;uid=sa;pwd=";
    public string strCon
    {
        //定义为只读属性
        get { return strsql; }
    }
}
```

在引用此数据库连接信息时，首先要在应用程序中创建一个新类的方法，然后再初始化连接对象，代码如下：

```
//创建一个 MyClass 类的方法
MyClass myClass=new MyClass();
//初始化连接对象
SqlConnection conn=new SqlConnection(myClass.strCon);
oonn.Open();
conn.Close();
```

注意：以上列出了 3 种打开和关闭数据库连接的方法，希望重点关注、理解这 3 种方法的实质。

6.3 执行数据库命令

在连接好数据源后，就可以对数据源执行一些命令操作。命令操作包括从数据存储区检索或对数据存储区进行插入、更新、删除操作。在 ADO.NET 中，对数据库的命令操作通过 Command 对象来实现。本节介绍如何使用 Command 对象。

6.3.1 Command 对象概述

没有 ADO.NET 的 Command 对象，数据库不能完成任何工作。不管是要求数据库提供有关数据的信息，还是插入或者更新数据，都要求从 Command 对象开始。

注意：从本质上讲，ADO.NET 的 Command 对象就是 SQL 命令或者是对存储过程的引用。除了检索或更新数据之外，Command 对象可用来对数据源执行一些不返回结果集的查询任务，以及用来执行改变数据源结构的数据定义命令。

6.3.2 Command 对象的属性及方法

使用 Connection 对象与数据源建立连接后，可使用 Command 对象对数据源执行查询、添加、删除和修改等各种操作，操作实现的方法可以使用 SQL 语句，也可以使用存储过程。根据所用的.NET Framework 数据提供程序的不同，Command 对象也可以分成 4 种，分别是 SqlCommand、OleDbCommand、OdbcCommand 和 OracleCommand。在实际的编程过程中应根据访问的数据源不同，选择相应的 Command 对象。下面介绍 Command 对象的常用属性和方法。

Command 对象常用的属性及说明如表 6-5 所示。

表 6-5 Command 对象常用的属性及说明

属 性	说 明
CommandType	获取或设置 Command 对象要执行命令的类型
CommandText	获取或设置对数据源执行的 SQL 语句或存储过程名或表名
CommandTimeOut	获取或设置在终止对执行命令的尝试并生成错误之前的等待时间
Connection	获取或设置此 Command 对象使用的 Connection 对象的名称

下面详细介绍 Command 对象的常用属性。

(1) CommandType 属性

获取或设置 Command 对象要执行命令的类型。

语法如下：

```
public override CommandType CommandType {get; set;}
```

属性值：CommandType 值之一，默认为 Text。

当将 CommandType 设置为 StoredProcedure 时，应将 CommandText 属性设置为存储过程的名称。当调用 Execute 方法之一时，该命令将执行此存储过程。

(2) CommandText 属性

获取或设置要对数据源执行的 Transact-SQL 语句或存储过程。通过 Command 对象执行 SQL 语句或存储过程。

语法如下：

```
public override string CommandText { get; set; }
```

例如，通过 Command 对象的 CommandText 属性来执行一条 SQL 语句，代码如下：

```
string sqlstr=" select * from TableName ";
SqlConnection conn=new SqlConnection(ConStr);
SqlCommand cmd=conn.CreateCommand();              //创建 Command 对象
cmd.CommandText=sqlstr;                            //初始化 Command 对象
```

通过 Command 对象的 CommandText 属性来执行存储过程(Proc_Name)，程序代码如下：

```
SqlCommand cmd=new SqlCommand("Proc_Name",conn);
//调用存储过程
cmd.CommandType=CommandType.StoredProcedure;
```

(3) CommandTimeOut 属性

获取或设置在终止对执行命令的尝试并生成错误之前的等待时间。

语法如下：

```
public int CommandTimeOut{get; set;}
```

属性值：等待命令执行的时间(以秒为单位)。

如果分配的 CommandTimeOut 属性值小于 0，将生成一个 ArgumentException。

Command 对象常用的方法及说明如表 6-6 所示。

表 6-6 Command 对象常用的方法及说明

方　法	说　明
ExecuteNonQuery	执行 SQL 语句并返回受影响的行数
ExecuteScalar	执行查询，并返回查询所返回的结果集中第一行的第一列。忽略其他列或行
ExecuteReader	执行返回数据集的 SELECT 语句

下面具体介绍 Command 对象方法中的 ExecuteNonQuery、ExecuteReader 和 ExecuteScalar 3 种方法。

(1) ExecuteNonQuery 方法

ExecuteNonQuery 方法执行更新操作，诸如那些与 UPDATE、INSERT 和 DELETE 语句有关的操作，在这些情况下，返回值是命令影响的行数。对于其他类型的语句，诸如 SET 或 CREATE 语句，则返回值为－1；如果发生回滚，返回值也为－1。

语法如下：

```
public override Object ExecuteNonQuery ()
```

例如，创建一个 SqlCommand，然后使用 ExecuteNonQuery 方法执行(queryString 代表 Transact-SQL 语句，如 UPDATE、INSERT 或 DELETE)，代码如下：

```
private static void CreateCommand(string queryString,string connectionString)
{
    SqlConnection connection=new SqlConnection(connectionString))
    SqlCommand command=new SqlCommand(queryString, connection);
    command.Connection.Open();
    command.ExecuteNonQuery();              //执行 Command 命令
}
```

(2) ExecuteReader 方法

ExecuteReader 方法通常与查询命令一起使用，并且返回一个数据阅读器对象 SqlDataReader 类的实例。数据阅读器是一种只读的、向前移动的游标，客户端代码滚动游标并从中读取数据(下节将具体介绍数据阅读器)。如果通过 ExecuteReader 方法执行一个更新语句，则该命令成功地执行，但是不会返回任何受影响的数据行。

例如，创建一个 SqlCommand，然后应用 ExecuteReader()方法来创建 DataReader 对象以对数据源进行读取，代码如下：

```
SqlCommand command=new SqlCommand(queryString, connection);
//通过 ExecuteReader 方法创建 DataReader 对象
SqlDataReader reader=command.ExecuteReader();
while (reader.Read())
{
    ConSQLe.WriteLine(String.Format("{0}", reader[0]));
}
```

(3) ExecuteScalar 方法

执行查询,并返回查询结果集中第一行的第一列。

语法如下:

```
public override Object ExecuteScalar ()
```

如果只想检索数据库信息中的一个值,而不需要返回表或数据流形式的数据库信息。例如,只需要返回 COUNT(*)、SUM(Price) 或 AVG(Quantity)等聚合函数的结果,那么 Command 对象的 ExecuteScalar 方法就很有用。如果在一个常规查询语句当中调用该方法,则只读取第一行第一列的值,而丢弃所有其他值。

例如,使用 SqlCommand 对象的 ExecuteScalar 方法来返回表中记录的数目(SELECT 语句使用 Transact-SQL COUNT 聚合函数返回指定表中的行数的单个值),代码如下:

```
string sqlstr="SELECT Count (*) FEOM Orders";
SqlComand ordersCMD=new SqlCommand(sqlstr,connection);
//将返回的记录数目强制转换成整型
Int 32 count=(Int32) ordersCMD.ExecuteScalar();
```

6.3.3 创建和执行 Command 对象的实例

本节使用 SqlCommand 和 Command 对象的 ExecuteNonQuery()方法创建和执行 Command 对象,下面以学生信息管理系统为例演示如何实现"增加""删除""修改""查询"和"刷新"功能。

实例位置在 ADO. NET 中。

主要实现步骤如下。

(1) 启动 Visual Studio 2010,新建一个项目。

(2) 在 Default. aspx 页面上放置一个 GridView 控件。

(3) 放置 3 个 Label 控件,设置其 Text 属性分别为"学生编号""学生姓名"和"所在班级"。

(4) 放置 3 个 RadioButton 按钮,设置其 Text 属性为"按编号查询""按姓名查询"和"按班级查询",并且将 GroupName 属性值统一修改为 a。

(5) 放置 4 个 Button 按钮,设置其 Text 属性为"添加""删除""修改""查询"和"刷新"。添加控件后的页面运行效果如图 6-2 所示。

注意:在分别执行完"添加""删除"和"修改"按钮后再单击"刷新"按钮,其目的是为了实现将更新后的信息显示到 GridView 控件中。

(6) 主要程序代码如下。

自定义 aa 方法,该方法实现填充 GridView 控件的功能,代码如下:

```
public void aa()
{
    SqlConnection con=new SqlConnection();
    con.ConnectionString="server=(local);uid=sa;pwd=sa;database=stu;";
    SqlCommand cmd=new SqlCommand();
    cmd.CommandText="select * from student";
```

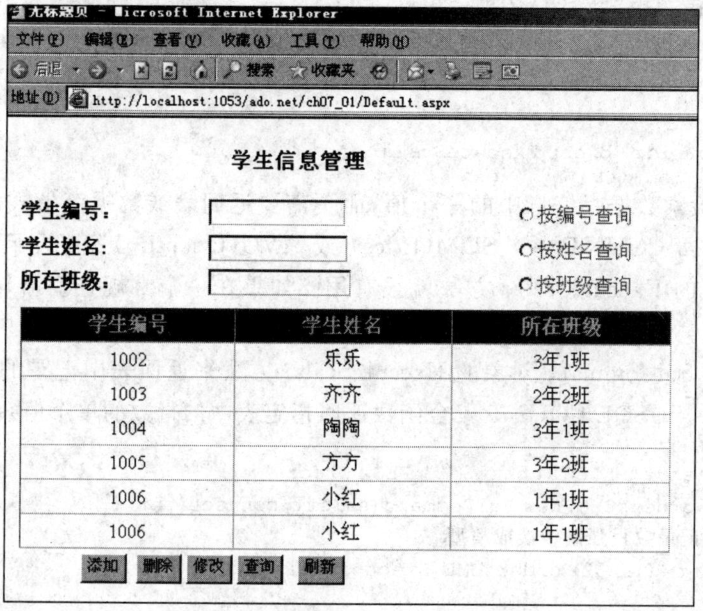

图 6-2 添加控件后页面运行的效果

```
        cmd.Connection=con;
        SqlDataAdapter sda=new SqlDataAdapter();
        sda.SelectCommand=cmd;
        con.Open();                                        //打开数据库连接
        DataSet ds=new DataSet();
        sda.Fill(ds, "student");                           //用 student 表填充数据集
        con.Close();                                       //关闭数据库连接
        this.GridView1.DataSource=ds;
        this.GridView1.DataBind();
    }
```

在 Page_load 事件中,调用 aa 方法,代码如下:

```
protected void Page_Load(object sender, EventArgs e)
{
    this.aa();                    //调用 aa 方法
}
```

单击“添加”按钮用于添加学生信息,在该事件中用到 INSERT 插入语句将信息添加到数据库中,“添加”的程序代码如下:

```
protected void Button1_Click(object sender, EventArgs e)
{
    SqlConnection con=new SqlConnection();
    con.ConnectionString="server=(local);uid=sa;pwd=;database=stu;";
    SqlCommand cmd=new SqlCommand();
    cmd.CommandText = " insert into student values ( " + this.TextBox1.Text + ",
'"+this.TextBox2.Text+"','"+this.TextBox3.Text+"')";     //添加学生信息
    cmd.Connection=con;
    con.Open();                                        //打开数据库连接
```

```
    cmd.ExecuteNonQuery();                    //用 ExecuteNonQuery()的方法来执行查询语句
    con.Close();                              //关闭数据库的连接
}
```

运行页面，在文本框中添加文本，单击“添加”按钮，信息将会添加到 GridView 控件中，并加以显示，运行效果如图 6-3 所示。

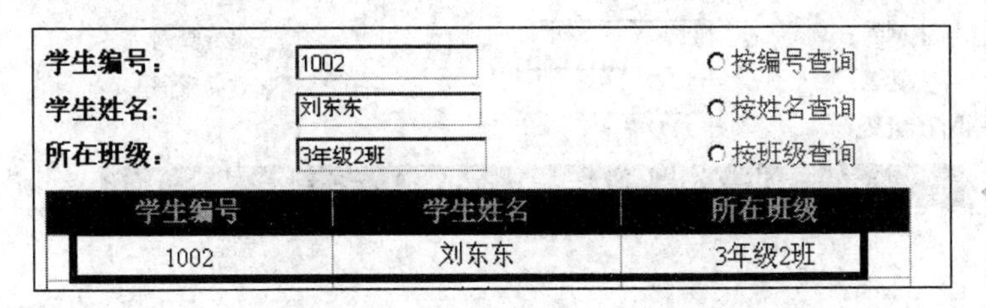

图 6-3　添加信息后的运行效果

单击“修改”按钮用于修改学生信息，在该事件中用 UPDATE 修改语句将数据库中的信息加以修改，“修改”的程序代码如下：

```
protected void Button3_Click(object sender, EventArgs e)
{
    SqlConnection con=new SqlConnection();
    con.ConnectionString="server=(local);uid=sa;pwd=sa;database=stu;";
    SqlCommand cmd=new SqlCommand();
    cmd.CommandText="update student set name='"+this.TextBox2.Text+"',
banji='"+this.TextBox3.Text+"' where id="+this.TextBox1.Text+"";
    //根据学生的编号来修改相应的学生的信息
    cmd.Connection=con;
    con.Open();                               //打开数据库的连接
    cmd.ExecuteNonQuery();                    //用 ExecuteNonQuery()的方法来执行查询语句
    con.Close();                              //关闭数据库的连接
}
```

运行页面，在文本框中输入要修改的文本信息，单击“修改”按钮，数据库中对应的该条信息将会被修改，然后单击“刷新”按钮，此时 GridView 控件中的该条记录将被修改掉，修改信息后的运行效果如图 6-4 所示。

单击“删除”按钮用于删除学生信息，在该事件中用 DELETE 删除语句将删除数据库中对应的信息，“删除”的程序代码如下：

```
protected void Button2_Click(object sender, EventArgs e)
{
    SqlConnection con=new SqlConnection();
    con.ConnectionString="server=(local);uid=sa;pwd=sa;database=stu;";
    SqlCommand cmd=new SqlCommand();
    cmd.CommandText="delete from student where id="+this.TextBox1.Text+"";
    //根据学生的编号来删除相应的学生的信息
    cmd.Connection=con;
    con.Open();                               //打开连接
    cmd.ExecuteNonQuery();                    //用 ExecuteNonQuery()的方法来执行查询语句
    con.Close();                              //关闭连接
}
```

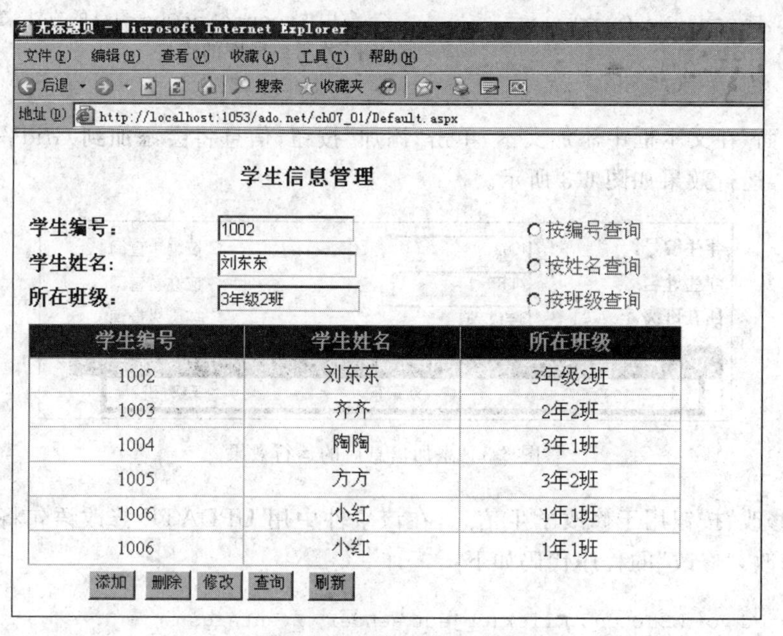

图 6-4 修改信息后的运行效果

运行页面，在第一个文本框中添加要删除的文本信息，单击“删除”按钮，数据库中对应的该条信息将会被删掉，然后单击“刷新”按钮，此时 GridView 控件中的该条记录将被删除掉，删除信息后的运行效果如图 6-5 所示。

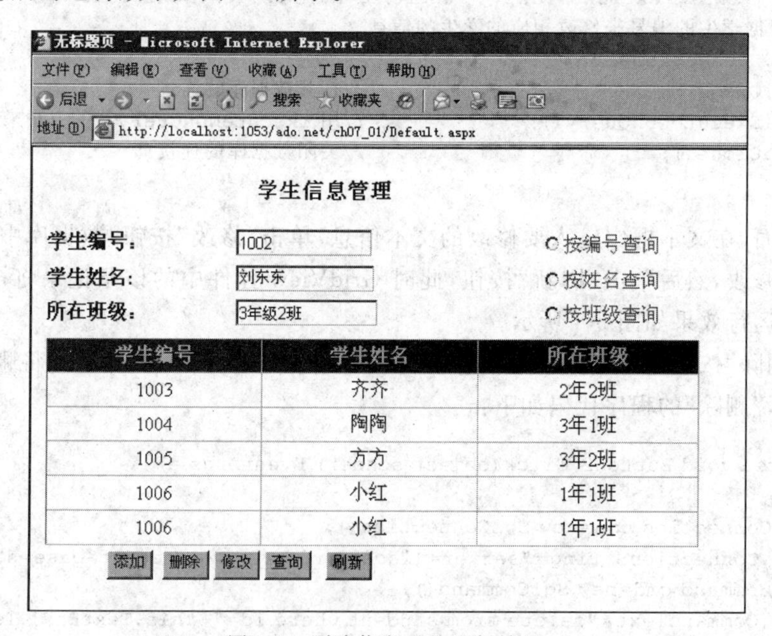

图 6-5 删除信息后的运行效果

在“刷新”按钮中添加代码，本代码将实现对窗体刷新 GridView 控件的功能，“刷新”按钮的代码如下：

```
protected void Button4_Click(object sender, EventArgs e)
```

```
{
    SqlConnection con=new SqlConnection();
    con.ConnectionString="server=(local);uid=sa;pwd=sa;database=stu;";
    SqlCommand cmd=new SqlCommand();
    cmd.CommandText="select * from student";        //查询 student 表
    cmd.Connection=con;
    con.Open();                                     //打开数据库的连接
    SqlDataAdapter sda=new SqlDataAdapter();
    sda.SelectCommand=cmd;
    cmd.ExecuteNonQuery();              //用 ExecuteNonQuery()的方法来执行查询语句
    DataSet ds=new DataSet();
    sda.Fill(ds, "student");            //填充数据集
    con.Close();                        //关闭数据库的连接
    this.GridView1.DataSource=ds;       //输出到 GridView 控件中
    this.GridView1.DataBind();          //将数据绑定到 GridView 控件中
}
```

在“查询”按钮中添加代码，本代码实现将数据绑定到 GridView 控件的功能，按照学生编号查找学生信息，如图 6-6 所示，“刷新”按钮的代码如下：

```
protected void Button5_Click(object sender, EventArgs e)
{                                  //数据库名为 stu,用户名为 sa,用户密码为 sa
    SqlConnection con = new SqlConnection ( " server = (local); uid = sa; pwd = sa;
    database=stu");
    con.Open();                                //打开数据库的连接
    if (this.RadioButton1.Checked==true)
    {
        SqlCommand cmd=new SqlCommand();
        DataSet ds=new DataSet();
        SqlDataAdapter sda=new SqlDataAdapter("select * from student where id=
"+this.TextBox1.Text+"", con);
        sda.Fill(ds, "student");          //把 student 表填充到数据集中
        this.GridView1.DataSource=ds;
        this.GridView1.DataBind();        //将数据绑定到 GridView 控件中
    }
    if (this.RadioButton2.Checked==true)
    {
        SqlCommand cmd=new SqlCommand();
        DataSet ds=new DataSet();
        SqlDataAdapter sda=new SqlDataAdapter("select * from student where
name='"+this.TextBox2.Text+"'", con);
        sda.Fill(ds, "student");
        this.GridView1.DataSource=ds;
        this.GridView1.DataBind();        //将数据绑定到 GridView 控件中
    }
    if (this.RadioButton3.Checked==true)
    {
        SqlCommand cmd=new SqlCommand();
        DataSet ds=new DataSet();
        SqlDataAdapter sda=new SqlDataAdapter("select * from student where
banji='"+this.TextBox3.Text+"'", con);
```

```
            sda.Fill(ds, "student");            //把 student 表填充到数据集中
            this.GridView1.DataSource=ds;
            this.GridView1.DataBind();          //将数据绑定到 GridView 控件中
        }
        con.Close();                            //关闭数据库的连接
    }
```

运行页面，在文本框中添加要查询的文本信息，并且选择所对应的单选按钮使它处于选中状态，单击"查询"按钮，此时 GridView 控件中所要查找的信息将会被显示出来，查询学生信息后运行效果如图 6-6 所示。

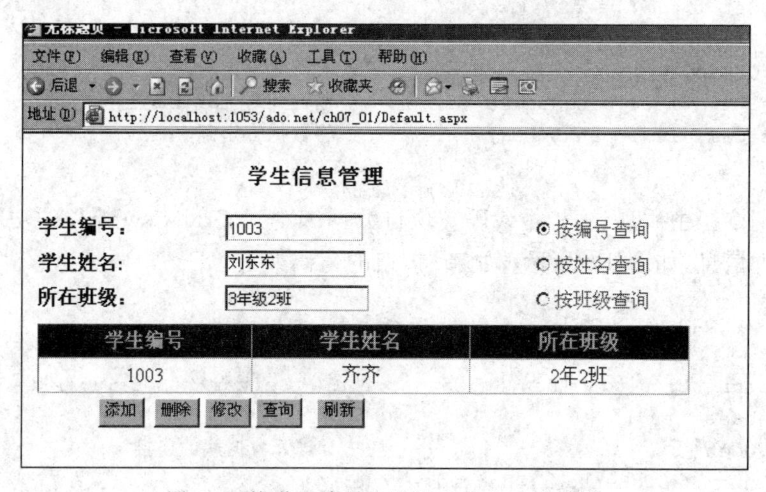

图 6-6 按学生编号查询学生信息运行效果

6.4 使用 DataReader 对象读取数据

当 Command 对象返回结果集时，需要使用 DataReader 对象来检索数据。DataReader 对象返回一个来自 Command 的只读的、只能向前的数据流。DataReader 每次只能在内存中保留一行，所以开销非常小。

作为数据提供程序的一部分，DataReader 对应着特定的数据源。每个.NET 框架的数据提供程序实现一个 DataReader 对象，如 System.Data.OleDb 命名空间中的 OleDbDataReader 以及 System.Data.SqlClient 命名空间中的 SqlDataReader。

6.4.1 DataReader 对象概述

在与数据库的交互中，要获得数据访问的结果可用两种方法来实现，第一种是通过 DataReader 对象从数据源中获取数据并进行处理；第二种是通过 DataSet 对象将数据放置在内存中进行处理。

DataReader(即数据阅读器)是 DBMS 所特有的，常用来检索大量数据。DataReader 对象是以连接的方式工作，它允许以只读、顺向的方式查看其中所存储的数据，并在 ExecuteReader 方法执行期间进行实例化。使用 DataReader 对象无论在系统开销还是在性能方面都很有效，它在任何时候只缓存一个记录，并且没有把整个结果集载入内存中的等待时间，从而避

免了使用大量内存,大大提高了性能。DataReader 与底层数据库密切相连,它实际上是一个流式的 DataSet。可以参照下一节的 DataSet 对象,与之比较学习。

6.4.2　DataReader 对象的属性及方法

DataReader 对象的常用属性及说明见表 6-7。

表 6-7　DataReader 对象的常用属性及说明

属　性	说　明
Depth	设置阅读器浓度。对于 SqlDataReader 类,它总是返回 0
FieldCount	获取当前行的列数
Item	索引器属性,以原始格式获得一列的值
IsClose	获得一个表明数据阅读器有没有关闭的值
RecordsAffected	获取执行 SQL 语句所更改、添加或删除的行数

注意:IsClose 和 RecordsAffected 是在一个已经关闭的数据阅读器上可以调用的唯一属性。

DataReader 对象的常用方法及说明见表 6-8。

表 6-8　DataReader 对象的常用方法及说明

方　法	说　明
Read	使 DataReader 对象前进到下一条记录(如果有)
Close	关闭 DataReader 对象。注意,关闭阅读器对象并不会自动关闭底层连接
Get	用来读取数据集当前行的某一列数据
NextResult	当读取批处理 SQL 语句的结果时,使数据读取器前进到下一个结果

下面对 Read 方法进行说明。

Read 方法使 SqlDataReader 前进到下一条记录。

语法如下:

```
public override bool Read ()
```

返回值:如果存在多个行,则为 True;否则为 False。

使用 DataReader 对象中的 Read 方法来遍历整个结果集,不需要显式地向前移动指针,或者检查文件的结束,如果没有要读取的记录了,则 Read 方法会自动返回 False。

例如,实现用来读取一个查询所有记录的典型循环,代码如下:

```
using (SqlConnection conn=new SqlConnection (connString))
{
    SqlCommand cmd=new SqlCommand( "SELECT * FROM Customers ",conn);
                                                        //查询 Customers 表
    cmd.Connection.Open();                              //打开数据库连接
    SqlDataReader reader=cmd.ExecuteReader();
    While(reader.Read())                                //循环读取数据
    //将 companyname 的值添加到 CustomerList 中
```

```
    CustomerList.Items.Add(reader["companyname"].ToString());
    reader.Close();                                          //关闭数据库连接
}
```

注意：要使用 SqlDataReader，必须调用 SqlCommand 对象的 ExecuteReader()方法来创建，而不能直接使用构造函数。

实例位于 ASP.NET 中。

本实例使用一个 SqlDataReader 对象来读取数据库中表 Categories 中所有的内容，并将其读取的全部内容显示在页面上，最后关闭 SqlDataReader。运行效果如图 6-7 所示。

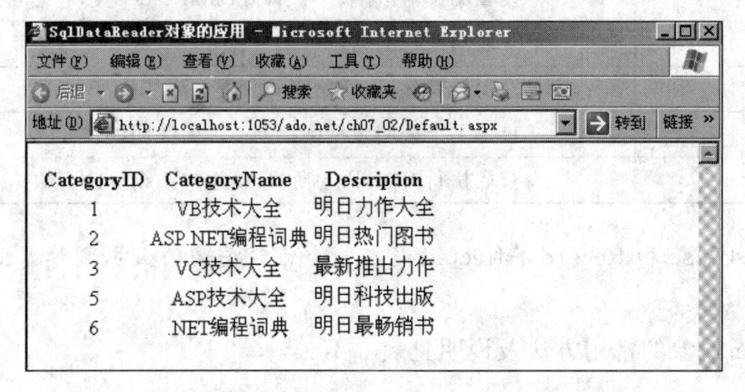

图 6-7 SqlDataReader 对象的应用

程序开发步骤如下。

(1) 新建一个网站，将其命名为“ch07_02”，默认主页名为 Default.aspx。

(2) 在编写代码前需引入命名空间 System.Data.SqlClient。

(3) 主要程序代码如下。

通过 sdr 对象的 Read 方法将 Categories 表中的信息动态地读取出来，并加以显示，代码如下：

```
protected void Page_Load(object sender, EventArgs e)
{                                       //数据库名为 fangdawei,用户名为 sa,用户密码为空
    SqlConnection conn=new SqlConnection("server=(local);
    database=fangdawei;uid=sa;pwd=");
    conn.Open();                        //打开数据库连接
    SqlCommand cmd=new SqlCommand("select * from Categories", conn);
    //查询 Categories 表
    SqlDataReader sdr=cmd.ExecuteReader();
    Response.Write("<table border=0 ");
    Response.Write("<tr><th>CategoryID</th><th>CategoryN ame</th>
    <th>Description</th></tr>");
    while (sdr.Read())                  //循环读取
    {
        Response.Write("<tr>");
        //将 CategoryID 的值显示出来,显示在表格中,ToString()是将类型转换成字符串类型
        Response.Write("<td align='center'>"+sdr["CategoryID"].ToString()+"</td>");
        //将 CategoryName 的值显示出来,显示在表格中
        Response.Write("<td align='center'>"+sdr["CategoryName"].ToString()+
```

```
"</td>");
        //将 Description 的值显示出来,显示在表格中
        Response.Write("<td align='left'>"+sdr["Description"].ToString()+"</td>");
        Response.Write("</tr>");
    }
    Response.Write("</table>");
    sdr.Close();
    conn.Close();                          //关闭数据库连接
}
```

6.4.3 创建和使用 DataReader 对象

DataReader 对象的演示代码与 6.3.3 小节中 Command 对象的演示类似,只是使用 DataReader 对象需要逐行地检索数据源。

本节使用 SqlDataReader 对象 和 Command 对象的 ExecuteReader 方法创建和执行,下面以员工详细信息资料管理为例演示如何实现"增加""删除""修改""查询"和"刷新"功能。

实例位置在 ADO.NET 中。

主要实现步骤如下。

(1) 启动 Visual Studio 2010,新建一个项目。

(2) 在 Default.aspx 页面上放置一个 GridView 控件。

(3) 在 Default.aspx 页面上放置 5 个 Button 按钮控件,设置其 Text 属性为"添加""删除""修改""查询"和"刷新"。

(4) 在 Default.aspx 页面上放置 6 个 Label 控件,设置其 Text 属性为"员工编号""员工姓名""员工性别""员工年龄""家庭住址"和"备注"。

(5) 在 Default.aspx 页面上放置 5 个 RadioButton 按钮,设置其 Text 属性为"按员工编号查""按员工姓名查""按员工性别查""按员工年龄查"和"按家庭住址查",并且将 GroupName 属性的值修改为 a。

(6) 在 Default.aspx 页面上放置一个 GridView 控件,放置 6 个文本框,设置最后一个文本框的 TextMode 属性为 MultiLine。添加控件后页面的运行效果如图 6-8 所示。

(7) 主要程序代码如下。

自定义 aa 方法,该方法实现填充 GridView 控件的功能,代码如下:

```
public void aa()
{
    SqlConnection con=new SqlConnection();
    //数据库为 yuangong,用户名为 sa,用户密码为 sa
    con.ConnectionString="server=(local);uid=sa;pwd=sa;database=yuangong;";
    SqlCommand cmd=new SqlCommand();          //声明一个 SqlCommand 对象,并将其实例化
    cmd.CommandText="select * from yuangong_info";     //查询 yuangong_info 表
    cmd.Connection=con;
    SqlDataAdapter sda=new SqlDataAdapter(); //声明一个 SqlDataAdapter 对象,并将其实例化
    sda.SelectCommand=cmd;
    con.Open();                               //打开数据库连接
    DataSet ds=new DataSet();
```

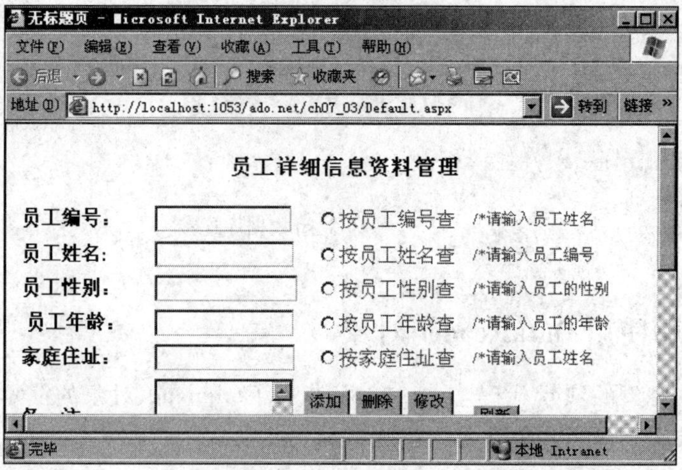

图 6-8 添加控件后页面的运行效果

```
    sda.Fill(ds, "yuangong_info");            //用 yuangong_info 表填充数据集
    con.Close();                              //关闭数据库连接
    this.GridView1.DataSource=ds;
    this.GridView1.DataBind();
}
```

在 Page_Load 事件中,调用 aa 方法,代码如下:

```
protected void Page_Load(object sender, EventArgs e)
{
    this.aa();                                //调用 aa 方法
}
```

单击"添加"按钮用于添加员工信息,在该事件中用到 INSERT 插入语句将信息添加到数据库中,"添加"的程序代码如下:

```
protected void Button1_Click(object sender, EventArgs e)
{
    SqlConnection con=new SqlConnection(); //声明一个 SqlConnection 对象,并将其实例化
    //数据库名为 yuangong,用户名为 sa,用户密码为 sa
    con.ConnectionString="server=(local);uid=sa;pwd=sa;database=yuangong;";
    SqlCommand cmd=new SqlCommand();        //声明一个 SqlCommand 对象,并将其实例化
    cmd.CommandText="insert into yuangong_info values("+this.TextBox1.Text+",
'"+this.TextBox2.Text+"','"+this.TextBox3.Text+"','"+this.TextBox4.Text+"',
'"+this.TextBox7.Text+"','"+this.TextBox6.Text+"')";
    cmd.Connection=con;
    con.Open();                             //打开数据库连接
    SqlDataReader sdr=cmd.ExecuteReader();
    this.GridView1.DataSource=sdr;
    this.GridView1.DataBind();
    con.Close();                            //关闭数据库连接
}
```

运行页面,在文本框中添加文本,单击"添加"按钮,信息将会添加到 GridView 控件中

并加以显示，添加员工信息后的页面运行效果如图 6-9 所示。

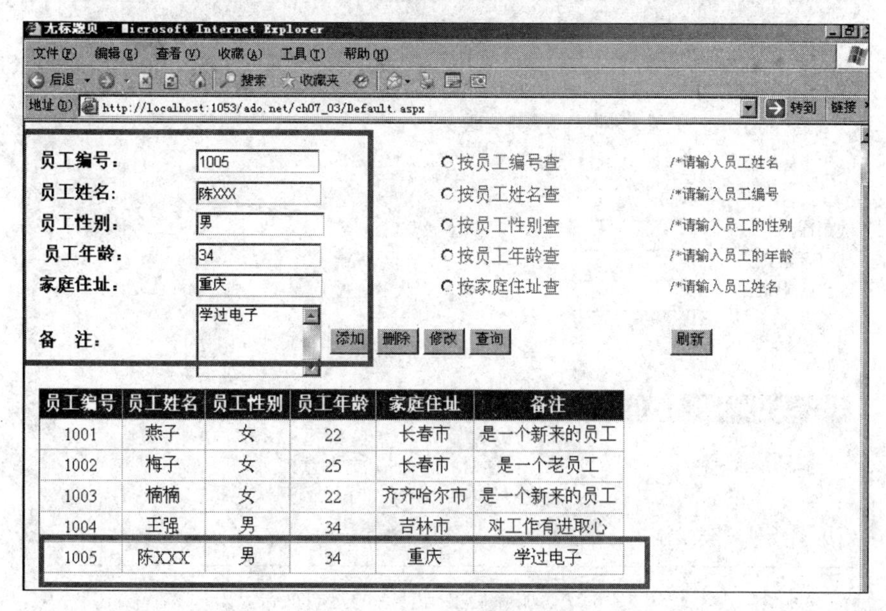

员工编号	员工姓名	员工性别	员工年龄	家庭住址	备注
1001	燕子	女	22	长春市	是一个新来的员工
1002	梅子	女	25	长春市	是一个老员工
1003	楠楠	女	22	齐齐哈尔市	是一个新来的员工
1004	王强	男	34	吉林市	对工作有进取心
1005	陈XXX	男	34	重庆	学过电子

图 6-9　添加员工信息后的页面运行效果

单击“删除”按钮用于删除员工信息，在该事件中用 DELETE 删除语句将删除数据库中对应的信息，“删除”的程序代码如下：

```
protected void Button2_Click(object sender, EventArgs e)
{
    SqlConnection con=new SqlConnection();
    con.ConnectionString="server=(local);uid=sa;pwd=sa;database=yuangong;";
    SqlCommand cmd=new SqlCommand();
    //根据员工编号来删除对应员工的信息
    cmd.CommandText="delete from yuangong_info where id="+this.TextBox1.Text+" ";
    cmd.Connection=con;
    con.Open();                                   //打开数据库连接
    SqlDataReader sdr=cmd.ExecuteReader();
    this.GridView1.DataSource=sdr;
    this.GridView1.DataBind();                    //将数据绑定到 GridView 控件中
    con.Close();                                  //关闭数据库连接
}
```

运行页面，在第一个文本框中添加要删除的文本信息，单击“删除”按钮，则数据库中对应的该条信息将会被删掉，然后单击“刷新”按钮，此时 GridView 控件中的该条记录将被删除掉，删除员工信息后的运行效果如图 6-10 所示。

单击“修改”按钮用于修改员工信息，在该事件中用 UPDATE 修改语句将数据库中的信息加以修改，“修改”的程序代码如下：

```
protected void Button3_Click(object sender, EventArgs e)
{
    SqlConnection con=new SqlConnection();
    //数据库名为 yuangong,用户名为 sa,用户密码为 sa
```

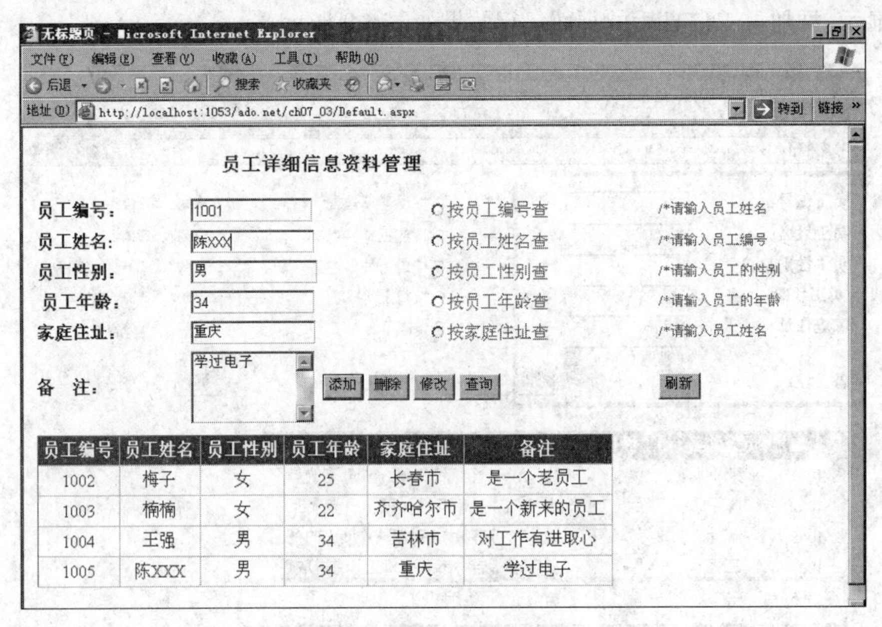

图 6-10 删除员工信息后的运行效果

```
    con.ConnectionString="server=(local);uid=sa;pwd=sa;database=yuangong;";
    SqlCommand cmd=new SqlCommand();
    cmd.CommandText="update yuangong_info set name='"+this.TextBox2.Text+"',
sex='"+this.TextBox3.Text+"', age='"+this.TextBox4.Text+"',
address='"+this.TextBox7.Text+"',beizhu='"+this.TextBox6.Text+"' where id=
"+this.TextBox1.Text+" ";
    cmd.Connection=con;
    con.Open();                              //打开数据库连接
    SqlDataReader sdr=cmd.ExecuteReader();
    this.GridView1.DataSource=sdr;
    this.GridView1.DataBind();               //将数据绑定到 GridView 控件中
    con.Close();                             //关闭数据库连接
}
```

运行页面,在文本框中添加要修改的文本信息,单击“修改”按钮,数据库中对应的该条信息将会被修改,然后单击“刷新”按钮,此时 GridView 控件中的该条记录将被修改掉,修改员工信息后的运行效果如图 6-11 所示。

在“查询”按钮中添加代码,实现将数据绑定到 GridView 控件的功能,按照员工编号查询员工信息,如图 6-12 所示,“刷新”按钮的代码如下:

```
protected void Button5_Click(object sender, EventArgs e)
{                                        //数据库名为 yuangong,用户名为 sa,用户密码为 sa
    SqlConnection con=new SqlConnection("server=(local);uid=sa;
    pwd=sa;database=yuangong");
    con.Open();                          //打开数据库连接
    if (this.RadioButton1.Checked==true)
    {
        SqlCommand cmd=new SqlCommand();//声明一个 SqlCommand 对象,并将其实例化
        //按员工编号查找员工信息
```

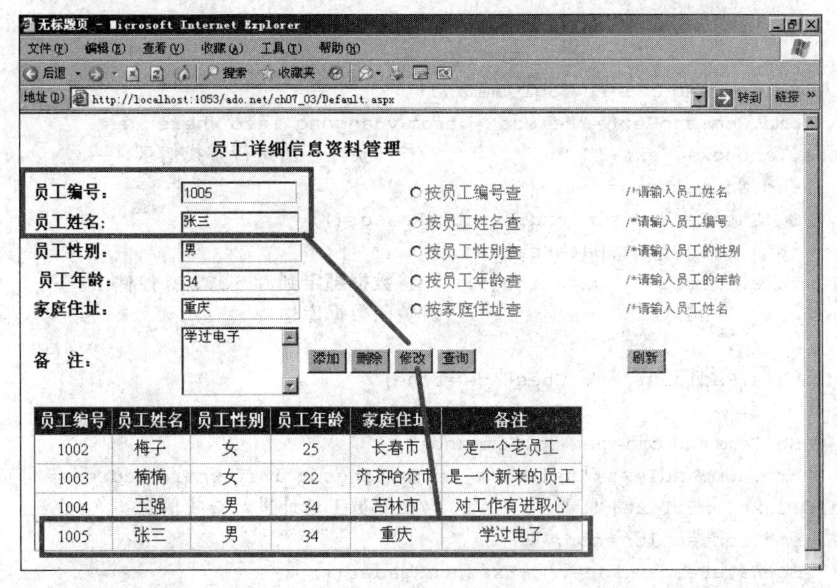

图 6-11 修改员工信息后的运行效果

```
        cmd.CommandText="select * from yuangong_info where id="+
this.TextBox1.Text+" ";
        cmd.Connection=con;
        SqlDataReader sdr=cmd.ExecuteReader();
        this.GridView1.DataSource=sdr;
        this.GridView1.DataBind();  //将数据绑定到GridView控件中
        con.Close();                //关闭数据库连接
    }
    if (this.RadioButton2.Checked==true)
    {
        SqlCommand cmd=new SqlCommand();
        cmd.CommandText="select * from yuangong_info where name='"+
this.TextBox2.Text+"' ";        //按照员工姓名进行查找信息
        cmd.Connection=con;
        SqlDataReader sdr=cmd.ExecuteReader();
        this.GridView1.DataSource=sdr;
        this.GridView1.DataBind();  //将数据绑定到GridView控件中
        con.Close();                //关闭数据库连接
    }
    if (this.RadioButton3.Checked==true)
    {
        SqlCommand cmd=new SqlCommand();
                                    //按照员工性别进行查找信息
        cmd.CommandText="select * from yuangong_info where sex=
'"+this.TextBox3.Text+"' ";
        cmd.Connection=con;
        SqlDataReader sdr=cmd.ExecuteReader();
        this.GridView1.DataSource=sdr;
        this.GridView1.DataBind();  //将数据绑定到GridView控件中
        con.Close();                //关闭数据库连接
    }
```

```
    if (this.RadioButton4.Checked==true)
    {
        SqlCommand cmd=new SqlCommand();
        cmd.CommandText="select * from yuangong_info where age=
'"+this.TextBox4.Text+"' ";          //按照员工年龄进行查找信息
        cmd.Connection=con;
        SqlDataReader sdr=cmd.ExecuteReader();
        this.GridView1.DataSource=sdr;
        this.GridView1.DataBind();  //将数据绑定到 GridView 控件中
        con.Close();                //关闭数据库连接
    }
    if (this.RadioButton6.Checked==true)
    {
        SqlCommand cmd=new SqlCommand();
        cmd.CommandText="select * from yuangong_info where address=
'"+this.TextBox6.Text+"' ";          //按照员工地址进行查找信息
        cmd.Connection=con;
        SqlDataReader sdr=cmd.ExecuteReader();
        this.GridView1.DataSource=sdr;
        this.GridView1.DataBind();  //将数据绑定到 GridView 控件中
        con.Close();                //关闭数据库连接
    }
}
```

运行页面，在文本框中添加要查询的文本信息，并且选择所对应的单选按钮使它处于选中状态，单击“查询”按钮，此时 GridView 控件中所要查询的信息将会被显示出来，信息查询后运行效果如图 6-12 所示。

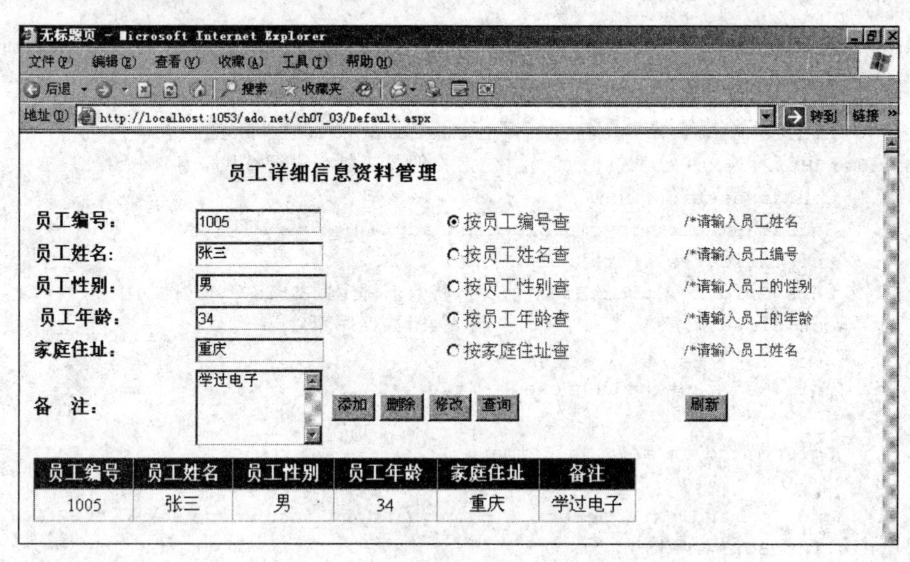

图 6-12 按员工编号查询后的页面运行效果

在“刷新”按钮中添加代码，实现对窗体刷新 GridView 控件的功能，“刷新”按钮的代码如下：

```
protected void Button4_Click(object sender, EventArgs e)
```

```
{
    SqlConnection con=new SqlConnection();
    con.ConnectionString="server=(local);uid=sa;pwd=sa;database=yuangong;";
    SqlCommand cmd=new SqlCommand();
    cmd.CommandText="select * from yuangong_info";//查询员工信息表 yuangong_info
    cmd.Connection=con;
    SqlDataAdapter sda=new SqlDataAdapter();
    sda.SelectCommand=cmd;
    con.Open();                                          //打开数据库连接
    DataSet ds=new DataSet();
    sda.Fill(ds, "yuangong_info");                       //填充数据集
    con.Close();                                         //关闭数据库连接
    this.GridView1.DataSource=ds;
    this.GridView1.DataBind();                           //将数据绑定到 GridView 控件中
}
```

6.5 使用 DataSet 和 DataAdapter 查询数据

ADO.NET 的 SqlDataReader 和 DataAdapter 类提供了对数据库查询结果的基于流的访问。流式访问的优点是快速、高效,但其缺点是只读、只能够向前。ADO.NET 提供基于流的访问,支持在结果集中的前后移动,也可以编辑通过数据库查询得到的数据并把更改写回到数据源中。本节介绍 DataSet 和 DataAdapter 对象的相关知识。

6.5.1 DataSet 对象

基于集的访问有两类方式,一类是 DataSet,该类相当于内存中的数据库,在命名空间 System.Data 中定义;另一类是 DataAdapter,该类相当于 DataSet 和物理数据源之间的桥梁。从本质上讲,DataAdapter 类是两个类的结合,因为其有 SqlDataAdapter 和 OleDbDataAdapter 两个版本。

DataSet 由大量相关的数据结构组成。DataSet 是一个完整的数据集。在 DataSet 内部,主要可以存储 5 种对象,如表 6-9 所示。

表 6-9 DataSet 的对象

对象	功能
DataTable	使用行、列形式来组织的一个矩形数据集
DataColumn	一个规则的集合,描述决定将什么数据存储到一个 DataRow 中
DataRow	由单行数据库数据构成的一个数据集合,该对象是实际的数据存储
Constraint	决定能进入 DataTable 的数据
DataRelation	描述了不同的 DataTable 之间如何关联

在 DataSet 内部是一个或多个 DataTable 的集合。DataRow、DataColumn 和 Constraint 的集合构成了 DataTable。DataRelation 描述了不同 DataTable 之间如何关联。

6.5.2 DataSet 数据更新

在 DataTable 中执行的插入、更新和删除操作并不会自动写回数据库。如果想把更改

写回数据库,则需要手动完成,这个操作由 DataAdapter. Update 完成。下面演示如何使用 DataSet 和 DataAdapter 对数据库进行更改。代码如下:

```
SqlDataAdapter sda=new SqlDataAdapter("select * from student",
"server=(local); uid=sa;pwd=; database=stu");
//声明 SqlCommandBuilder 对象,并将其实例化
SqlCommandBuilder builder=new SqlCommandBuilder(sda);
DataSet ds=new DataSet();                       //声明一个 DataSet 对象,并将其实例化
Sda.Fill(ds,"student");                          //将 student 表填充到数据集中
DataTable table=ds.Tables["student"];            //插入数据
DataRow row=table.NewRow();                      //插入一行
row["stu_id"]="1001";                            //该行的一列的值
row["stu_name"]="张强";                           //该行另外一列的值
table.Rows.Add(row);                             //插入一条记录
sda.Update(table);                               //更新数据
```

DataAdapter 中的 UPDATE 方法检查传递给表的每一条记录,把自上次插入后的数据写回数据库。如果 DataSet 中包含了多个被修改的 DataTable,就把整个 DataSet 传递给 UPDATE,所有改变会被一次性写回。

6.5.3 使用 DataAdapter 对象

DataAdapter(即数据适配器)对象是一种用来充当 DataSet 对象与实际数据源之间桥梁的对象。DataSet 对象是一个非连接的对象,它与数据源无关。而 DataAdapter 则正好负责填充它并把它的数据提交给一个特定的数据源,它与 DataSet 配合使用,可以执行新增、查询、修改和删除等多种操作。

DataAdapter 对象是一个双向通道,用来把数据从数据源中读到一个内存表中,以及把内存中的数据写回到一个数据源中。两种情况下使用的数据源可能相同,也可能不相同。而这两种操作分别称作填充(FILL)和更新(UPDATE)。

当 SqlDataAdapter 对象通过 FILL 方法填充 DataSet 对象时,它为返回的数据创建必需的表和列(如果这些表和列尚不存在)。但是,除非将 MissingSchemaAction 属性设置为 AddWithKey,否则这个隐式创建的架构中不包括主键信息。也可以使用 FillSchema 方法,让 SqlDataAdapter 对象创建 DataSet 对象的架构,并在用数据填充它之前就将主键信息包括进去。

DataAdapter 对象的常用属性及描述如表 6-10 所示。

表 6-10 DataAdapter 对象的常用属性及描述

属　性	描　述
DeleteCommand	获取或设置一个语句或存储过程,以从数据集删除记录
InsertCommand	获取或设置一个语句或存储过程,以在数据源中插入新记录
SelectCommand	获取或设置一个语句或存储过程,用于在数据源中选择记录
UpdateBatchSize	获取或设置每次到服务器的往返过程中处理的行数
UpdateCommand	获取或设置一个语句或存储过程,用于更新数据源中的记录

DataAdapter 对象的常用方法及描述如表 6-11 所示。

表 6-11 DataAdapter 对象的常用方法及描述

方法	描述
Dispose	删除该对象
Fill	用从源数据读取的数据行填充至 DataSet 对象中
FillSchema	将一个 DataTable 加入到指定的 DataSet 中,并配置表的模式
GetFillParameters	返回一个用于 SELECT 命令的 DataParameter 对象组成的数组
Update	在 DataSet 对象中的数据有所改动后更新数据源

下面主要对 UPDATE 方法进行详细说明。

UPDATE 方法用于更新集合,如同用户已打开"外接程序管理器"对话框一样,或将对象的窗口布局设置为当前窗口布局。

使用 UPDATE 方法可以用当前窗口布局替换原来存储的窗口布局。

使用 DataAdapter 填充 DataSet 的方法是 DataAdapter. Fill(),该方法的经典代码如下:

```
//数据库名为 stu,用户名为 sa,用户密码为空
SqlConnection con=new SqlConnection("server=(local);uid=sa;pwd=;database=stu");
Con.Open();                                  //打开数据库连接
SqlDataAdapter sda=new SqlDataAdapter("select * from student");
                                             //查询 student 表
DataSet ds=new DataSet();
Sda.Fill(ds, "student");                     //填充数据集
```

6.6 小结

本章主要围绕如何使用 ADO. NET 进行数据访问展开,首先介绍了 ADO. NET 的体系结构,并在此基础上讲述了 ADO. NET 各组件的作用和使用方式。

本章还介绍了使用 Connection、DataAdapter 和 DataSet 对象访问修改数据库与使用 Connection、Command 和 DataReader 对象访问数据库的两种方式,希望读者能根据需求在不同场合中适当地使用这两种方式。

6.7 上机实训:ADO.NET 数据基础

1. 实训目的

(1) 熟悉 ADO. NET 数据库访问技术。

(2) 掌握 Connection、Command 对象的使用。

(3) 掌握 DataReader、DataAdapter 对象操作数据库数据的方法。

(4) 掌握在 Visual Studio 2010 中创建数据库的方法。

2. 实训环境

计算机 1 台,安装有 SQL Server 2008 和 Visual Studio 2010。

3. 实训内容与步骤

(1) 新建名字为 Accessdatabase_ Exercise 的网站。

(2) 在网站的 App_Data 文件夹中建立数据库 MyDatabase_ Exercise.mdf。

(3) 在该数据库中建立一张职工表,并且添加一些模拟的职工记录。其关系模式如下:

```
Employees(ID,NAME,SEX,AGE,Date of work,Filename of Photo)
```

(4) 在 Web.config 配置文件中修改<connectionStrings/>,标记如下:

```
<connectionStrings>
<add name="ConnectionString" connectionString="DataSource=.\SQLEXPRESS;
AttachDbFilename=|DataDirectory|\MyDatabase_ Exercise.mdf;Integrated Security=
True;User Instance=True"/>
</connectionStrings>
```

(5) 添加一个网页,利用 Command 对象实现新职工的录入。

(6) 添加一个网页,利用 Command 对象实现删除指定编号的职工记录。

(7) 添加一个网页,利用 Command 对象实现修改指定编号的职工信息。

(8) 添加一个网页,利用 DataAdapter 对象实现查询职工信息,并显示到网页的 Label 控件上。

4. 源代码

(1) 定义 DAL 类,代码如下:

```
public class DAL
{
    string con=ConfigurationManager.ConnectionStrings["ConnectionString"].
ConnectionString;
    public DAL()
    {
        //
        //TODO:在此处添加构造函数逻辑
        //
    }
    //执行sql操作
    public int Edit(string sql)
    {
        SqlConnection conn=new SqlConnection(con);
        SqlCommand cmd=new SqlCommand(sql,conn);
        SqlDataAdapter da=new SqlDataAdapter(cmd);
        conn.Open();
        int i=cmd.ExecuteNonQuery();
        conn.Close();
        return i;
    }
    public DataTable Select(string sql)
    {
        SqlConnection conn=new SqlConnection(con);
        SqlCommand cmd=new SqlCommand(sql, conn);
```

```
        SqlDataAdapter da=new SqlDataAdapter(cmd);
        DataTable dt=new DataTable();
        da.Fill(dt);
        return dt;
    }
}
```

（2）在数据库里建立职工表，如图 6-13 所示。

屌丝机.MyDatabase_... - dbo.Employees　屌丝机.MyDatabase_... - dbo.Employees

列名	数据类型	允许 Null 值
ID	int	☑
NAME	nvarchar(10)	☑
SEX	nvarchar(10)	☑
AGE	int	☑
[Date of work]	nvarchar(10)	☑
[Filename of Photo]	nvarchar(10)	☑
		☐

图 6-13　职工表

（3）添加一个网页，利用 Command 对象实现新职工的录入，如图 6-14 所示。

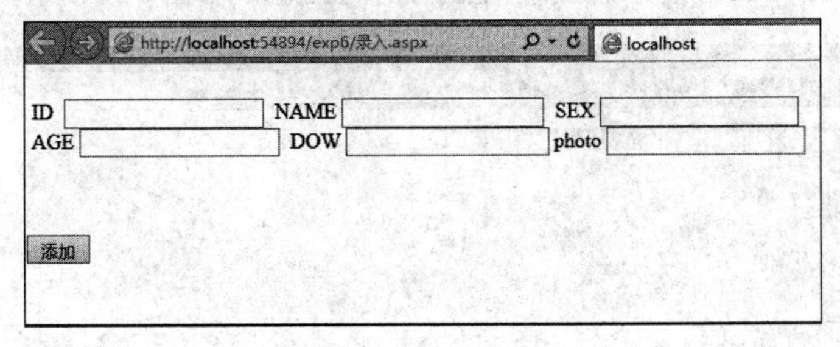

图 6-14　录入新职工

代码如下：

```
protected void Button1_Click(object sender, EventArgs e)
{
    DAL dal=new DAL();
    int id;
    string name;
    string sex;
    int age;
    string dow;
    string phtot;
    FuZhi(out id, out name, out sex, out age, out dow, out phtot);
    string cmdMake=string.Format("insert into Employees values({0},{1},{2},{3},
{4},{5})", id, name, sex, age, dow, phtot);
    try
    {
        if (dal.Edit(cmdMake) >0)
        {
            msg.Text="添加成功";
        }
```

```
        else
            msg.Text="添加失败";
    }
    catch (Exception ex)
    {
        msg.Text="错误信息: "+ex.Message;
    }
}

    private void FuZhi(out int id, out string name, out string sex, out int age, out
string dow, out string phtot)
    {
        id=Convert.ToInt32(txtId.Text);
        name=txtName.Text;
        sex=txtSex.Text;
        age=Convert.ToInt32(txtAge.Text);
        dow=txtDow.Text;
        phtot=txtPht.Text;
    }
```

(4) 利用 Command 对象实现删除指定编号的职工记录,如图 6-15 所示。

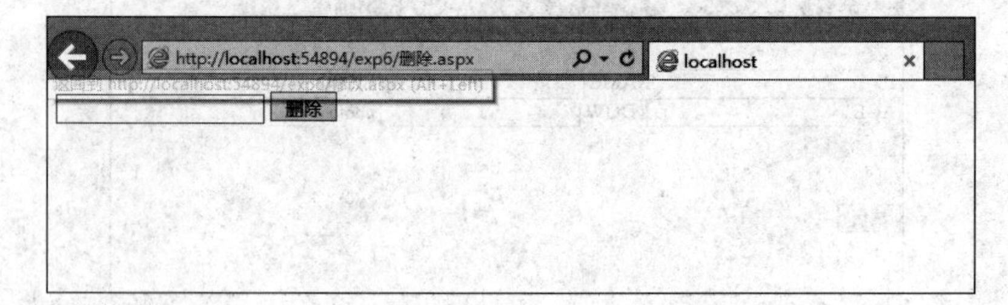

图 6-15　删除指定编号的职工记录

代码如下:

```
protected void btndel_Click(object sender, EventArgs e)
{
    DAL dal=new DAL();
    int id=Convert.ToInt32(TextBox1.Text);
    string cmdMake=string.Format("delete from Employees where ID={0}", id);
    try
    {
        if (dal.Edit(cmdMake) >0)
        {
            msg.Text="删除成功";
        }
        else
            msg.Text="删除失败";
    }
    catch (Exception ex)
    {
        msg.Text="错误信息: "+ex.Message;
    }
}
```

(5) 添加一个网页，利用 Command 对象实现修改指定编号的职工信息，如图 6-16 所示。

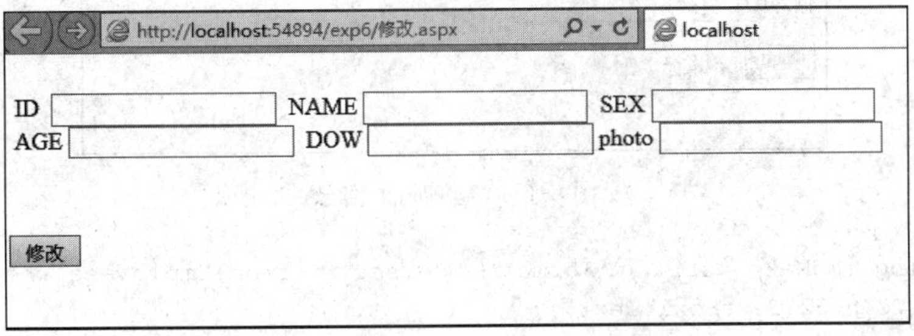

图 6-16　修改指定编号的职工信息

代码如下：

```
protected void Button1_Click(object sender, EventArgs e)
{
    DAL dal=new DAL();
    int id=Convert.ToInt32(txtId.Text);
    string name=txtName.Text;
    string sex=txtSex.Text;
    int age=Convert.ToInt32(txtAge.Text);
    string dow=txtDow.Text;
    string phtot=txtPht.Text;
    string cmdMake=string.Format("update Employees set NAME={0},SEX={1},AGE={2},
[Date of work]={3},[Filename of Photo]={4}", name, sex, age, dow, phtot, id);
    try
    {
        if (dal.Edit(cmdMake)>0)
        {
            msg.Text="修改成功";
        }
        else
            msg.Text="修改失败";
    }
    catch (Exception ex)
    {
        msg.Text="错误信息："+ex.Message;
    }
}
```

(6) 添加一个网页，利用 DataAdapter 对象实现查询职工信息，并显示到网页的 Label 控件上，如图 6-17 所示。

代码如下：

```
protected void Button1_Click(object sender, EventArgs e)
{
    DAL dal=new DAL();
```

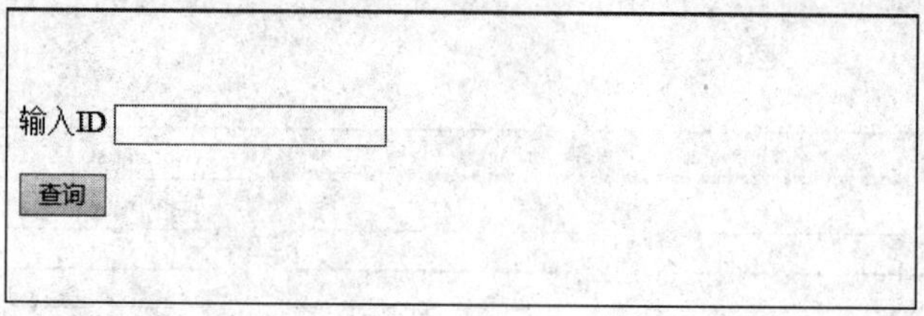

输入ID
查询

图 6-17 查询职工信息

```
    string cmdMake = string.Format ("select * from Employees where ID = {0}",
Convert.ToInt32(TextBox1.Text));
    try
    {
        DataTable dt=dal.Select(cmdMake);
        foreach (DataRow row in dt.Rows)
        {
          msg.Text="ID: "+row[0].ToString()+" NAME: "+row[1].ToString()+" SEX: "+
row[2].ToString()+" AGE: "+row[3].ToString()+" DOW: "+row[4].ToString()+
" PHOTO: "+row[4].ToString();
        }
    }
    catch (Exception ex)
    {
        msg.Text="错误信息: "+ex.Message;
    }
}
```

5. 实训总结(结论或问题分析)

根据实训内容和步骤,写出实训体会。

第7章 数据绑定和数据源控件

数据绑定是 ASP. NET 4.0 除 ADO. NET 之外的又一种访问数据库的方法，它不仅允许开发人员可以绑定数据源，还可以绑定简单属性、集合、表达式等，使数据的显示更加方便和高效。而各种数据源控件与数据绑定技术的配合使用更是相得益彰，事半功倍，大大地提高了开发效率。通过本章的学习，读者能够熟练掌握数据绑定和数据源控件的应用以实现高效率开发。

7.1 数据绑定简介

数据绑定是 ASP. NET 4.0 提供的另外一种访问数据库的方法。与 ADO. NET 数据库访问技术不同的是，数据绑定技术可以让编程人员不必太关注数据库的连接、数据库的命令以及如何格式化等技术环节，而直接把数据绑定到服务器控件或 HTML 元素。这种读取数据的方式效率非常高，而且基本上不用写多少代码就可以实现。

数据绑定的原理：首先要设置控件的数据源和数据的显示格式，把这些设置完成以后，控件就会自动处理剩余的工作，然后把数据按照预定的格式显示在页面上。

ASP. NET 4.0 的数据绑定有两种类型：简单绑定和复杂绑定。简单数据绑定是指将一个控件绑定到单个数据元素（如标签控件显示的值），这是用于诸如 TextBox 或 Label 之类控件（通常是只显示单个值的控件）的典型绑定类型。复杂数据绑定是指将一个控件绑定到多个数据元素（通常是数据库中的多个记录），复杂绑定又称为基于列表的绑定。

在 ASP. NET 4.0 中，引入了数据绑定的语法，使用该语法可以轻松地将 Web 控件的属性绑定到数据源，其语法如下：

```
<%#数据源%>
```

这种非常灵活的语法允许开发人员绑定到不同的数据源，可以是变量、属性、表达式、列表、数据集和视图等。

在指定了绑定数据源之后，通过调用控件的 DataBind 方法或者该控件所属父控件的 DataBind 方法来实现页面所有控件的数据绑定，从而在页面中显示出相应的绑定数据。DataBind 方法将控件及其所有的子控件绑定到 DataSource 属性指定的数据源。当在父控件上调用 DataBind 方法时，该控件及其所有的子控件都会调用 DataBind 方法。

DataBind 方法是 ASP. NET 4.0 的 Page 对象和所有 Web 控件的成员方法。由于 Page 对象是该页面上所有控件的父控件，所以在该页面上调用 DataBind 方法将会使页面中所有的数据绑定都被处理。通常情况下,Page 对象的 DataBind 方法都在 Page_Load 事件响应函数中调用。调用方法如下:

```
Protected void Page_ Load(objectsender,EventArg e){
    Page.DataBind();
}
```

以上代码中,第 2 行调用 Page 对象的 DataBind 方法,DataBind 方法主要用于同步数据源和数据控件中的数据,使得数据源中的任何更改都可以在数据控件中反映出来。通常是在数据源中数据更新后才被调用。

7.2 数据绑定的语法

数据绑定表达式是用<%...%>封装的并且以“#”符号为前缀的任何可执行代码。它们可以是以下几种情况。

(1) 简单属性。

(2) 表达式。

(3) 方法的结果。

(4) 集合和数据集。

可以对控件的任何属性进行绑定,以下代码片段说明了如何将一个标签的文本设置为当前时间:

```
<asp:label runat="server" Text='<%#DateTime.Now %>' />
```

在定界符内,可以调用用户定义的页面方法、静态方法以及任何其他页面组件的属性和方法。以下代码说明了把一个标签绑定到一个下拉列表控件的当前所选元素的名称。

```
<asp:label runat="server" Text='<%#dropdown.SelectedItem.Text %>' />
```

7.3 DataBind()方法

每当为一个控件调用 DataBind()方法时,数据源执行 select 命令,将返回数据绑定在该控件上。在 Page_Load 事件中,可为一个页面调用 DataBind()方法。当为整个页面调用 DataBind()方法时,则会计算该页面上的所有数据绑定表达式。

7.4 单值数据绑定

使用绑定表达式将控件绑定到单个值,如变量、属性、方法、表达式。

绑定到变量是较为简单的数据绑定方式。它的基本语法如下:

```
<%#简单变量%>
```

本例将介绍如何将变量设置为控件的属性,运行程序将用户的登录名和系统时间显示出来。

(1) 启动 Visual Studio 2010,创建一个 ASP.NET Web 应用程序。

(2) 双击网站目录下的 Default.aspx 文件,进入“视图编辑”界面。打开“设计”视图,从工具箱中拖动两个 Label 控件,然后切换到“源”视图,在编辑区中<form></form>标记之间编写代码如下:

```
<h3>变量的绑定</h3>
你好:<asp:Label ID="Label1" runat="server" Text="<%#Name%>"></asp:Label><br />
登录时间:<asp:Label ID="Label2" runat="server" Text="<%#LoginTime%>"></asp:Label>
```

代码说明:第1行显示标题文字。第2行添加一个服务器标签控件 Label1。使用绑定变量的语法<%#Name%>将变量 Name 绑定到控件的文本属性 Text。第3行添加一个服务器标签控件 Label2。使用绑定变量的语法<%# LoginTime %>将变量 LoginTime 绑定到控件的文本属性 Text。

(3) 双击网站目录下的 Default.aspx.cs 文件,编写代码如下:

```
public string Name="管理员";
public DateTime LoginTime=DateTime.Now;
protected void Page_Load(object sender, EventArgs e) {
    Page.DataBind();
}
```

代码说明:第1行声明字符串变量 Name 并赋值。第2行声明一个 DateTime 类型的变量,LoginTime 获取系统当前的时间。第3行定义处理页面 Page 加载事件的方法 Load。第4行调用页面对象 Page 的 DataBind 方法在页面中显示出绑定的数据。

(4) 按 Ctrl+F5 组合键,运行结果如图 7-1 所示。

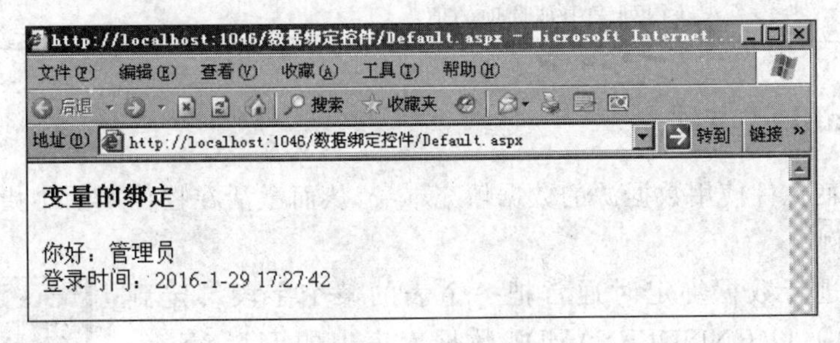

图 7-1 显示绑定

7.5 重复值数据绑定控件

单值数据绑定是一项很有用的技术,但当程序员想要显示重复的、成组的值,如关系数据库的行集或一组值时,重复值数据绑定的作用更大。ASP.NET 中设计了各种控件用于重复值数据绑定。在 ASP.NET 中,有两种主要的数据绑定控件:列表控件和迭代控件(Iterative Control)。列表控件包括 DropDownList、CheckBoxList、RadioButtonList、ListBox 和 BulletedList。

7.5.1 DropDownList 控件

DropDownList 使用户能够从一个单选下拉列表中选择一个数据项。通过设置该控件的高度和宽度(以像素为单位),可以规定控件的大小,但是不能控制该列表拉下时显示的项目数。表 7-1 列出了该控件的最常用属性及描述。

表 7-1 DropDownList 控件的属性及描述

属 性	描 述
AppendDataBoundItems	指示添加数据绑定的项目时应当保留静态定义的项目,还是应当清除它们。ASP.NET 1.x 不支持该属性
AutoPostBack	指示当用户改变选项时该控件是否应当自动地回发到服务器
DataMember	DataSource 中要绑定的表的名称
DataSource	填充该列表的项目的数据源
DataSourceID	提供数据的数据源组件的 ID。ASP.NET 1.x 不支持该属性
DataTextField	提供列表的文本的数据源字段的名称
DataTextFormatString	用来控制列表项的显示方式的格式化字符串
DataValueField	提供一个列表项的值的数据源字段的名称
Items	获得列表控件中的项目集合
SelectedIndex	获得或设置列表中被选项的索引
SelectedItem	获得列表中的被选项
SelectedValue	获得列表中被选项的值

7.5.2 DataBind 方法

DataBind 使控件使用数据源的数据填充本身,从而激活在控件声明中指定的绑定。下面给出一个实例。

程序员在进行数据绑定时通常把一个表的某个字段绑定到 DropDownList 中,以 ONLINEEXAMDB 数据库表中的 UT_News_NewsInfo 表为例子,在显示时显示 NewsTypeName 字段,Values 值绑定 NewsTypeID 字段。

(1) 新建一个 Web 窗体页面 Default.aspx。

(2) 拖动一个 DropDownList 到 Web 窗体中,然后选择 DropDownList 控件,单击 Items 选项后面的按钮,如图 7-2 所示。

(3) 使用属性设置,在 DropDownList 的 Items 属性中添加一列为空行,如图 7-3 所示。

(4) 更改 AppendDataBoundItems 属性为 True,如图 7-4 所示。

(5) 完成后的界面如图 7-5 所示。

后台代码如下:

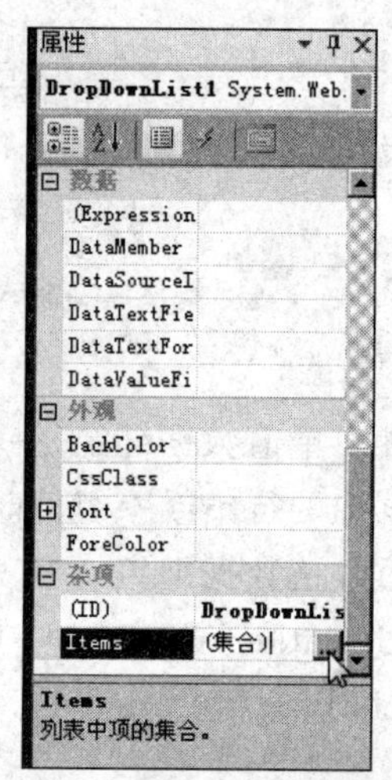

图 7-2 选择 Items 属性

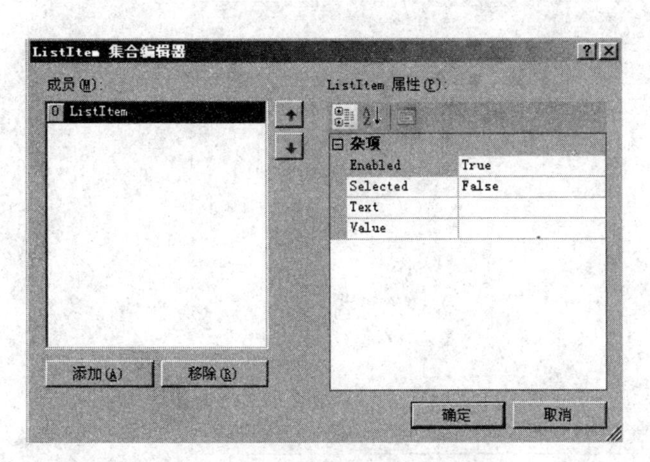

图 7-3　添加空行

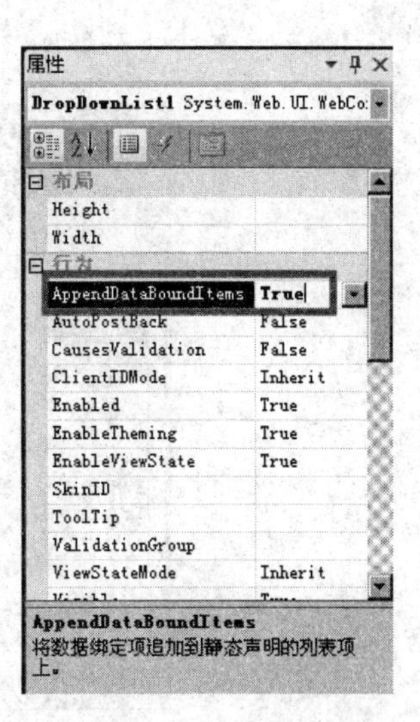

图 7-4　选择 True

图 7-5　完成后的界面

```
using System;
using System.Data;
using System.Data.SqlClient;
using System.Configuration;
using System.Collections;
using System.Web;
using System.Web.UI;
using System.Web.UI.WebControls;

public partial class Default3 : System.Web.UI.Page
{
    protected void Page_Load(object sender, EventArgs e)
    {
        SqlConnection conn=new SqlConnection("Data Source=(local);uid=sa;
Password=1234;Initial Catalog=ONLINEEXAMDB");
        SqlDataAdapter dap=new SqlDataAdapter("select * from UT_News_
NewsType", conn);
        DataTable dt=new DataTable();
        dap.Fill(dt);
        DropDownList1.Items.Clear();
        DropDownList1.DataSource=dt;
        DropDownList1.DataTextField="NewsTypeName";
        DropDownList1.DataValueField="NewsTypeID";
        DropDownList1.DataBind();

    }
}
```

最后的测试效果如图 7-6 所示。

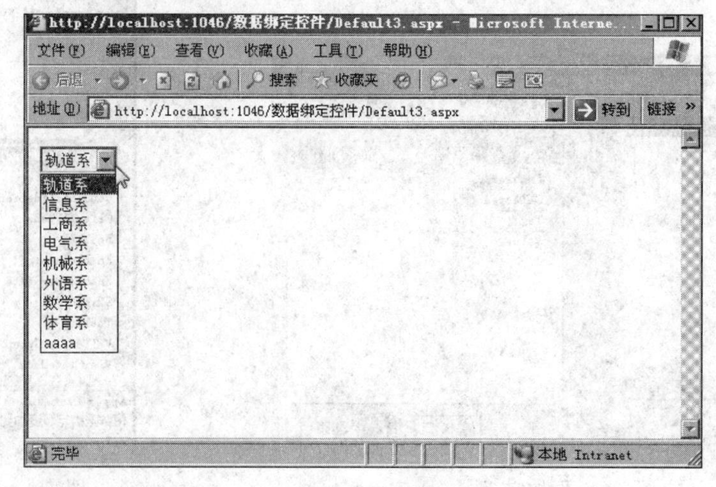

图 7-6 测试效果

7.5.3 ListBox 控件

ListBox 控件和 DropDownList 控件非常类似，ListBox 控件也是提供一组选项供用户选择的，只不过 DropDownList 控件只能有一个选项处于选中状态，并且每次只能显示一行(一个选项)，而 ListBox 控件可以设置为允许多选，并且还可以设置为显示多行。

除了与 DropDownList 具有很多相似的属性之外，ListBox 控件还有以下属性。

(1) Rows 属性：设置 ListBox 控件显示的行数。

(2) SelectionMode 属性：设置 ListBox 的选择模式，这是一个枚举值，它有 Multiple 和 Single 两个值，分别代表多选和单选，默认是 Single，即只能有一个选项处于选中状态。如果要想实现多选，除了设置 SelectionMode 属性为 Multiple 外，在选择时需要按住 Ctrl 键。

需要说明的是，因为 ListBox 允许多选，所以如果 ListBox 的 SelectionMode 属性为 Multiple，那么 SelectedIndex 属性指的是被选中的选项中索引最小的那一个，SelectedValue 属性指的是被选中的选项集合中索引最小的那一个的值。

设计步骤如下。

(1) 建立一个新的 Web 页面，命名为“Default4.aspx”。

(2) 拖动一个 ListBox 控件到窗口中。

(3) 编写后台代码如下：

```
using System;
using System.Data;
using System.Data.SqlClient;
using System.Configuration;
using System.Collections;
using System.Web;
using System.Web.UI;
using System.Web.UI.WebControls;
```

```
public partial class Default4 : System.Web.UI.Page
{
    protected void Page_Load(object sender, EventArgs e)
    {
        SqlConnection conn=new SqlConnection("Data Source=(local);uid=sa;
Password=1234;Initial Catalog=ONLINEEXAMDB");
        conn.Open();
        SqlCommand cm=new SqlCommand("select * from UT_News_NewsInfo", conn);
        SqlDataReader dr=cm.ExecuteReader();
        //绑定
        this.ListBox1.DataSource=dr; //ListBox1 为 ListBox 对象
        this.ListBox1.DataTextField="NewsTypeName";
        this.ListBox1.DataValueField="NewsTypeID";
        this.ListBox1.DataBind();
        dr.Close();
        conn.Close();
    }
}
```

测试效果如图 7-7 所示。

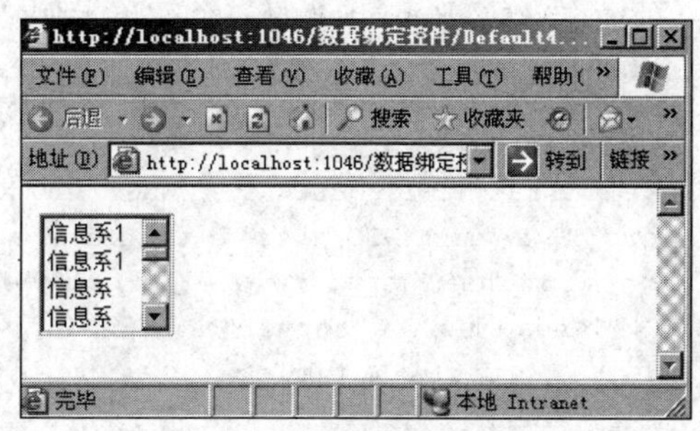

图 7-7 ListBox 控件测试效果

7.5.4 Repeater 控件

Repeater 控件是一个数据绑定列表控件，允许通过为列表中显示的每一项重复指定的模板来自定义布局。Repeater 控件本身不提供任何可视化输出。要显示该控件，必须使用模板。程序清单演示了 Repeater 控件的用法。Repeater 没有内置的布局或样式，因此必须在此控件的模板内显式声明所有的 HTML 布局、格式设置和样式标记。

每个 Repeater 必须至少定义一个 ItemTemplate。但是，表 7-2 中描述的其他可选模板可用来自定义列表的外观。

表 7-2 Repeater 模板说明

模板名称	说明
ItemTemplate	定义列表中项目的内容和布局。此模板为必选
AlternatingItemTemplate	如果定义，则它可以决定交替(从零开始的奇数索引)项的内容和布局。如果没有定义，则使用 ItemTemplate
SeparatorTemplate	如果定义，则它将呈现在项(以及交替项)之间。如果未定义，则不呈现分隔符
HeaderTemplate	如果定义，则它可以决定列表标头的内容和布局。如果没有定义，则不呈现标头
FooterTemplate	如果定义，则它可以决定列表注脚的内容和布局。如果没有定义，则不呈现注脚

在所有的模板中，只有 ItemTemplate 和 AlternatingItemTemplate 是数据绑定的，意味着它们可以重复地应用于数据源中的每个数据项。因此需要一种从模板内部访问数据项(诸如表记录)上公共属性的机制。Eval 方法取属性的名称(例如，表列的名称)为参数，并

返回其内容。

1. 重复值绑定控件的方法

FindControl：用于引用容器内(即绑定的控件内)的子控件。当程序员想要检查与当前控件相同的行内另一子控件(如表单元)中的值时,该方法非常有用。通常用于对各行或项都执行一次的时间处理程序内——例如 DataBinding 事件。

2. 重复值绑定控件的事件

(1) DataBingding：发生于数据源中的各行或项——当该行或项在执行 DataBind 方法期间被创建于控件中。该行或项被传递到事件参数中,而代码可以在填充容器控件时在其中分析和修改该行或项的内容。

(2) SelectedIndexChanged：发生于当前选中项改变并将页面传送回服务器时。它允许代码改变显示,从而反映用户的选择。

下面给出了 Repeater 的一个简单示例：Default5.aspx。代码如下：

```
<%@Page Language="C#" AutoEventWireup="true" CodeFile="Default5.aspx.cs" Inherits=
"Default5" %>
<!DOCTYPE html PUBLIC "-//W3C//DTD XHTML 1.0 Transitional//EN" "http://www.w3.
org/TR/xhtml1/DTD/xhtml1-transitional.dtd">
<html xmlns="http://www.w3.org/1999/xhtml">
    <head runat="server">
        <title></title>
    </head>
        <body>
            <form id="form1" runat="server">
            <div>

            <asp:Repeater ID="rp_News_Type" runat="server">
            <HeaderTemplate>
                <table border="2" style="vertical-align: middle; text-align:
center;">
                <tr style=" background-color:#009AFF; vertical-align: middle;
text-align: center;">
                <td style="vertical-align: middle; width: 200px; height: 50px;
text-align: center;">
                新闻分类名称</td>
                </tr>
            </HeaderTemplate>
            <ItemTemplate>
                <tr>
                    <td>
                        <%#Eval("NewsTypeName")%>
                        </a>
                    </td>
                </tr>
            </ItemTemplate>
            <FooterTemplate>
            </table></FooterTemplate>
        </asp:Repeater>
```

```
        <br />
        <br />
        <br />
        <br />
    </div>
    </form>
</body>
</html>
```

前台制作页面如图 7-8 所示。

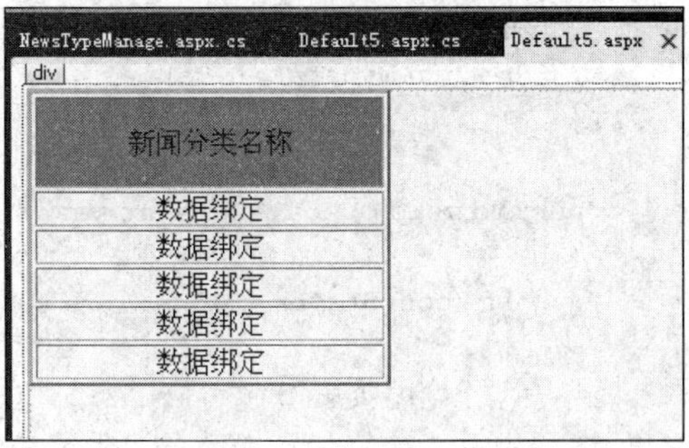

后台代码如下：

新闻分类名称
数据绑定
数据绑定
数据绑定
数据绑定
数据绑定

图 7-8　前台制作页面

```
using System;
using System.Data;
using System.Configuration;
using System.Collections;
using System.Web;
using System.Web.Security;
using System.Web.UI;
using System.Web.UI.WebControls;
using System.Web.UI.WebControls.WebParts;
using System.Web.UI.HtmlControls;
using System.Data.SqlClient;

public partial class Default5 : System.Web.UI.Page
{
    SqlConnection con = new SqlConnection (" Data Source = (local); DataBase =
OnlineExamDB;User ID=sa;PWD=1234");
    protected void Page_Load(object sender, EventArgs e)
    {
        //加载时,绑定 Repeater 控件,显示新闻类别列表;
        string strSql="select * from UT_News_NewsType ";
        this.rp_News_Type.DataSource=this.GetNewsTypeList(strSql);
        this.rp_News_Type.DataBind();
        if (Request.QueryString["refresh"] !=null)
        {
            //HttpContext.Current.Response.Write("<script>location.href=
            //location.href</script>");
        }
    }

    public DataTable GetNewsTypeList(string sqlCommand)
    {
        //打开数据库连接
        if (con.State==0)
        {
            con.Open();
        }
        //定义并初始化数据适配器
        string strSql=sqlCommand;
        SqlDataAdapter mydataadapter=new SqlDataAdapter(strSql, con);
```

```
        //创建一个数据集 mydataset
        DataSet mydataset=new DataSet();
        //将数据适配器中的数据填充到数据集中
        mydataadapter.Fill(mydataset);
        return mydataset.Tables[0];
    }

    public void OperateData(string strsql)
    {
        if (con.State==0)
        {
            con.Open();
        }
        SqlCommand cmd=new SqlCommand(strsql, con);
        cmd.ExecuteNonQuery();
        con.Close();
    }
}
```

测试结果如图 7-9 所示。

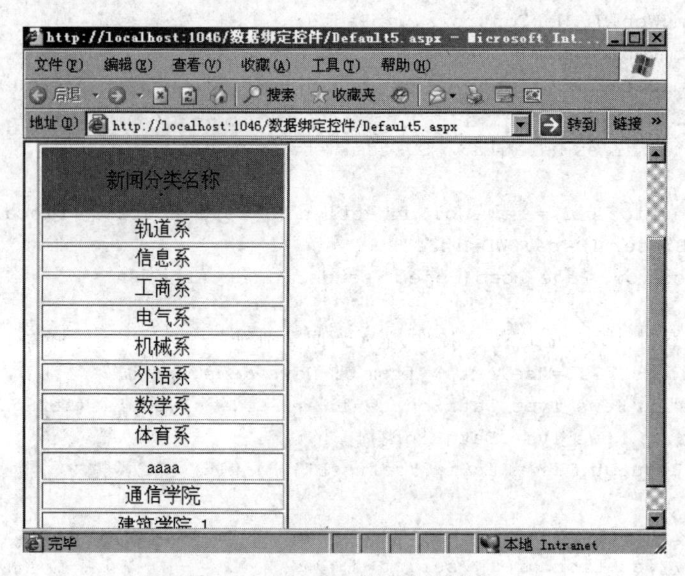

图 7-9 Repeater 控件测试效果

7.6 数据源控件

7.6.1 数据源控件概述

第 6 章多用手动编写代码的方式完成数据库连接,进行读写操作。显然效率不高,且手动编码方式很容易出错,安全性也不高。但是,若通过数据源控件、数据绑定控件等技术,开发人员就能够在不编写或者少编写代码的情况下完成数据访问、显示、编辑等操作。

数据源控件主要用于从不同的数据源获取数据,包括连接到数据源、使用 SQL 语句获取和管理数据等。数据源控件处理与数据源进行交互的所有低级操作,更加智能化、自动化。从本质上说,数据源控件是对 ADO. NET 的进一步包装。

表 7-3 列出了目前 ASP. NET 4.0 提供的几种新的数据源控件:SqlDataSource、ObjectDataSource、XmlDataSource、AccessDataSource 和 SiteMapDataSource。它们都可以用来从各自类型的数据源中检索数据,并且可以绑定到各种数据绑定控件。数据源控件减少了为检索和绑定数据甚至对数据进行排序、分页或编辑而需要编写的自定义代码的数量。

表 7-3　数据源控件列表

数据源控件	说　明
ObjectDataSource	允许程序员使用业务对象或其他类,并创建依赖于中间层对象来管理数据的 Web 应用程序
SqlDataSource	使用连接字符串连接数据库,数据源可以是 SQL Server、Access、OLE DB、ODBC 或 Oracle 等
AccessDataSource	数据源是 Microsoft Access 数据库,从 SqlDataSource 类继承而来,使用 Jet 4.0 OLE DB 提供程序与数据库连接
XmlDataSource	数据源是 XML 文件,该 XML 文件对诸如 TreeView 或 Menu 控件等分层 ASP. NET 服务器控件极为有用
SiteMapDataSource	类似于 XmlDataSource,只是专门为站点导航使用而做了优化。数据源默认是以. sitemap 为扩展名的 XML 文件

每个数据源控件都具有类似的属性,以便与其各自的数据源进行交互。

SiteMapDataSource 和 XmlDataSource 主要用于检索分层结构的数据。XmlDataSource 控件可以读取和写入 XML 数据,因此可以通过某些控件(如 TreeView 和 Menu 控件)来使用该控件。SiteMapDataSource 控件使用 ASP. NET 站点地图,并提供站点导航数据。此控件通常与 Menu 控件一起使用。

AccessDataSource 应用面比较窄,只能用于从 Access 数据库中检索数据。

比较常用的两个基本数据源控件是 SqlDataSource 和 ObjectDataSource。前者用于直接连接数据库,后者用于连接业务对象。SqlDataSource 看起来好像只能使用 SQL Server,但实际上可以用来从任何 OLE DB 或符合 ODBC 的数据源中检索数据。

无论和什么样的数据源交互,数据源控件都提供了统一的基本编程模型和 API。只要学会一种数据源控件的使用方法,那么类似的控件就能一通百通。

7.6.2　SqlDataSource 控件简介

SqlDataSource 控件的应用非常广泛,该控件能够与多种常用的数据库进行交互,包括 SQL Server、Access、OLE DB、ODBC 或 Oracle 等。在数据绑定控件的支持下,能够完成多种数据访问任务。

SqlDataSource 控件的常用属性如表 7-4 所示。

SqlDataSource 控件的常用方法如表 7-5 所示。

SqlDataSource 控件的常用事件如表 7-6 所示。

表 7-4 SqlDataSource 控件的常用属性

属 性	说 明
ConnectionString	用于获取或设置连接到数据库而使用的字符串,通常将连接字符串保存到 Web.config 文件中
EnableCaching	获取或设置一个布尔值,用于确定是否启用 SqlDataSource 控件的数据缓存功能,默认值是 true
ProviderName	获取或设置 SqlDataSource 控件连接数据源时所使用的提供程序名称。.NET 框架包含了 5 个提供程序,分别是 System.Data.Odbc、System.Data.OleDb、System.Data.OracleClient、System.Data.SqlClient 和 Microsoft.sqlServerCe.Client。默认值是 System.Data.SqlClient
InsertCommand	获取或设置用于为数据库添加数据记录的 SQL 语句或者存储过程
DeleteCommand	获取或设置用于为数据库删除数据记录的 SQL 语句或者存储过程
SelectCommand	获取或设置用于为数据库选择数据记录的 SQL 语句或者存储过程
UpdateCommand	获取或设置用于为数据库更新数据记录的 SQL 语句或者存储过程

表 7-5 SqlDataSource 控件的常用方法

方 法	说 明
Insert()	根据 InsertCommand 及其参数,执行一个添加操作
Delete()	根据 DeleteCommand 及其参数,执行一个删除操作
Select()	根据 SelectCommand 及其参数,执行一个选择操作,从数据库中获取数据记录
Update()	根据 UpdateCommand 及其参数,执行一个更新操作

表 7-6 SqlDataSource 控件的常用事件

事 件	说 明
Deleted	该事件在删除操作完成后发生。可用于验证删除操作的结果
Deleting	该事件在删除操作进行前发生。可用于取消删除操作
Inserted	该事件在添加操作完成后发生。可用于验证添加操作的结果
Inserting	该事件在添加操作进行前发生。可用于取消添加操作
Selected	该事件在选择操作完成后发生。可用于验证选择操作的结果
Selecting	该事件在选择操作进行前发生。可在相关事件处理程序中验证、修改参数值
Updated	该事件在更新操作完成后发生。可用于验证更新操作的结果
Updating	该事件在更新操作进行前发生。可用于取消更新操作

7.6.3 SqlDataSource 控件应用示例

下面通过一个实例演示如何通过 SqlDataSource 控件来获取并显示数据库中的数据。这里为便于观察结果,借助数据绑定控件 GridView 在页面上显示获取的数据。有关 GridView 控件的详细用法在后面的小节里还会专门讨论。

示例:通过 SqlDataSource 控件检索数据库中的资料。

注意: 读者可以用自己的数据库进行练习。

1. 使用 SqlDataSource 控件连接到数据库

(1) 首先在 Visual Studio 2010 中创建一个新网站,命名为 SQLDS,选择“文件系统”存放方式。向导将自动生成一个 Default. aspx 的文件。

(2) 从工具箱中分别找到 SqlDataSource 和数据绑定控件 GridView,拖放到页面中适当的位置,如图 7-10 所示。如果 SqlDataSource 控件上没有显示“SqlDataSource 任务”快捷菜单,则右击 SqlDataSource 控件,然后在系统弹出的快捷菜单上选择“显示智能标记”。

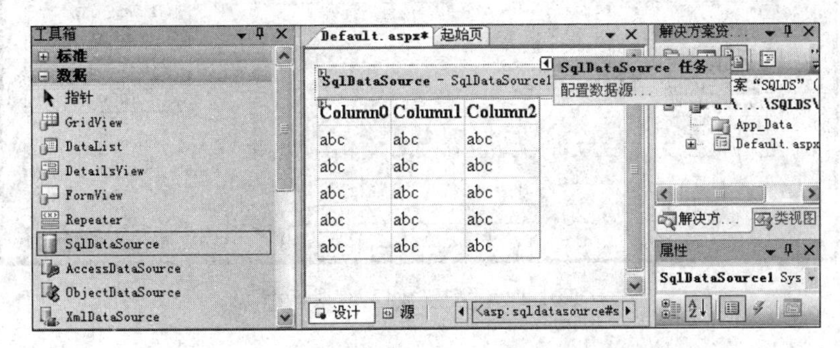

图 7-10　使用 SqlDataSource 控件连接到数据库

(3) 选择“SqlDataSource 任务”菜单上的“配置数据源”命令,系统就会弹出“配置数据源”向导。其中,第一步就是选择数据连接,单击“新建连接”按钮,即出现“添加连接”对话框,如图 7-11 所示。

在“添加连接”对话框中,数据源选项可以通过“更改”按钮选择,这里选择 Microsoft SQL Server (SqlClient);服务器名设置为 localhost;因为 SQL Server 在本地,使用 Windows 身份验证即可;在“选择或输入一个数据库名”单选下拉框中选择 Northwind;最后单击“测试连接”按钮,在确认该连接正确无误后,单击“确定”按钮。

(4) 向导的下一步会询问是否将刚才定义好的连接字符串保存到 Web. config 文件中。与将连接字符串存储在页面中相比,将字符串存储在配置文件中能带来许多好处,如更安全且可以重复使用,所以勾选“是”单选按钮,选择将连接字符串保存到 Web. config 文件中。然后单击“下一步”按钮。

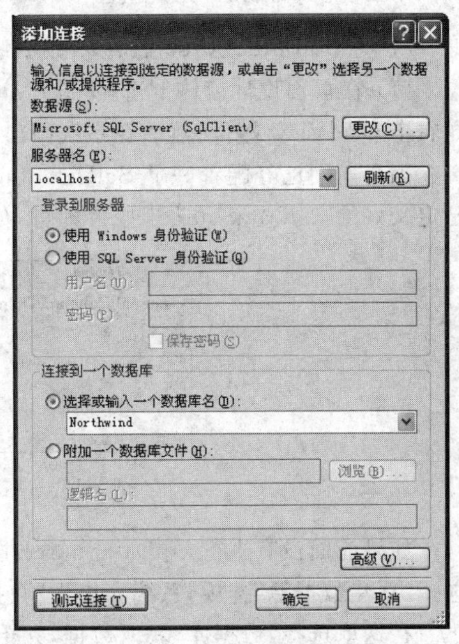

图 7-11　“添加连接”对话框

(5) 向导进入“配置 Select 语句”界面,如图 7-12 所示。

在这里可以指定要从数据库中获取哪些数据。在“指定来自表或视图的列”下的“名称”下拉列表中,选择 Products;在“列”下勾选 ProductID、ProductName、SupplierID、CategoryID 复选框。

更复杂的定制 Select 语句可以通过单击 WHERE、ORDER BY、“高级”等按钮进行

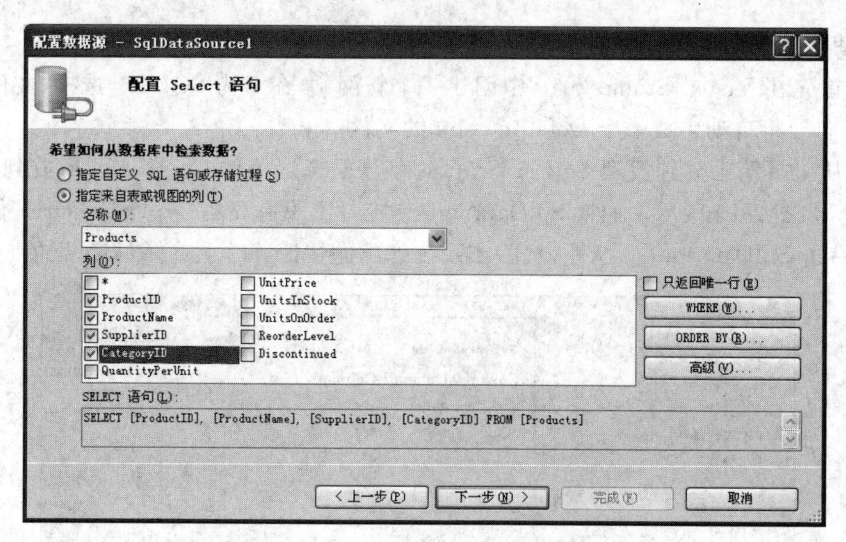

图 7-12 “配置数据源”对话框

配置。

(6) 单击“下一步”按钮,进入“测试查询”界面。可以通过单击“测试查询”按钮进行测试以确保前面所做配置无误,获取的数据是所需数据。

单击“完成”按钮。至此,使用 SqlDataSource 控件连接到数据库的配置任务完成。

2. 将 SqlDataSource 控件和数据绑定控件进行绑定

(1) 在页面设计窗体上选择 GridView 控件,如果未显示“GridView 任务”快捷菜单,同样右击 GridView 控件,然后在系统弹出的快捷菜单上选择“显示智能标记”。

因为前面已经配置好了 SqlDataSource 控件,所以直接在“选择数据源”列表框中选择已定义好的 SqlDataSource1 控件即可,如图 7-13 所示。

图 7-13 设置 GridView 控件的数据源

如果前面没有进行 SqlDataSource 控件的配置,在这里可以在“选择数据源”列表框中选择“新建数据源”选项,系统会出现“数据源配置向导”对话框,如图 7-14 所示。

在这里选择“数据库”获取数据,并单击“确定”按钮,随即就会出现“配置数据源”向导,后面的步骤就和前面的一样了。

(2) 将前面配置好的 SqlDataSource 控件设置为 GridView 控件的数据源,本质上就是将 GridView 控件和 SqlDataSource 控件绑定到了一起。因此,GridView 控件将显示 SqlDataSource 控件返回的数据。图 7-15 是最后的运行结果画面。

通过上述示例,可以看到 SqlDataSource 数据源控件功能的强大,使用 SqlDataSource

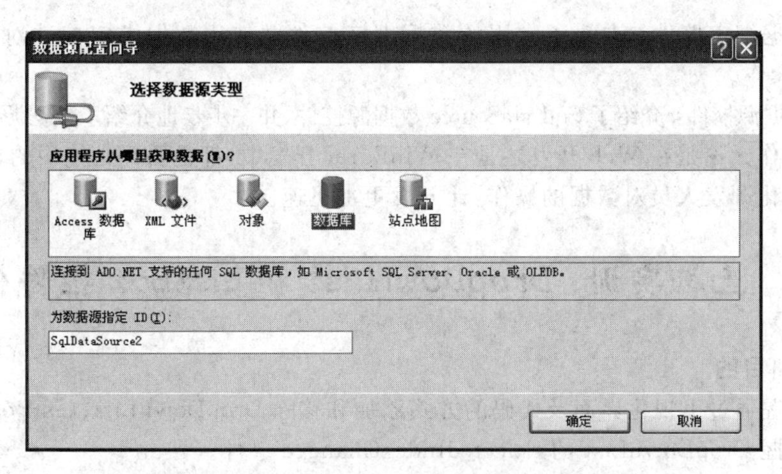

图 7-14　“数据源配置向导”对话框

ProductID	ProductName	SupplierID	CategoryID
1	Chai	1	1
2	Chang	1	1
3	Aniseed Syrup	1	2
4	Chef Anton's Cajun Seasoning	2	2
5	Chef Anton's Gumbo Mix	2	2

图 7-15　运行结果

数据源控件，只需设置正确的连接字符串信息，定义简单的 SQL 语句，而无须手写代码，甚至连数据提供程序都不需要定义，就能实现很复杂的功能。

应当说明，SqlDataSource 数据源控件本质上是对 ADO. NET 托管数据提供程序的进一步包装。因为 ADO. NET 托管数据提供程序提供对 Microsoft SQL Server、OLE DB、ODBC 或 Oracle 等各类数据库的访问，所以 SqlDataSource 数据源控件能够从 ADO. NET 托管数据提供程序支持的数据源中检索数据。

使用 SqlDataSource 数据源控件访问 ODBC、Oracle 等数据源的方法，大家可以参考上述例子，此处就不再赘述了。

7.7　小　结

本章介绍了有关 ASP. NET 中绑定数据和数据源相关的控件，在 ASP. NET 中，这些控件强大的功能让开发变得更加的简单。在 ASP. NET 中，正是因为这些数据源控件和数据绑定控件，让开发人员在页面开发时，无须更多的操作即可实现强大的功能，解决了在传统的 ASP 中难以解决的问题。本章还介绍了以下内容。

(1) 重复列表控件：讲解了如 Repeater 之类的重复列表控件。

(2) 数据绑定控件：讲解了常用的数据绑定控件并使用数据绑定控件对数据进行更新、删除等操作。

(3) 数据源控件：介绍了 SqlDataSource 数据源控件，并一步步地介绍了数据源控件的配置。

数据操作无论是在 Web 开发还是在 WinForm 开发中，都是要经常使用的，数据控件能够极大地简化开发人员对数据的操作，让开发更加迅速。

7.8 上机实训：DropDownList 和 ListBox 控件使用

1. 实训目的

(1) 掌握通过可视化界面及代码的方式添加和移除 DropDownList、ListBox 的列表项。

(2) 掌握 DropDownList 的 SelectedIndexChanged 事件。

(3) 掌握 ListBox 选择模式属性(SelectionMode)的设置，以及如何获得多选模式下的选中项。

2. 实训环境

计算机 1 台，安装有 Visual Studio 2010 工具软件。

3. 实训内容

完成 DropDownList 和 ListBox 控件的使用。

4. 实训步骤

(1) 新建一个页面，包含 1 个 DropDownList 控件、1 个 ListBox 控件、1 个 Button 控件和 1 个 Label 控件，如图 7-16 所示。

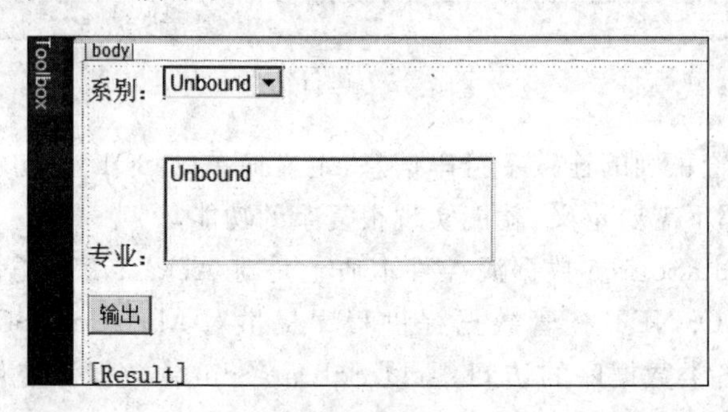

图 7-16 界面

(2) 通过智能提示"＞"中的 Edit Items 选项打开 ListItem Collection Editor 对话框，通过 Add 和 Remove 按钮可以给 DropDownList 和 ListBox 添加或移除列表项 ListItem，如图 7-17 所示。

(3) 添加列表项 ListItem 后的页面如图 7-18 所示。

(4) 设置 DropDownList 的 AutoPostBack 属性为 True，如图 7-19 所示。

(5) 设置 ListBox 的 SelectionMode 属性值为 Multiple(多选)，如图 7-20 所示。

(6) 双击 DropDownList 控件，生成默认的 SelectedIndexChanged 事件，输入如图 7-21 所示代码。

(7) 双击 Button 按钮，生成 Click 事件，输入如图 7-22 所示代码。

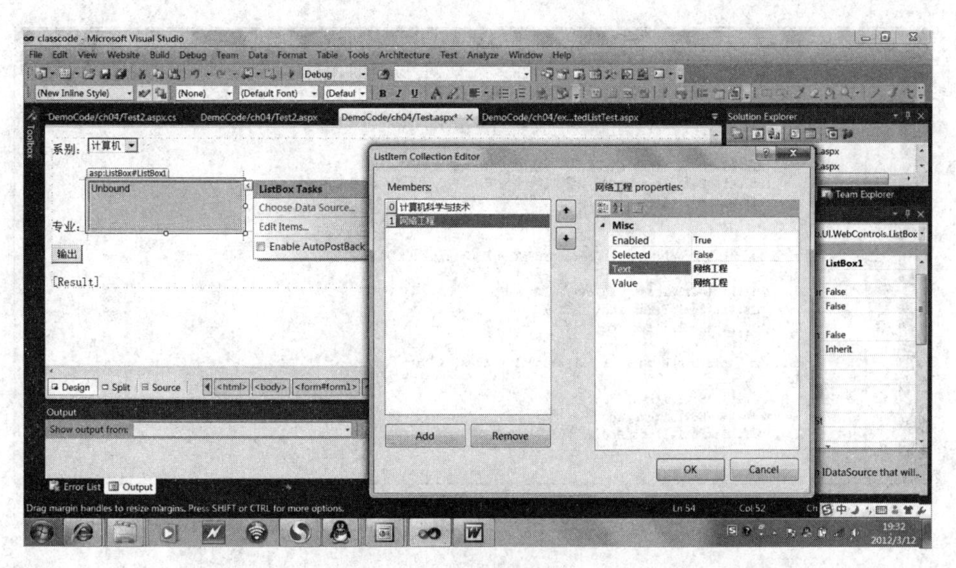

图 7-17　添加列表项

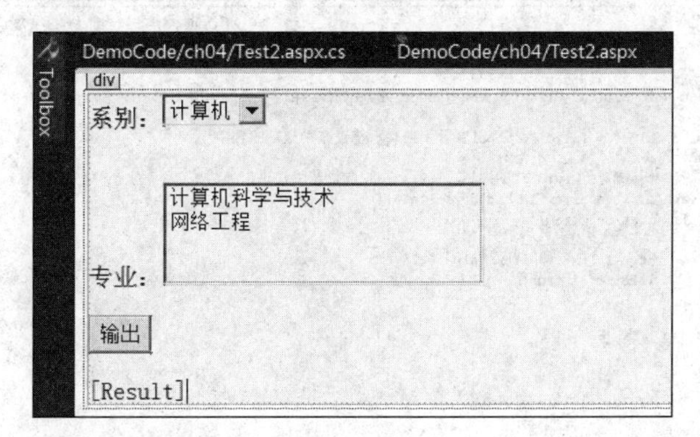

图 7-18　添加列表后的页面

图 7-19　设置属性(1)

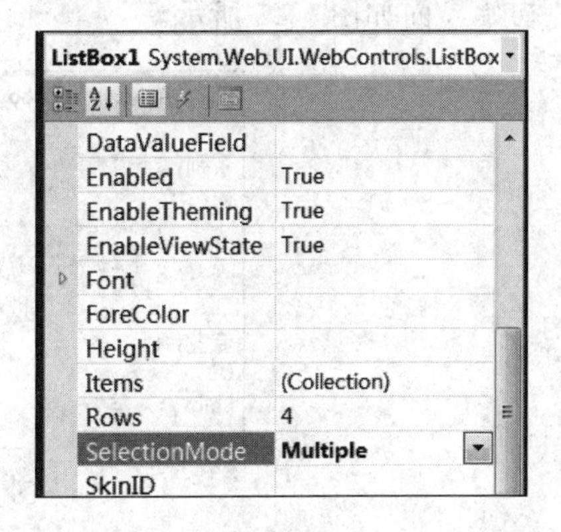

图 7-20　设置属性(2)

```
protected void DropDownList1_SelectedIndexChanged(object sender, EventArgs e)
{
    if (this.DropDownList1.SelectedValue.Equals("计算机"))
    {
        this.ListBox1.Items.Clear(); //清除ListBox的所有列表项
        this.ListBox1.Items.Add("计算机科学与技术"); //通过代码添加列表项
        this.ListBox1.Items.Add("网络工程");

    }
    else if (this.DropDownList1.SelectedValue.Equals("外语"))
    {
        this.ListBox1.Items.Clear();
        this.ListBox1.Items.Add("英语");
        this.ListBox1.Items.Add("日语");
    }
    else if (this.DropDownList1.SelectedValue.Equals("电子"))
    {
        this.ListBox1.Items.Clear();
        this.ListBox1.Items.Add("微电子");
        this.ListBox1.Items.Add("嵌入式");
    }
}
```

图 7-21　DropDownList 控件的 SelectedIndexChanged 事件代码

```
protected void Button1_Click(object sender, EventArgs e)
{
    bool isSelect = false;//该bool变量用来表示是否有列表项被选中
    Result.Text = "您选择的是：";
    //通过foreach遍历ListBox1的列表项集合，判断内容是否被选中
    foreach(ListItem item in ListBox1.Items){
        if (item.Selected)
        {
            Result.Text += item.Value+" ";
            isSelect = true;
        }

    }
    if (!isSelect)
    {
        Result.Text = "什么都没选！";
    }
}
```

图 7-22　Button 按钮的 Click 事件代码

(8) 演示结果如图 7-23～图 7-26 所示。

初始界面如图 7-23 所示。

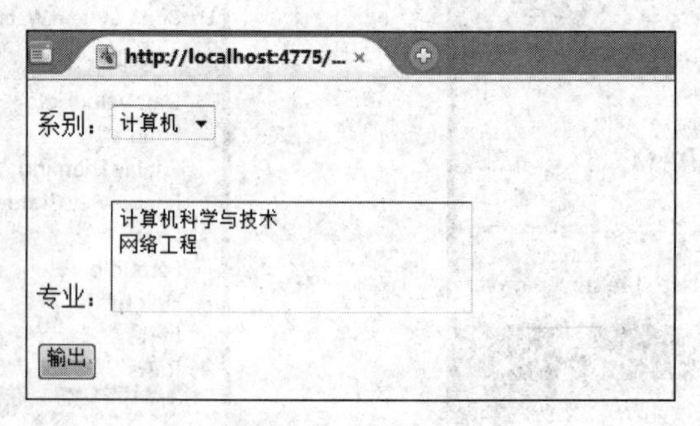

图 7-23　初始界面

系别选择变化后的界面如图 7-24 所示。

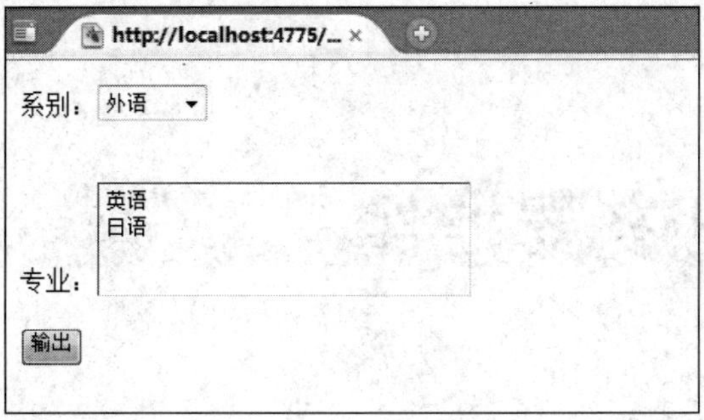

图 7-24　系别变化界面

选中英语和日语选项后，单击“输出”按钮后的界面如图 7-25 所示。

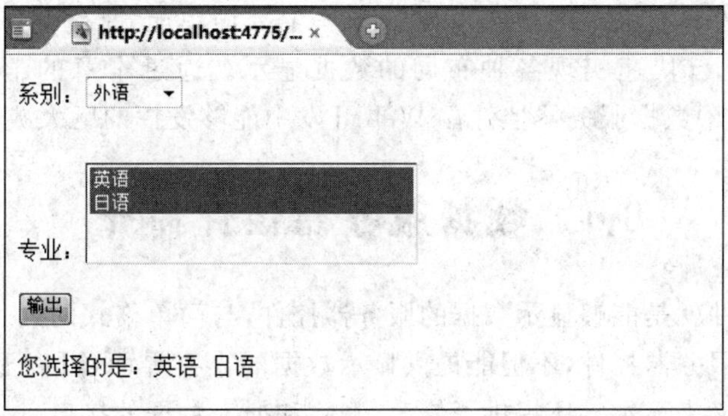

图 7-25　输出界面(1)

没有选中任何专业，单击“输出”按钮后的界面如图 7-26 所示。

图 7-26　输出界面(2)

第8章 数据服务器控件

ASP.NET 4.0 中提供了多种数据服务器控件，用于在 Web 页面中显示数据库中的表数据。与第 7 章中提到的简单的数据绑定控件，如 DropDownList、ListBox 等不同，这些较为复杂的服务器控件具有强大的功能，开发人员只需要简单配置控件的属性，就能够在几乎不编写代码的基础上，快速实现各种布局的数据显示。通过本章的学习，读者将体会到 Visual Studio 2010 中数据服务器控件在 Web 开发中能够发挥的巨大威力。

8.1 数据服务器控件简介

数据服务器控件就是能够显示数据的服务器控件，与简单格式的列表控件不同，这些控件属于比较复杂的服务器控件，不但能提供显示数据的丰富界面(可以显示多行多列数据，还可以根据用户定义来显示)，还提供了修改、删除和插入数据的接口。

ASP.NET 4.0 提供的复杂数据服务器控件说明如下。

(1) GridView：全方位的网格控件，能够显示一整张表的数据，它是 ASP.NET 4.0 中最为重要的数据控件。

(2) DetailsView：用来一次显示一条记录的数据控件。

(3) FormView：也是用来一次显示一条记录的数据控件，与 DetailsView 不同的是，FormView 是基于模板的，可以使布局具有灵活性。

(4) DataList：可用来自定义显示各行数据库信息的数据控件，显示的格式在创建的模板中定义。

(5) Repeater：能生成一系列单个项，可以使用模板定义页面上单个项布局的数据控件，在页面运行时，该控件为数据源中的每个项重复相应的布局。

(6) ListView：可以绑定从数据源返回的数据并显示它们，它会按照所使用模板和样式定义的格式显示数据。

8.2 GridView 控件

GridView 控件以表格式布局显示数据。默认情况下，GridView 以只读模式显示数据，但是 GridView 也能在运行时完成大部分的数据处理工作，包括添加、删除、修改、选择和排序等功能。GridView 可以以尽可能少的数据实现双向数据绑定。该控件与新的数据源控件系列紧密结合，而且只要底层的数据源对象支持，它还可以直接处理数据源的更新。除了无代码的双向数据绑定外，GridView 控件还支持多个主键字段、多种字段类型以及样式和模板选项。GridView 还有一个扩展事件模型，允许处理或撤销事件。

GridView 是 ASP. NET 1. x 的 DataGrid 控件的后继者。它提供了相同的基本功能集，同时增加了大量扩展和改进。如前所述，DataGrid(ASP. NET 2. 0 仍然完全支持)是一个功能非常强大的通用控件。然而，它有一个重大缺陷：它要求编写大量定制代码，甚至处理比较简单而常见的操作，诸如分页、排序、编辑或删除数据等也不例外。GridView 控件旨在解决此限制，并以尽可能少的数据实现双向数据绑定。该控件与新的数据源控件系列紧密结合，而且只要底层的数据源对象支持，它还可以直接处理数据源更新。

这种实质上无代码的双向数据绑定是新的 GridView 控件最著名的特征，但是该控件还增强了很多其他功能。该控件之所以比 DataGrid 控件有所改进，是因为它能够定义多个主键字段、新的列类型以及样式和模板选项。GridView 还有一个扩展的事件模型，允许处理或撤销事件。

GridView 控件为数据源的内容提供了一个表格式的类网格视图。每一列表示一个数据源字段，而每一行表示一个记录。

8.2.1　GridView 控件的属性

GridView 支持大量属性，这些属性属于如下几大类：行为、可视化设置、样式、状态和模板。表 8-1 是 GridView 控件的行为属性。

表 8-1　GridView 控件的行为属性

行为属性	描　　述
AllowPaging	指示该控件是否支持分页
AllowSorting	指示该控件是否支持排序
AutoGenerateColumns	指示是否自动地为数据源中的每个字段创建列。默认为 true
AutoGenerateDeleteButton	指示该控件是否包含一个按钮列以允许用户删除映射到被单击行的记录
AutoGenerateEditButton	指示该控件是否包含一个按钮列以允许用户编辑映射到被单击行的记录
AutoGenerateSelectButton	指示该控件是否包含一个按钮列以允许用户选择映射到被单击行的记录
DataMember	指示一个多成员数据源中的特定表绑定到该网格。该属性与 DataSource 结合使用。如果 DataSource 有一个 DataSet 对象，则该属性包含要绑定的特定表的名称
DataSource	获得或设置包含用来填充该控件的值的数据源对象
DataSourceID	指示所绑定的数据源控件
EnableSortingAndPagingCallbacks	指示是否使用脚本回调函数完成排序和分页。默认情况下禁用
RowHeaderColumn	用作列标题的列名。该属性旨在改善可访问性
SortDirection	获得列的当前排序方向
SortExpression	获得当前排序表达式
UseAccessibleHeader	规定是否为列标题生成<th>标签(而不是<td>标签)

SortDirection 和 SortExpression 属性规定当前决定行的排列顺序的列上的排序方向和排序表达式。这两个属性都是在用户单击列的标题时由该控件的内置排序机制设置的。整个排序引擎通过 AllowSorting 属性启用和禁用。EnableSortingAndPagingCallbacks 属性打开和关闭该控件的使用脚本回调进行分页和排序,而不用往返于服务器并改变整个页面的功能。

GridView 控件内显示的每一行都对应一种特殊的网格项。预定义的项目类型几乎等于 DataGrid 的项目类型,包括标题、行和交替行、页脚和分页器等项目。这些项目是静态的,因为它们在控件的生命期内保持不变。其他类型的项目在短暂的时间(完成某种操作所需的时间)内是活动的。动态项目是编辑行、所选的行和 EmptyData 项。当网格绑定到一个空的数据源时,EmptyData 标识该网格的主体。GridView 控件的样式属性如表 8-2 所示。

表 8-2　GridView 控件的样式属性

样式属性	描　述
AlternatingRowStyle	定义表中每隔一行的样式属性
EditRowStyle	定义正在编辑行的样式属性
FooterStyle	定义网格页脚的样式属性
HeaderStyle	定义网格标题的样式属性
EmptyDataRowStyle	定义空行的样式属性,这是在 GridView 绑定到空数据源时生成的
PagerStyle	定义网格分页器的样式属性
RowStyle	定义表中的行的样式属性
SelectedRowStyle	定义当前所选行的样式属性

GridView 控件的外观属性如表 8-3 所示。

表 8-3　GridView 控件的外观属性

外观属性	描　述
BackImageUrl	指示要在控件背景中显示的图像的 URL
Caption	在该控件的标题中显示的文本
CaptionAlign	标题文本的对齐方式
CellPadding	指示一个单元的内容与边界之间的间隔(以像素为单位)
CellSpacing	指示单元之间的间隔(以像素为单位)
GridLines	指示该控件的网格线样式
HorizontalAlign	指示该页面上的控件水平对齐
EmptyDataText	指示当该控件绑定到一个空的数据源时生成的文本
PagerSettings	引用一个允许设置分页器按钮的属性的对象
ShowFooter	指示是否显示页脚行
ShowHeader	指示是否显示标题行

PagerSettings 对象把所有可以对分页器设置的可视化属性组织在一起。其中有很多属性在 DataGrid 程序员看来应该是熟悉的。

PagerSettings 类还添加了一些新属性以满足新的预定义按钮,并在链接中使用图像代替文本。

GridView 控件的模板属性如表 8-4 所示。

表 8-4　GridView 控件的模板属性

模板属性	描　述
EmptyDataTemplate	指示该控件绑定到一个空的数据源时要生成的模板内容。如果该属性和 EmptyDataText 属性都设置了,则该属性优先采用。如果两个属性都没有设置,则把该网格控件绑定到一个空的数据源时不生成该网格
PagerTemplate	指示要为分页器生成的模板内容。该属性覆盖可能通过 PagerSettings 属性做出的任何设置

GridView 控件的状态属性如表 8-5 所示。

表 8-5　GridView 控件的状态属性

状态属性	描　述
BottomPagerRow	返回表格该网格控件的底部分页器的 GridViewRow 对象
Columns	获得一个表示该网格中列的对象的集合。如果这些列是自动生成的,则该集合总是空的
DataKeyNames	获得一个包含当前显示项的主键字段的名称的数组
DataKeys	获得一个表示在 DataKeyNames 中为当前显示的记录设置的主键字段的值
EditIndex	获得和设置基于 0 的索引,标识当前以编辑模式生成的行
FooterRow	返回一个表示页脚的 GridViewRow 对象
HeaderRow	返回一个表示标题的 GridViewRow 对象
PageCount	获得显示数据源的记录所需的页面数
PageIndex	获得或设置基于 0 的索引,标识当前显示的数据页
PageSize	指示在一个页面上要显示的记录数
Rows	获得一个表示该控件中当前显示的数据行的 GridViewRow 对象集合
SelectedDataKey	返回当前选中记录的 DataKey 对象
SelectedIndex	获得和设置标识当前选中行的基于 0 的索引
SelectedRow	返回一个表示当前选中行的 GridViewRow 对象
SelectedValue	返回 DataKey 对象中存储的键的显式值。类似于 SelectedDataKey
TopPagerRow	返回一个表示网格的顶部分页器的 GridViewRow 对象

GridView 旨在利用新的数据源对象模型,并在通过 DataSourceID 属性绑定到一个数据源控件时效果最佳。GridView 还支持经典的 DataSource 属性,但是如果那样绑定数据,则其中一些特征(诸如内置的更新或分页)变得不可用。

8.2.2 GridView 控件的事件

GridView 控件没有不同于 DataBind 的方法。然而如前所述,在很多情况下不需要调用 GridView 控件上的方法。当把 GridView 绑定到一个数据源控件时,数据绑定过程隐式地启动。

在 ASP.NET 中,很多控件以及 Page 类本身,有很多对 doing/done 类型的事件。控件生命期内的关键操作通过一对事件进行封装:一个事件在该操作发生之前激发,一个事件在该操作完成后立即激发。GridView 类也不例外。表 8-6 列出了 GridView 控件激发的事件。

表 8-6 GridView 控件的事件

事　件	描　述
PageIndexChanging、PageIndexChanged	这两个事件都是在其中一个分页器按钮被单击时发生。它们分别在网格控件处理分页操作之前和之后激发
RowCancelingEdit	在一个处于编辑模式的行的 Cancel 按钮被单击,但是在该行退出编辑模式之前发生
RowCommand	单击一个按钮时发生
RowCreated	创建一行时发生
RowDataBound	一个数据行绑定到数据时发生
RowDeleting、RowDeleted	这两个事件都是在一行的 Delete 按钮被单击时发生。它们分别在该网格控件删除该行之前和之后激发
RowEditing	当一行的 Edit 按钮被单击时,但是在该控件进入编辑模式之前发生
RowUpdating、RowUpdated	这两个事件都是在一行的 Update 按钮被单击时发生。它们分别在该网格控件更新该行之前和之后激发
SelectedIndexChanging、SelectedIndexChanged	这两个事件都是在一行的 Select 按钮被单击时发生。它们分别在该网格控件处理选择操作之前和之后激发
Sorting、Sorted	这两个事件都是在对一个列进行排序的超链接被单击时发生。它们分别在网格控件处理排序操作之前和之后激发

RowCreated 和 RowDataBound 事件与 DataGrid 的 ItemCreated 和 ItemDataBound 事件相同,只是换了个新名称。它们的行为完全与它们在 ASP.NET 1.x 中的一样。对于 RowCommand 事件也一样,它与 DataGrid 的 ItemCommand 事件一样。

可以使用宣布某种操作的事件,极大地增强了程序员的编程能力。通过连接 RowUpdating 事件,可以交叉检查正在更新什么并对新值进行验证。同样,程序员可能需要处理 RowUpdating 事件,用 HTML 对客户端提供的值进行编码,然后把它们持久地保存在底层数据存储中。这一简单技巧有助于防御脚本侵入。

8.2.3 GridView 控件绑定数据

在 GridView 控件中绑定数据有两种方式:一是使用多值绑定 GridView 控件;二是使用数据源控件绑定 GridView 控件。下面通过两个例子来演示实现的过程。

【例 8-1】 使用多值绑定方法把数据绑定到 GridView 控件。

本例介绍如何使用多值绑定方法把数据绑定到GridView控件中，要显示的数据是利用ADO.NET从数据库BookStor的表BookInfo中读取的，读取后的数据放在DataSet中，然后利用多值绑定方法把数据放在GridView中。

(1) 启动Visual Studio 2010，创建一个ASP.NET Web应用程序，命名为“例8-1”。

(2) 双击网站目录下的Default.aspx文件，进入“视图编辑”界面，打开“源”视图，在编辑区中的<form></form>标记之间编写如下代码。

```
<h3>使用 DataSet 对象绑定 GridView</h3>
<asp:GridView ID="GridView1" runat="server" ></asp:GridView>
```

代码说明：第1行显示标题文字。第2行添加一个服务器列表控件GridView1。

(3) 在GridView控件右上方有一个向右的黑色小三角，单击这个小按钮，打开如图8-1所示的“GridView任务”列表，选择“自动套用格式”，弹出如图8-2所示的“自动套用格式”对话框，在左边的“选择架构”列表中有多种外观格式供程序员使用，只要选中某一格式，在右边的预览窗口中会看到该格式的效果，最后单击“确定”按钮，即可在页面中应用这一外观格式。

(4) 双击网站目录下的Default.aspx.cs文件，编写代码如下：

```
public partial class _Default : System.Web.UI.Page
{
    protected void Page_Load(object sender, EventArgs e)
    {
        if (!IsPostBack)
        {
            string constr="Data Source=.\SQLEXPRESS;AttachDbFilename=D:\我的文
档\ASP.NET 4.从入门到精通\源代码\第 8 章\数据库文件\BookStor.mdf;Integrated
Security=True;Connect Timeout=30;User Instance=True";
            string str="select * from BookInfo";
            SqlConnection con=new SqlConnection(constr);
            con.Open();
            SqlDataAdapter sda=new SqlDataAdapter(str, constr);
            DataSet ds=new DataSet();
            sda.Fill(ds, "BookInfo");
            GridView1.DataSource=ds;
            GridView1.DataBind();
            con.Close();
        }
    }
}
```

代码说明：第3行定义处理页面Page加载事件的方法Load。第5行判断当前加载的页面是否是回传的页面。第7行设置连接字符串constr，设置连接数据库的服务器为本地机器，数据库名为BookStor，连接数据库文件BookStor.mdf的路径，使用当前的Windows账号进行身份验证。第10行创建SQL语句查询的字符串str。第11行创建一个SqlConnection对象con，并传递参数为连接字符串constr。第11行通过SqlConnection对象的open方法打开数据库连接。第11行实例化了一个SqlDataAdapter类型的对象sda，并将 constr 和 str 作为参数传递。第 12 行实例化一个 DataSet 类型的对象 ds。第 13 行调用 sda 的填充数据集的方法 Fill,将查询结果保存到数据集的 BookInfo 表中。第 14 行使用列表控件 GridView1 的 DataSource 属性将数据集对象 ds 作为数据源。第 15 行调用列表控件 GridView1 的 DataBind 方法在页面显示出绑定的数据。

(5) 按 Ctrl+F5 组合键,运行结果如图 8-1 所示。

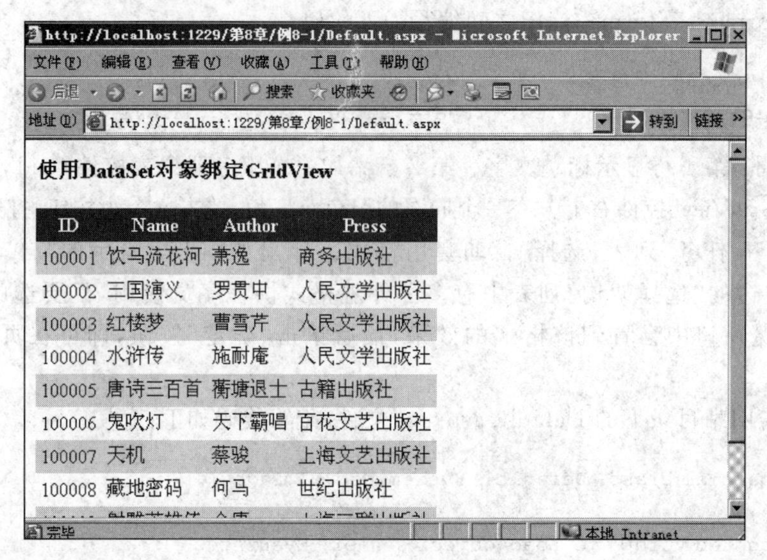

图 8-1 例 8-1 运行效果

【例 8-2】 使用数据源控件 SqlDataSource 把数据库 BookStor 中的表 BookInfo 中的数据绑定到 GridView 控件。

(1) 启动 Visual Studio 2010,创建一个 ASP.NET Web 应用程序,命名为“例 8-2”。

(2) 双击网站目录下的 Default.aspx 文件,进入“视图编辑界面”,打开“设计”视图,从工具箱中拖动一个 GridView 控件和一个 SqlDataSource 数据源控件。

(3) 将鼠标移到 GridView 控件上,其上方会出现如图 8-4 所示的向右的黑色小三角,单击它,弹出“GridView 任务”列表,在“选择数据源”下拉列表中选择 SqlDataSource1 选项。

(4) 在“GridView 任务”列表中,选择“自动套用格式”,弹出“自动套用格式”对话框,再选择“选择架构”列表中的“彩色型”选项,然后单击“确定”按钮。

(5) 配置 SqlDataSource1 控件的数据源,切换到“源”视图,可以看到如下自动生成的 SqlDataSource1 控件的声明代码:

```
<asp:SqlDataSource ID="SqlDataSource1" runat="server"
ConnectionString="<%$ConnectionStrings:BookStorConnectionString %>"
SelectCommand="SELECT * FROM [BookInfo]"></asp:SqlDataSource>
```

代码说明:第 1 行添加了一个服务器数据源控件 SqlDataSource1。第 2 行设置控件的 ConnectionString 属性的连接字符串对象为 BookStorConnectionString,该字符串自动在 Web.config 文件中的<connectionStrings></connectionStrings>节点中生成。第 3 行设置控件的 SelectCommand 属性为查询数据库的 SQL 语句。

(6) 按 Ctrl+F5 组合键,可查看运行结果。

如果 GridView 控件没有设置任何数据源属性,则该控件不会生成任何东西,如果绑定一个空的数据源并且规定了 EmptyDataTemplate 模板,就会给用户一个友好的显示提示结果的页面。

8.2.4　GridView 控件的列

GridView 控件中显示的列是自动生成的,默认属性 AutoGenerateColumns 的值为 true。但在很多情况下,GridView 控件的列的显示都需要定义,GridView 控件提供了几种类型的列以方便开发人员的操作,如表 8-7 所示。

表 8-7　GridView 控件支持的列类型

类　型	描　述
BoundField	默认的列类型。作为纯文本显示一个字段的值
ButtonField	作为命令按钮显示一个字段的值。可以选择链接按钮或按钮开关样式
CheckBoxField	作为一个复选框显示一个字段的值。它通常用来生成布尔值
CommandField	ButtonField 的增强版本,表示一个特殊的命令,诸如 Select、Delete、Insert 或 Update。该属性对 GridView 控件几乎没什么用;该字段是为 DetailsView 控件定制的(GridView 和 DetailsView 共享从 DataControlField 派生的类集。)
HyperLinkField	作为超链接显示一个字段的值。单击该超链接时,浏览器导航到指定的 URL
ImageField	作为一个<img> HTML 标签的 Src 属性显示一个字段的值。绑定字段的内容应该是物理图像的 URL
TemplateField	为列中的每一项显示用户定义的内容。当需要创建一个定制的列字段时,则使用该列类型。模板可以包含任意多个数据字段,还可以结合文字、图像和其他控件

(1) 首先进入“字段”对话框。进入“字段”对话框的方式有两种,分别如下。

① 选中要编辑的 GridView 控件,单击右上角的小按钮,弹出如图 8-2 所示的菜单,选择“编辑列”命令。

② 选中要编辑的 GridView 控件,在“属性”窗口中找到 Columns 属性,选中该属性,单击该属性最右边的按钮,如图 8-3 所示。

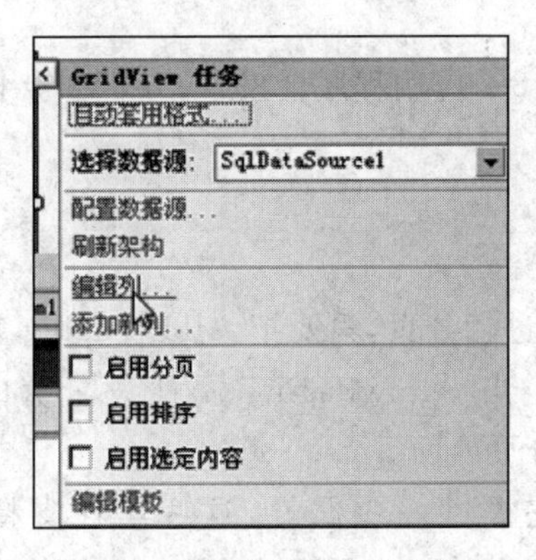

图 8-2　“GridView 任务”列表

图 8-3　通过属性进入

(2) 进入如图 8-4 所示的“字段”对话框,在“可用字段”列表中列出了 GridView 控件的列类型,当选择某一列类型后,单击“添加”按钮,即可将该列类型添加到“选定的字段”列表中,同时在右侧相应的列类型的属性列表中设置该字段的属性。

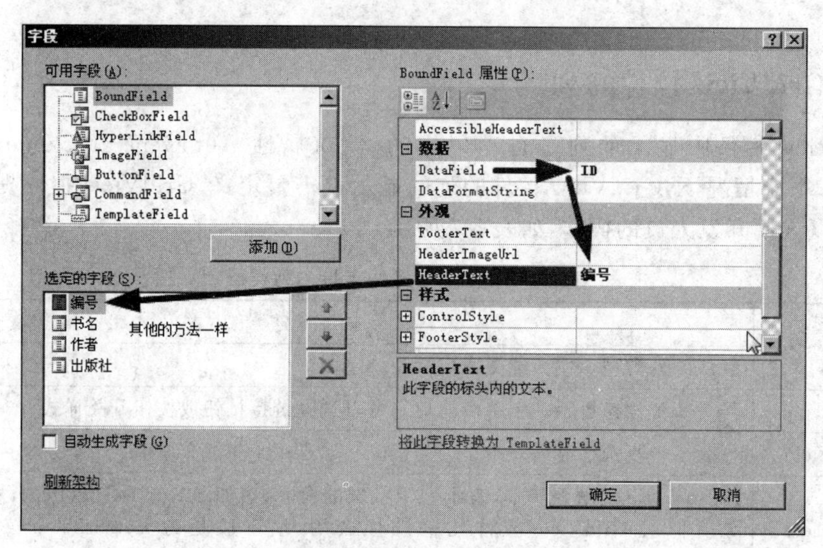

图 8-4 “字段”对话框

以例 8-2 来说,要在 GridView1 控件中定义 4 个列字段,分别是编号、书名、作者和出版社。

首先选择“可用字段”列表中的 BoundField 类型,单击“添加”按钮。在“选定的字段”列表中单击刚才选择的 BoundField,然后在右侧的“BoundField 属性”列表中设置相关的属性。这里设置 DataField 属性为 ID,表示绑定的数据来自数据库中数据表 BookInfo 中 ID 字段上的值。设置 HeaderText 属性为“编号”,表示显示在 GridView1 控件列标题上的文字。

按上面的方法依次设置其余的字段。最后单击“确定”按钮,结束 GridView 控件列字段的设置。

(3) 此时,GridView 控件还无法正常显示定义的列字段,因为还有关键的一步没有做,那就是打开如图 8-5 所示的 GridView 控件“属性”窗口,设置 AutoGenerateColumns 属性值为 False。

至此,GridView 控件的列编辑完毕,再运行例 8-2 应用程序会发现 GridView 控件的列标题显示了如图 8-6 所示的中文名称。

8.2.5 GridView 控件的分页和排序

GridView 控件支持对所绑定的数据源中的项进行分页,只要把 AllowPaging 属性设置为 true,即可启用 GridView 控件的分页功能。当 AllowPaging 属性设置为 true 时,PagerSettings 属性允许自定义 GridView 控件的分页界面。

PagerSettings 属性对应 PagerSettings 类,它提供一些属性,这些属性支持自定义 GridView 控件的分页界面,PagerSettings 类的属性如表 8-8 所示。

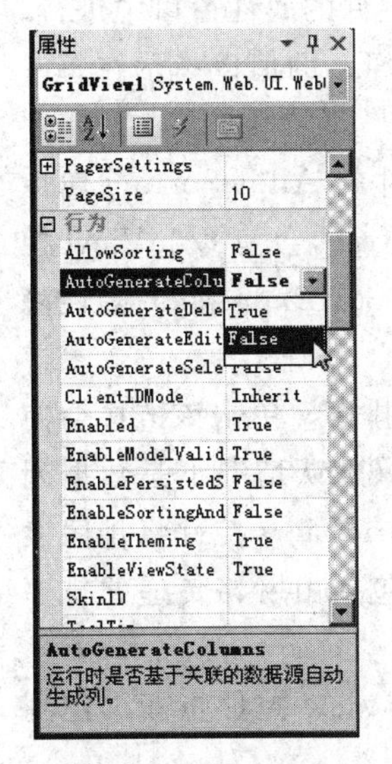

图 8-5　设置属性

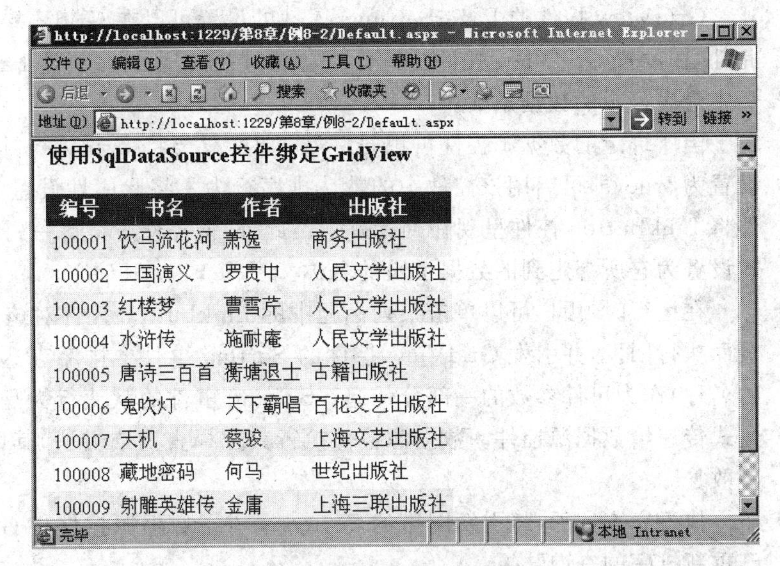

图 8-6　正常显示中文名称

表 8-8　PagerSettings 类的属性

名　　称	说　　明
FirstPageImageUrl	获取或设置为第一页按钮显示的图像的 URL
FirstPageText	获取或设置为第一页按钮显示的文字
LastPageImageUrl	获取或设置为最后一页按钮显示的图像的 URL
LastPageText	获取或设置为最后一页按钮显示的文字
Mode	获取或设置支持分页的控件中的页导航控件的显示模式
NextPageImageUrl	获取或设置为下一页按钮显示的图像的 URL
NextPageText	获取或设置为下一页按钮显示的文字
PageButtonCount	获取或设置在 Mode 属性设置为 Numeric 或 NumericFirstLast 值时页导航中显示的页按钮的数量
Position	获取或设置一个值，该值指定页导航的显示位置
PreviousPageImageUrl	获取或设置为上一页按钮显示的图像的 URL
PreviousPageText	获取或设置为上一页按钮显示的文字
Visible	获取或设置一个值，该值指示是否在支持分页的控件中显示分页控件

在表 8-8 中，通过设置 PagerSettings 类的属性 Mode 可以指定 GridView 控件的分页模式，可用的分页模式有以下几种。

(1) NextPrevious：上一页按钮和下一页按钮模式。

(2) NextPreviousFirstLast：上一页按钮、下一页按钮、第一页按钮和最后一页按钮模式。

(3) Numeric：可以直接访问页面的带编号的链接按钮模式。

(4) NumericFirstLast：带编号的链接按钮、第一页链接按钮和最后一页链接按钮模式。

GridView 控件的 PagerSettings 属性的设置可以在 GridView 控件的属性窗口中进行。此外，在设置 GridView 控件支持分页功能时，还需要设置属性 PageSize 的值以指示在每一页中最多显示的数据条数。

当所绑定的数据源控件可以排序数据时，只要将 GridView 控件的 AllowSorting 属性设置为 true，即可启用该控件中的默认排序行为。将此属性设置为 true，会使 GridView 控件将 LinkButton 控件呈现在列标题中。此外，该控件还将每一列的 SortExpression 隐性隐式设置为它所绑定到的数据字段的名称。

在运行时，用户可以单击某列标题中的 LinkButton 控件对该列排序。单击该链接会使页面执行回发，并引发 GridView 控件的 Sorting 事件。排序表达式(默认情况下是数据列的名称)作为事件参数的一部分传递。Sorting 事件的默认行为是 GridView 控件将排序表达式传递给数据源控件。数据源控件执行其选择查询或方法，其中包括由网格传递的排序参数。

执行完查询后，将引发网格的 Sorted 事件。数据源控件将 GridView 控件重新绑定到已重新排序的查询结果。

GridView 控件不检查数据源控件是否支持排序；在任何情况下它都会将排序表达式传递给数据源。如果数据源控件不支持排序，并且由 GridView 控件执行排序操作，则 GridView 控件会引发 NotSupportedException 异常，可以用 Sorting 事件的处理程序捕获此异常，并检查数据源以确定数据源是否支持排序，或使用自己的排序逻辑进行排序。

在默认情况下，当把 AllowSorting 属性设置为 true 时，GridView 控件将支持所有列可排序，但可以通过设置列的属性 SortExpression 为空字符串，即可禁用对这个列进行排序。

【例 8-3】 使用数据源控件 SqlDataSource 和 GridView 读取数据库 BookStor 中数据表 BookInfo 的内容，同时实现排序和分页功能，并且要求每页显示 5 条数据记录。

(1) 启动 Visual Studio 2010，创建一个 ASP.NET Web 应用程序，命名为“例 8-3”。

(2) 双击网站目录下的 Default.aspx 文件，进入“视图编辑”界面，打开“设计”视图，从工具箱中拖动一个 GridView 控件和一个 SqlDataSource 数据源控件。

(3) 将鼠标移到 GridView 控件上，其上方会出现一个向右的黑色小三角，单击它，弹出“GridView 任务”列表，在“选择数据源”下拉列表中选择 SqlDataSource1 选项。

(4) 在“GridView 任务”列表中，选择“自动套用格式”，弹出“自动套用格式”对话框，选择“选择架构”列表中的“秋天”选项，然后单击“确定”按钮。

(5) 配置 SqlDataSource1 控件的数据源绑定到 BookInfo 数据表。

(6) 双击网站目录下的 Default.aspx 文件，进入“视图编辑”界面，打开“源”视图，在编辑区中编写声明 GridView 控件的关键代码如下：

```
<asp:GridView ID="GridView1" runat="server" AllowPaging="True"
AllowSorting="True" AutoGenerateColumns="False" BackColor="White"
BorderColor="#CC9966" BorderStyle="None" BorderWidth="1px" CellPadding="4"
DataKeyNames="ID" DataSourceID="SqlDataSource1" PageSize="5">
    <Columns>
        <asp:BoundField DataField="ID" HeaderText="编号" ReadOnly="True"
SortExpression="ID" />
        <asp:BoundField DataField="Name" HeaderText="书名" SortExpression="Name" />
```

```
            <asp:BoundField DataField="Author" HeaderText="作者" SortExpression=
"Author" />
            <asp:BoundField DataField="Press" HeaderText="出版社" SortExpression=
"Press" />
        </Columns>
        <FooterStyle BackColor="#FFFFCC" ForeColor="#330099" />
        <HeaderStyle BackColor="#990000" Font-Bold="True" ForeColor="#FFFFCC" />
        <PagerStyle BackColor="#FFFFCC" ForeColor="#330099" HorizontalAlign="Center" />
        <RowStyle BackColor="White" ForeColor="#330099" />
        <SelectedRowStyle BackColor="#FFCC66" Font-Bold="True" ForeColor="#663399" />
        <SortedAscendingCellStyle BackColor="#FEFCEB" />
        <SortedAscendingHeaderStyle BackColor="#AF0101" />
        <SortedDescendingCellStyle BackColor="#F6F0C0" />
        <SortedDescendingHeaderStyle BackColor="#7E0000" />
    </asp:GridView>
```

代码说明：第 1 行添加了一个服务器列表控件 GirdView1 并设置 AllowPaging 属性为启用分页功能。第 2 行设置属性 AllowSorting 使该控件可以以字段标题进行排序，同时设置 AutoGenerateColumns 为 False，即禁用自动生成列的功能。第 4 行通过 DataKeyNames 属性将 ID 字段作为主键；设置 DataSourceID 属性将数据源控件 SqlDataSource1 作为 GridView 的数据源；设置 PageSize 属性为 5，表示分页后每页显示 5 条数据记录。第 6～12 行分别定义 GirdView 控件的 4 个列：ID、Name、Author 和 Press，每一列的定义包括数据区域指定、列标题和排序表达式的设置。

(7) 按 Ctrl＋F5 组合键，运行结果如图 8-7 所示。

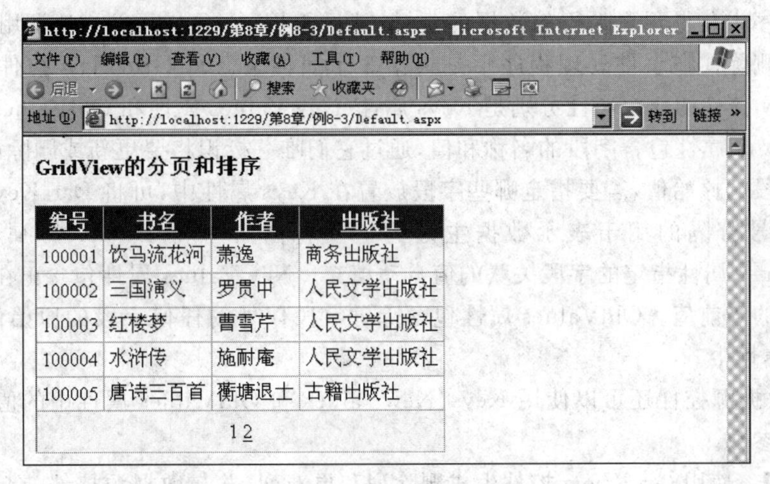

图 8-7　分页显示效果

如果使用的是 ObjectDataSource 控件或者不使用数据源控件，则要实现分页功能就必须编写 GridView 的 PageIndexChange 事件处理程序。

8.2.6　GridView 控件的数据操作

当 GridView 控件把数据显示到页面时，有时候可能需要对这些数据进行修改或删除。GridView 控件通过内置的属性来提供这些操作界面，而实际的数据操作则通过数据源控件或 ADO.NET 来实现。

有如下 3 种方式可用来启用 GridView 控件的删除或修改功能。

(1) 将 AutoGenerateEditButton 属性设置为 true 以启用修改,将 AutoGenerateDeleteButton 属性设置为 true 以启用删除。

(2) 添加一个 CommandField 列,并将其 ShowEditButton 属性设置为 true 以启用修改,将其 ShowDeleteButton 属性设置为 true 以启用删除。

(3) 创建一个 TemplateField,其中 ItemTemplate 包含多个命令按钮,要进行更新时可将 CommandName 设置为 Edit,要进行删除时可设置为 Delete。

当启用 GridView 控件的删除或修改功能时,GridView 控件会显示一个能够让用户编辑或删除各行的用户界面。一般情况下,会在一列或多列中显示按钮或链接,用户通过单击按钮或链接把所在的行置于可编辑模式下或直接把该行删除。

在处理更改和删除的实际操作时,有以下两种选择。

(1) 使用数据源控件。用户保存更改时,GridView 控件将更改和主键信息传递到由 DataSourceID 属性标识的数据源控件,从而调用适当的更新操作,例如,SqlDataSource 控件使用更改后的数据作为参数值来执行 SQL Update 语句。用户删除行时,GridView 控件将主键信息传递到由 DataSourceID 属性标识的数据源控件,从而调用执行 SQL Delete 语句进行删除操作。

(2) 在事件处理程序中使用 ADO.NET 方法编写自动的更新或删除代码。用户保存更改时将触发事件 RowUpdated,在该事件处理程序中获得更改后的数据,然后使用 ADO .NET 方法调用 SQL Update 语句把数据更新。用户删除行时将触发事件 RowDeleted,在事件处理程序中获得要删除行的数据的主键,然后使用 ADO .NET 方法调用 SQL Delete 语句把数据删除。在事件处理程序中是根据 3 个属性来获得 GridView 控件传递的数据的,GridView 控件的 3 个属性分别是 Keys 属性、NewValues 属性和 OldValues 属性。

其中,Keys 属性包含字段的名称和值,通过它们唯一标识将要更新或删除的记录,并始终包含键字段的原始值,若要指定哪些字段放置在 Keys 属性中,可将 DataKeyNames 属性设置为用逗号分隔的用于表示数据主键的字段名称的列表,DataKeys 属性会用与为 DataKeyNames 属性指定的字段关联的值自动填充。NewValues 属性包含正在编辑的行中的输入控件的当前值。OldValues 属性包含除键字段以外的任何字段的原始值,键字段包含在 Keys 属性中。

此外,数据源控件还可以使用 Keys、NewValues 和 OldValues 属性中的值作为更新或删除命令的参数。

【例 8-4】 使用 GridView 控件生成删除列和更新列,并与数据源控件一起实现数据的更新和删除操作。

(1) 启动 Visual Studio 2010,创建一个 ASP.NET Web 应用程序,命名为“例 8-4”。

(2) 双击网站目录下的 Default.aspx 文件,进入“视图编辑”界面,打开“设计”视图,从工具箱中拖动一个 GridView 控件和一个 SqlDataSource 数据源控件。

(3) 将鼠标移到 GridView 控件上,其上方会出现一个向右的黑色小三角,单击它,弹出“GridView 任务”列表,在“选择数据源”下拉列表中选择 SqlDataSource1 选项。

(4) 在“GridView 任务”列表中,选择“自动套用格式”,弹出“自动套用格式”对话框,选择"选择架构"列表中的"秋天"选项，然后单击"确定"按钮。

(5) 双击网站目录下的 Default.aspx 文件，进入"视图编辑"界面，打开"源"视图，在编辑区中编写声明 GridView 控件和 SqlDataSource 的关键代码如下：

```
<asp:GridView ID="GridView1" runat="server" AllowPaging="True"
AutoGenerateColumns="False" CellPadding="4" DataKeyNames="ID"
DataSourceID="SqlDataSource1" ForeColor="#333333" GridLines="None"
onselectedindexchanged="GridView1_SelectedIndexChanged" PageSize="3">
        <AlternatingRowStyle BackColor="White" ForeColor="#284775" />
        <Columns>
            <asp:BoundField DataField="ID" HeaderText="编号" ReadOnly="True"
SortExpression="ID" />
            <asp:BoundField DataField="Name" HeaderText="书名" SortExpression=
"Name" />
            <asp:BoundField DataField="Author" HeaderText="作者" SortExpression=
"Author" />
            <asp:BoundField DataField="Press" HeaderText="出版社"
SortExpression="Press" />
            <asp:CommandField HeaderText="操作" ShowSelectButton="True" />
        </Columns>
        <EditRowStyle BackColor="#999999" />
        <FooterStyle BackColor="#5D7B9D" Font-Bold="True" ForeColor="White" />
        <HeaderStyle BackColor="#5D7B9D" Font-Bold="True" ForeColor="White" />
        <PagerStyle BackColor="#284775" ForeColor="White" HorizontalAlign="Center" />
        <RowStyle BackColor="#F7F6F3" ForeColor="#333333" />
        <SelectedRowStyle BackColor="#E2DED6" Font-Bold="True" ForeColor="#333333" />
        <SortedAscendingCellStyle BackColor="#E9E7E2" />
        <SortedAscendingHeaderStyle BackColor="#506C8C" />
        <SortedDescendingCellStyle BackColor="#FFFDF8" />
        <SortedDescendingHeaderStyle BackColor="#6F8DAE" />
</asp:GridView>
<asp:DetailsView ID="DetailsView1" runat="server" Height="50px" Width="227px"
AllowPaging="True" AutoGenerateRows="False" CellPadding="4" DataKeyNames="ID"
DataSourceID="SqlDataSource1" ForeColor="#333333" GridLines="Horizontal"
AutoGenerateDeleteButton="True" AutoGenerateEditButton="True"
AutoGenerateInsertButton="True">
        <AlternatingRowStyle BackColor="White" ForeColor="#284775" />
        <CommandRowStyle BackColor="#E2DED6" Font-Bold="True" />
        <EditRowStyle BackColor="#999999" />
        <FieldHeaderStyle BackColor="#E9ECF1" Font-Bold="True" />
        <Fields>
            <asp:BoundField DataField="ID" HeaderText="编号" ReadOnly="True"
                SortExpression="ID" />
            <asp:BoundField DataField="Name" HeaderText="书名" SortExpression=
"Name" />
            <asp:BoundField DataField="Author" HeaderText="作者" SortExpression=
"Author" />
            <asp:BoundField DataField="Press" HeaderText="出版社"
SortExpression="Press" />
        </Fields>
```

```
            <FooterStyle BackColor="#5D7B9D" Font-Bold="True" ForeColor="White" />
            <HeaderStyle BackColor="#5D7B9D" Font-Bold="True" ForeColor="White" />
            <PagerStyle BackColor="#284775" ForeColor="White" HorizontalAlign="Center" />
            <RowStyle BackColor="#F7F6F3" ForeColor="#333333" />
        </asp:DetailsView>
        <asp:SqlDataSource ID="SqlDataSource1" runat="server"
    ConflictDetection="CompareAllValues"
    ConnectionString="<%$ConnectionStrings:BookStorConnectionString %>"
    DeleteCommand="DELETE FROM [BookInfo] WHERE [ID]=@original_ID AND [Name]=@
   original_Name AND [Author]=@original_Author AND [Press]=@original_Press"
    InsertCommand="INSERT INTO [BookInfo] ([ID], [Name], [Author], [Press]) VALUES
    (@ID, @Name, @Author, @Press)"
    OldValuesParameterFormatString="original_{0}"
    SelectCommand="SELECT * FROM [BookInfo]"
    UpdateCommand="UPDATE [BookInfo] SET [Name]=@Name, [Author]=@Author, [Press]=
   @Press WHERE [ID]=@original_ID AND [Name]=@original_Name AND [Author]=@original
    _Author AND [Press]=@original_Press">
            <DeleteParameters>
                <asp:Parameter Name="original_ID" Type="String" />
                <asp:Parameter Name="original_Name" Type="String" />
                <asp:Parameter Name="original_Author" Type="String" />
                <asp:Parameter Name="original_Press" Type="String" />
            </DeleteParameters>
            <InsertParameters>
                <asp:Parameter Name="ID" Type="String" />
                <asp:Parameter Name="Name" Type="String" />
                <asp:Parameter Name="Author" Type="String" />
                <asp:Parameter Name="Press" Type="String" />
            </InsertParameters>
            <UpdateParameters>
                <asp:Parameter Name="Name" Type="String" />
                <asp:Parameter Name="Author" Type="String" />
                <asp:Parameter Name="Press" Type="String" />
                <asp:Parameter Name="original_ID" Type="String" />
                <asp:Parameter Name="original_Name" Type="String" />
                <asp:Parameter Name="original_Author" Type="String" />
                <asp:Parameter Name="original_Press" Type="String" />
            </UpdateParameters>
        </asp:SqlDataSource>
```

代码说明：第1行添加了一个服务器列表控件 GirdView1 并设置 AllowPaging 属性为启用分页功能。第2行设置 AutoGenerateColumns 为 False，即禁用自动生成列的功能，并通过 DataKeyNames 属性将 ID 字段作为主键。第3行设置 DataSourceID 属性将数据源控件 SqlDataSource1 作为 GridView 的数据源。第7～14行分别定义 GirdView 控件的4个列：ID、Name、Author 和 Press，每一列的定义包括数据区域指定、列标题和排序表达式的设置。第15行分别添加一个操作列 CommandField，显示编辑按钮和删除按钮。第52行添加了一个服务器数据源控件 SqlDataSource1。第54行设置控件 ConnectionString 属性的连接字符串对象为 BookStoreConnectionString，该字符串自动在 Web.config 文件中的

<connectionStrings></connectionStrings>节点中生成。第 55 行通过 DeleteCommand 属性设置删除数据表数据的 SQL 语句。第 57 行通过 InsertCommand 属性设置插入数据表数据的 SQL 语句。第 60 行通过 SelectCommand 属性设置查询数据表数据的 SQL 语句。第 61 行通过 UpdateCommand 属性设置查询数据表数据的 SQL 语句。第 64～69 行定义删除命令中的 4 个参数编号和类型。第 70～75 行定义插入命令中的 4 个参数和类型。第 76～84 行定义更新命令中的 4 个新参数、4 个旧参数以及它们的类型。

(6) 按 Ctrl+F5 组合键，运行结果如图 8-8 所示。单击表中第一行数据中的“编辑”按钮。

GridView控件更新和删除数据

编号	书名	作者	出版社	操作	操作
100001	饮马流花河	萧逸	商务出版社	更新 取消	
100002	三国演义	罗贯中	人民文学出版社	编辑	删除
100003	红楼梦	曹雪芹	人民文学出版社	编辑	删除
100004	水浒传	施耐庵	人民文学出版社	编辑	删除
100005	唐诗三百首	蘅塘退士	古籍出版社	编辑	删除

12

图 8-8 编辑第一行数据

(7) 进入如图 8-9 所示的编辑操作，每一列可编辑的数据都以文本框的形式出现，这样用户就可以修改其中的数据，输入新的书名“神雕侠侣”、新的作者“金庸”和新的出版社“上海三联出版社”。如果想取消更新操作可以单击“取消”按钮，回到如图 8-8 所示的界面，如果确认要进行更新操作，就单击“更新”按钮。

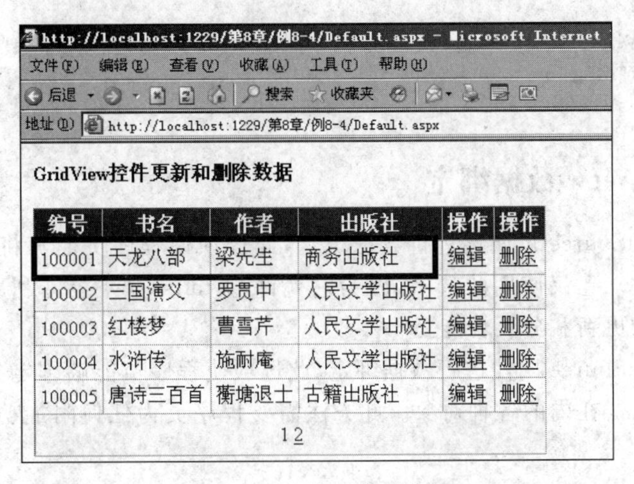

GridView控件更新和删除数据

编号	书名	作者	出版社	操作	操作
100001	天龙八部	梁先生	商务出版社	编辑	删除
100002	三国演义	罗贯中	人民文学出版社	编辑	删除
100003	红楼梦	曹雪芹	人民文学出版社	编辑	删除
100004	水浒传	施耐庵	人民文学出版社	编辑	删除
100005	唐诗三百首	蘅塘退士	古籍出版社	编辑	删除

12

图 8-9 更新后的数据

8.3 DetailsView 控件

DetailsView 控件主要用来从与它联系的数据源中一次显示、编辑、插入或删除一条记录。它通常与 GridView 控件一起使用在主/详细方案中,GridView 控件用来显示主要的数据记录,而 DetailsView 控件显示每条数据的详细信息。

8.3.1 DetailsView 控件的作用

DetailsView 控件具有以下几种作用。

(1) 支持与数据源绑定。

(2) 内置数据添加功能。

(3) 内置更新、删除、分页功能。

(4) 支持访问 Details 对象模型、动态设置属性、处理事件。

程序员可以从它的关联数据源中一次显示、编辑、插入或删除一条记录。

默认情况下,DetailsView 控件将记录的每个字段显示在它自己的一行内。

DetailsView 控件通常用于更新和插入新记录,并且通常在主/详细方案中使用,在这些方案中,主控件的选中记录决定了要在 DetailsView 控件中显示的记录。

即使 DetailsView 控件的数据源公开了多条记录,该控件一次也仅显示一条数据记录。

DetailsView 控件依赖于数据源控件的功能执行,诸如更新、插入和删除记录等任务。DetailsView 控件不支持排序。

8.3.2 DetailsView 控件声明

DetailsView 控件的声明代码如下:

```
<asp:DetailsView ID="DetailsView1" runat="server" DataSourceID="ObjectDataSource3"
Height="50px" Width="430px">
</asp:DetailsView>
```

8.3.3 DetailsView 数据绑定

(1) 使用 DataSourceID 属性进行数据绑定,此选项使程序员能够将 DetailsView 控件绑定到数据源控件。建议使用此选项,因为它允许 DetailsView 控件利用数据源控件的功能并提供了内置的更新和分页功能。

(2) 使用 DataSource 属性进行数据绑定,此选项使程序员能够绑定到包括 ADO.NET 数据集和数据读取器在内的各种对象。此方法需要程序员为任何附加功能(如更新和分页等)编写代码。

8.3.4 字段类型的 Fields 属性

字段类型的 Fields 属性如表 8-9 所示。

表 8-9　字段类型的 Fields 属性

字段类型	说　明
BoundField	以文本形式显示数据源中某个字段的值
ButtonField	在 DetailsView 控件中显示一个命令按钮。允许显示一个带有自定义按钮(如"添加"或"移除"按钮)控件的行
CheckBoxField	在 DetailsView 控件中显示一个复选框
CommandField	在 DetailsView 控件中显示用来执行编辑、插入或删除操作的内置命令按钮
HyperLinkField	将数据源中某个字段的值显示为超链接
ImageField	在 DetailsView 控件中显示图像
TemplateField	根据指定的模板为 DetailsView 控件中的行显示用户定义的内容

8.3.5　常用属性

DetailsView 控件的常用属性如表 8-10 所示。

表 8-10　DetailsView 控件的常用属性

名　称	说　明
AllowPaging	获取或设置一个值,该值指示是否启用分页功能
AlternatingRowStyle	获取对 TableItemStyle 对象的引用,该对象允许设置 DetailsView 控件中的交替数据行的外观
AutoGenerateDeleteButton	获取或设置一个值,该值指示用来删除当前记录的内置控件是否在 DetailsView 控件中显示
AutoGenerateEditButton	获取或设置一个值,该值指示用来编辑当前记录的内置控件是否在 DetailsView 控件中显示
AutoGenerateInsertButton	获取或设置一个值,该值指示用来插入新记录的内置控件是否在 DetailsView 控件中显示
AutoGenerateRows	获取或设置一个值,该值指示对应于数据源中每个字段的行字段是否自动生成并在 DetailsView 控件中显示
BackColor	获取或设置 Web 服务器控件的背景色
BackImageUrl	获取或设置要在 DetailsView 控件的背景中显示的图像的 URL
BorderColor	获取或设置 Web 控件的边框颜色
BorderStyle	获取或设置 Web 服务器控件的边框样式
BorderWidth	获取或设置 Web 服务器控件的边框宽度
BottomPagerRow	获取一个 DetailsViewRow 对象,该对象表示 DetailsView 控件中的底部页导航行
Caption	获取或设置要在 DetailsView 控件内的 HTML 标题元素中呈现的文本。提供此属性的目的是使辅助技术设备的用户更易于访问控件
CaptionAlign	获取或设置 DetailsView 控件中的 HTML 标题元素的水平或垂直位置。提供此属性的目的是使辅助技术设备的用户更易于访问控件
CellPadding	获取或设置单元格的内容和单元格的边框之间的空间量
CellSpacing	获取或设置单元格间的空间量

续表

名　称	说　明
CommandRowStyle	获取对 TableItemStyle 对象的引用,该对象允许设置 DetailsView 控件中的命令行的外观
Controls	获取复合数据绑定控件内的子控件的集合
CurrentMode	获取 DetailsView 控件的当前数据输入模式
DataItem	获取绑定到 DetailsView 控件的数据项
DataItemCount	获取基础数据源中的项数
DataItemIndex	从基础数据源中获取 DetailsView 控件中正在显示的项的索引
DataKey	获取一个 DataKey 对象,该对象表示所显示的记录的主键
DataKeyNames	获取或设置一个数组,该数组包含数据源的键字段的名称
DataMember	当数据源包含多个不同的数据项列表时,获取或设置数据绑定控件绑定到的数据列表的名称
DataSource	获取或设置对象,数据绑定控件从该对象中检索其数据项列表
DataSourceID	获取或设置控件的 ID,数据绑定控件从该控件中检索其数据项列表
DefaultMode	获取或设置 DetailsView 控件的默认数据输入模式
EditRowStyle	获取一个对 TableItemStyle 对象的引用,该对象允许设置在 DetailsView 控件处于编辑模式时数据行的外观
EmptyDataRowStyle	获取一个对 TableItemStyle 对象的引用,该对象允许设置在绑定到 DetailsView 控件的数据源不包含任何记录时所显示的空数据行的外观
EmptyDataTemplate	获取或设置当 DetailsView 控件绑定到不包含任何记录的数据源时所呈现的空数据行的用户定义内容
EmptyDataText	获取或设置在 DetailsView 控件绑定到不包含任何记录的数据源时所呈现的空数据行中显示的文本
Enabled	获取或设置一个值,该值指示是否启用 Web 服务器控件
FieldHeaderStyle	获取对 TableItemStyle 对象的引用,该对象允许设置 DetailsView 控件中的标题列的外观
Fields	获取 DataControlField 对象的集合,这些对象表示 DetailsView 控件中显式声明的行字段
Font	获取与 Web 服务器控件关联的字体属性
FooterRow	获取表示 DetailsView 控件中的脚注行的 DetailsViewRow 对象
FooterStyle	获取对 TableItemStyle 对象的引用,该对象允许设置 DetailsView 控件中的脚注行的外观
FooterTemplate	获取或设置 DetailsView 控件中的脚注行的用户定义内容
FooterText	获取或设置要在 DetailsView 控件的脚注行中显示的文本
ForeColor	获取或设置 Web 服务器控件的前景色(通常是文本颜色)
GridLines	获取或设置 DetailsView 控件的网格线样式
HasAttributes	获取一个值,该值指示控件是否具有属性集
HeaderRow	获取表示 DetailsView 控件中的标题行的 DetailsViewRow 对象

续表

名　称	说　明
HeaderStyle	获取对 TableItemStyle 对象的引用，该对象允许设置 DetailsView 控件中的标题行的外观
HeaderTemplate	获取或设置 DetailsView 控件中的标题行的用户定义内容
HeaderText	获取或设置要在 DetailsView 控件的标题行中显示的文本
Height	获取或设置 Web 服务器控件的高度
HorizontalAlign	获取或设置 DetailsView 控件在页面上的水平对齐方式
InsertRowStyle	获取一个对 TableItemStyle 对象的引用，该对象允许设置在 DetailsView 控件处于插入模式时 DetailsView 控件中的数据行的外观
PageCount	获取数据源中的记录数
PageIndex	获取或设置所显示的记录的索引
PagerStyle	获取对 TableItemStyle 对象的引用，该对象允许设置 DetailsView 控件中的页导航行的外观
PagerTemplate	获取或设置 DetailsView 控件中页导航行的自定义内容
Rows	获取表示 DetailsView 控件中数据行的 DetailsViewRow 对象的集合
RowStyle	获取对 TableItemStyle 对象的引用，该对象允许设置 DetailsView 控件中的数据行的外观
SelectedValue	获取 DetailsView 控件中的当前记录的数据键值
ToolTip	获取或设置当鼠标指针悬停在 Web 服务器控件上时显示的文本
TopPagerRow	获取一个 DetailsViewRow 对象，该对象表示 DetailsView 控件中的顶部页导航行
Visible	获取或设置一个值，该值指示服务器控件是否作为 UI 呈现在页上
Width	获取或设置 Web 服务器控件的宽度

默认情况下，在 DetailsView 控件中一次只能显示一行数据，如果要显示多行数据，就需要使用 GridView 控件一次或分页显示。不过，DetailsView 控件也支持分页显示数据，即把来自数据源的控件利用分页的方式一次一行地显示出来，有时一行数据的信息过多，利用这种方式显示数据的效果可能会更好。

若要启用 DetailsView 控件的分页行为，则需要把属性 AllowPaging 设置为 true，而其页面大小则是固定的，始终都是一行。当启用 DetailsView 控件的分页行为时，则可以通过 PagerSettings 属性来设置控件的分页界面。

8.3.6　DetailsView 控件常用方法属性

DetailsView 控件提供了如表 8-11 所示的常用方法。

8.3.7　DetailsView 控件常用事件属性

这些属性包括行为属性、外观属性、样式属性、模板属性、状态属性，如表 8-12 所示

表 8-11 DetailsView 控件的常用方法

名　称	说　明
ChangeMode	将 DetailsView 控件切换为指定模式
DeleteItem	从数据源中删除当前记录
FindControl	已重载。在当前的命名容器中搜索指定的服务器控件
InsertItem	将当前记录插入数据源中
UpdateItem	更新数据源中的当前记录

表 8-12 DetailsView 控件的常用事件属性

名　称	说　明
DataBinding	当服务器控件绑定到数据源时发生
DataBound	在服务器控件绑定到数据源后发生
Disposed	当从内存释放服务器控件时发生，这是请求 ASP.NET 页时服务器控件生存期的最后阶段
Init	当服务器控件初始化时发生；初始化是控件生存期的第一步
ItemCommand	当单击 DetailsView 控件中的按钮时发生
ItemCreated	在 DetailsView 控件中创建记录时发生
ItemDeleted	在单击 DetailsView 控件中的“删除”按钮时，但在删除操作之后发生
ItemDeleting	在单击 DetailsView 控件中的“删除”按钮时，但在删除操作之前发生
ItemInserted	在单击 DetailsView 控件中的“插入”按钮时，但在插入操作之后发生
ItemInserting	在单击 DetailsView 控件中的“插入”按钮时，但在插入操作之前发生
ItemUpdated	在单击 DetailsView 控件中的“更新”按钮时，但在更新操作之后发生
ItemUpdating	在单击 DetailsView 控件中的“更新”按钮时，但在更新操作之前发生
Load	当服务器控件加载到 Page 对象中时发生
ModeChanged	当 DetailsView 控件试图在编辑、插入和只读模式之间更改时，但在更新 CurrentMode 属性之后发生
ModeChanging	当 DetailsView 控件试图在编辑、插入和只读模式之间更改时，但在更新 CurrentMode 属性之前发生
PageIndexChanged	当 PageIndex 属性的值在分页操作更改后发生
PageIndexChanging	当 PageIndex 属性的值在分页操作更改前发生
PreRender	在加载 Control 对象之后、呈现之前发生
Unload	当服务器控件从内存中卸载时发生

DetailsView 控件本身自带了编辑数据的功能，只要把属性 AutoGenerateDeleteButton、AutoGenerateInsertButton 和 AutoGenerateEditButton 设为 true 就可以启用 DetailsView 控件的编辑数据的功能，当然实际的数据操作过程还是在数据源控件中进行。与 GridView 控件相比，DetailsView 控件中支持数据的插入操作。

【例 8-5】 通过 SqlDataSource 控件、GridView 控件和 DetailsView 控件的结合使用，实现主/从表查询，并在 DetailsView 控件中完成新建、编辑和删除数据的操作。

(1) 启动 Visual Studio 2010，创建一个 ASP.NET Web 应用程序，命名为“例 8-5”。

(2) 双击网站目录下的 Default.aspx 文件，进入“视图编辑”界面，打开“设计”视图，从工具箱中拖动 1 个 DetailsView 控件、1 个 GridView 控件和 1 个 SqlDataSource 数据源控件。

(3) 配置 SqlDataSource1 控件的数据源绑定到 BookInfo 数据表。

(4) 在 DetailsView 控件右上方有一个向右的黑色小三角，单击这个小按钮，打开如图 8-10 所示的“DetailsView 任务”列表，展开“选择数据源”下拉列表，从中选择 SqlDataSource1 选项。

(5) 这时 DetailsView1 控件的外观会根据 SqlDataSource1 控件中设置的属性发生如图 8-11 所示的相应变化。接着选中“DetailsView 任务”列表中的“启用分页”“启用插入”“启用编辑”“启用删除”4 个复选框。

(6) 在“DetailsView 任务”列表中选择“自动套用格式”，弹出“自动套用格式”对话框，选择“选择架构”列表中的“专业型”选项，然后单击“确定”按钮。

(7) 在“DetailsView 任务”列表中选择“编辑字段”，进入“字段”对话框，设置 DetailsView 控件中的 4 个列字段：编号、书名、作者和出版社，以及要绑定的数据库表字段的值，最后设计好的 DetailsView 控件界面如图 8-12 所示。

图 8-10 “DetailsView 任务”列表(1)

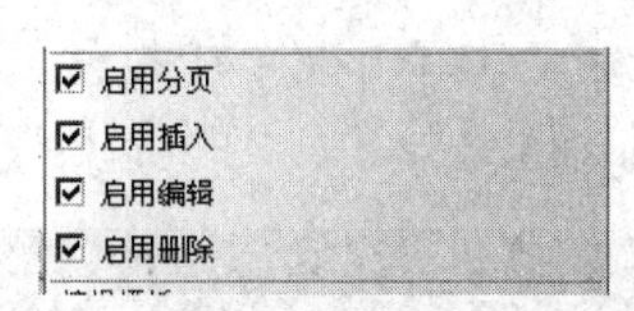

图 8-11 “DetailsView 任务”列表(2)

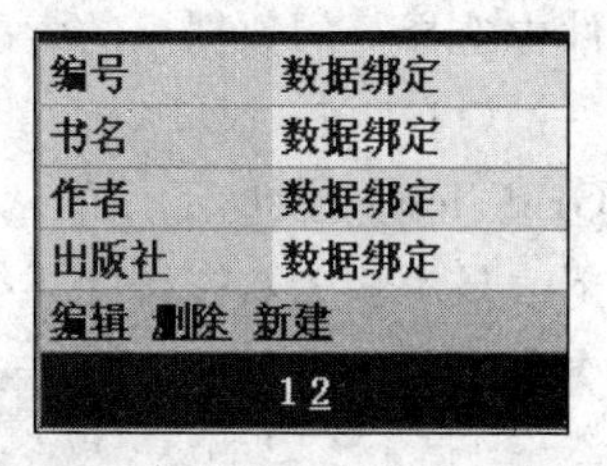

图 8-12 DetailsView 控件界面

(8) 在 GridView 控件右上方有一个向右的黑色小三角，单击这个小按钮，打开“GridView 任务”列表，展开“选择数据源”下拉列表，从中选择 SqlDataSource1 选项，然后选择“GridView 任务”列表中的“编辑列”命令，进入图 8-13 所示的“字段”对话框，选择“可用字段”列表中的 CommandField 命令，单击“添加”按钮。在“选定的字段”列表中选择 CommandField 命令，在右边 CommandField 列表中可以设置相关的属性，这里设置 ShowSelectButton 属性为 True，在 GridView 控件添加一个操作选择数据行的列，显示“选择”按钮，最后单击“确定”按钮。

(9) 在 GridView 控件的“属性”窗口中设置 AllowPaging 属性为 true、PageSize 属性为 3、AutoGenerateColumns 属性为 false。

(10) 双击网站根目录下的 Default.aspx.es，打开 Default.aspx.cs 文件，添加如下代码。

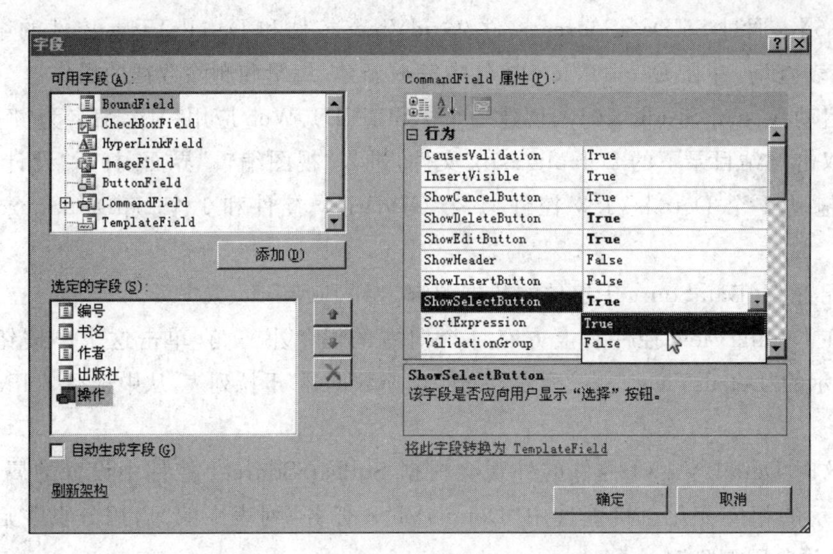

图 8-13　GridView 的"字段"对话框

```
protected void GridView1_SelectedIndexChanged1(object sender, EventArgs e)
{
    this.DetailsView1 .PageIndex=this.GridView1.SelectedRow.DataItemIndex;
}
```

代码说明：第 1 行处理 GridView1 控件的 SelectedIndexChanged1 事件。第 3 行将控件中选择行的数据项的索引作为 DetailsView1 的页面索引。

(11) 按 Ctrl＋F5 组合键，运行结果如图 8-14 所示。页面中上面的主列表是 GridView1 控件，下面的从列表是 DetailsView1 控件。单击上表数据行中的"选择"按钮，下表显示相关数据行的详细信息，单击下表中的"新建"按钮。

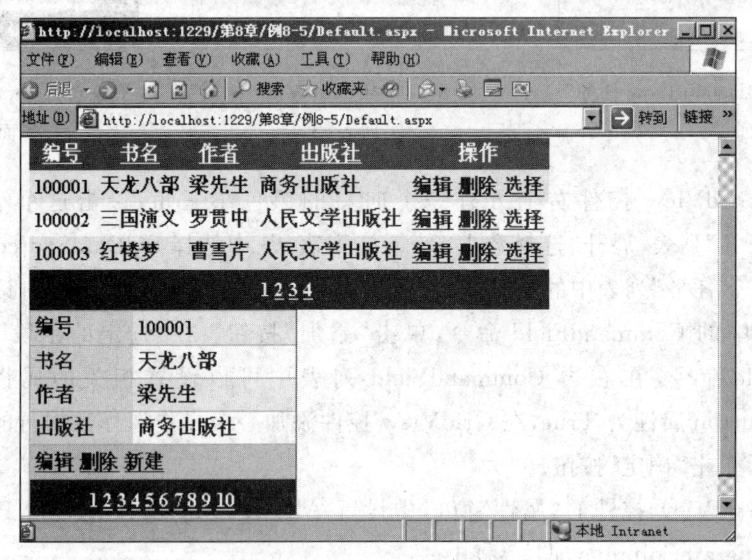

图 8-14　例 8-5 运行结果

(12) DetailsView 中每一列可编辑的数据都以文本框的形式出现，这样用户就可以新建其中的数据，输入如图 8-15 所示的书名等信息，如果确认要进行新建操作，就单击“插入”按钮，如果想取消更新操作，可以单击“取消”按钮，回到如图 8-14 所示的界面。

(13) 插入数条数据后，GridView 控件的最后一条显示新插入的数据，单击“选择”按钮，DetailView 控件的显示如图 8-16 所示。至于 DetailView 控件编辑和删除的操作与 GridView 控件类似，这里不再演示。

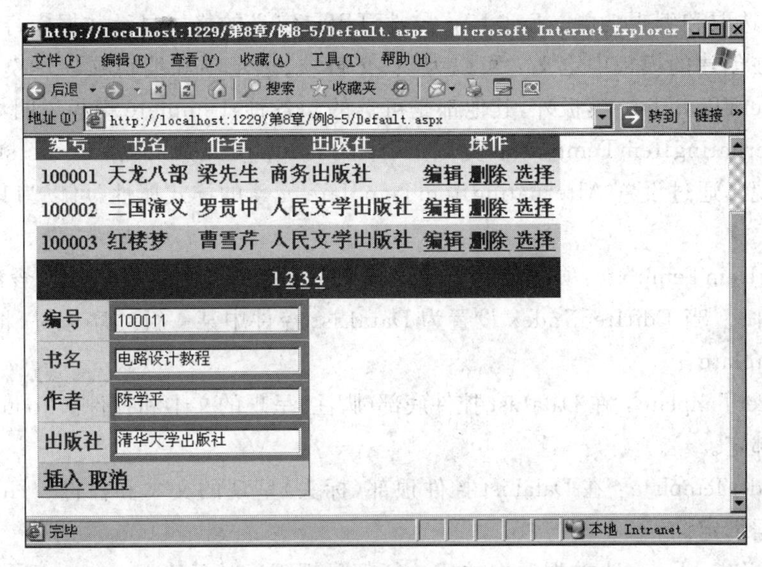

图 8-15　插入新书

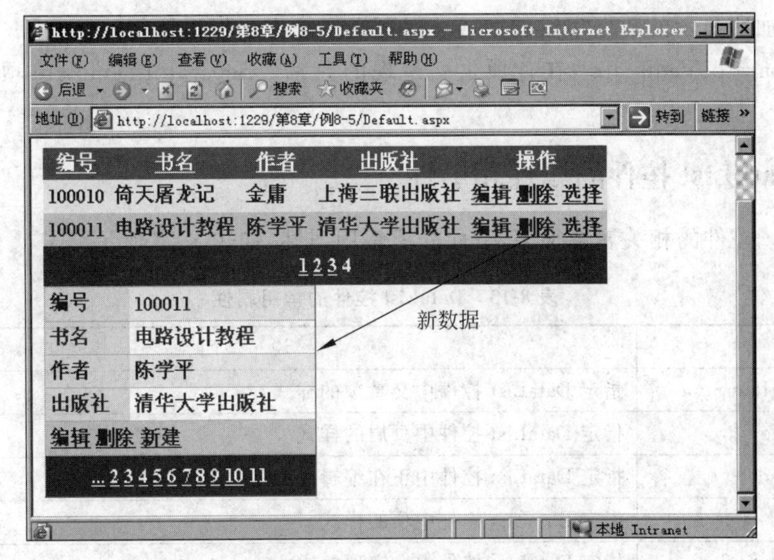

图 8-16　选择最后一条数据

提示：DetailsView 控件通常用在主/详细信息方案中，在这种方案中，主控件(如 GridView 控件)中的所选记录决定了 DetailsView 控件要显示的记录。

8.4 DataList 控件

DataList 控件默认使用表格方式来显示数据，其使用方法与 Repeater 控件相似，也是使用模板标记。不过 DataList 控件新增了 SelectItemTemplate 和 EditItemTemplate 模板标记，可支持选取和编辑功能。DataList 控件可用自定义的格式显示数据库行的信息，显示数据的格式在创建的模板中定义。可以为项、交替项、选定项和编辑项创建模板，在这些模板中，除了 ItemTemplate 模板外，其他都是可选的。各种 Template 模板说明如下。

(1) AlternatingItemTemplate：类似于 ItemTemplate 元素，但在 DataList 控件中隔行(交替行)呈现。通过设置 AlternatingItemTemplate 元素的样式属性，可以为其指定不同的外观。

(2) EditItemTemplate：项在设置为编辑模式后的布局，此模板通常包含编辑控件(如 TextBox 控件)。当 EditItemIndex 设置为 DataList 控件中某一行的序号时，将为该行调用 EditItemTemplate。

(3) FooterTemplate：在 DataList 控件底部(脚注)呈现的文本和控件。FooterTemplate 不能进行数据绑定。

(4) HeaderTemplate：在 DataList 控件顶部(标头)呈现的文本和控件。HeaderTemplate 不能进行教据绑定。

(5) ItemTemplate：为数据源中的每一行都呈现一次的元素。

(6) SelectedItemTemplate：当用户选择 DataList 控件中的一项时呈现的元素。通常的用法是增加所显示的数据字段的个数并以可视形式突出标记该行。

(7) SeparatorTemplate：在各项之间呈现的元素。SeparatorTemplate 项不能进行数据绑定。

8.4.1 DataList 控件的属性和事件

DataList 控件的相关属性很多，下面介绍常用属性，如表 8-13 所示。

表 8-13 DataList 控件的常用属性

属性	说明
AlternatingItemStyle	指定 DataList 控件中交替项的样式
HeaderStyle	指定 DataList 控件中页眉的样式
EditItemStyle	指定 DataList 控件中正在编辑的项的样式
ItemStyle	指定 DataList 控件中项的样式
SelectedItemStyle	指定 DataList 控件中选定项的样式
SeparatorStyle	指定 DataList 控件中各项之间的分隔符的样式
RepeatColumns	设置 DataList 控件的数据分成多列显示
RepeatDirection	设置 DataList 控件数据项的呈现方式是 Vertical (垂直，默认值)还是 Horizontal (水平)
RepeatLayout	DataList 控件展示方式的版面配置为 Table 或 Flow

DataList 控件提供了与行行为，以及对行的数据进行选择、编辑、更新和删除等操作的相关事件，如表 8-14 所示。

表 8-14　DataList 控件的事件

事　　件	说　　明
ItemCommand	当单击 DataList 控件中的任一按钮时发生
ItemCreated	当在 DataList 控件中创建项时在服务器上发生
ItemDataBound	当项被数据绑定到 DataList 控件时发生
EditCommand	对 DataList 控件中的某项单击 Edit 按钮时发生
CancelCommand	对 DataList 控件中的某项单击 Cancel 按钮时发生
UpdateCommand	对 DataList 控件中的某项单击 Update 按钮时发生
DeleteCommand	对 DataList 控件中的某项单击 Delete 按钮时发生
SclectedIndexChanged	在两次服务器发送之间，在数据列表控件中选择了不同的项时发生

8.4.2　编辑 DataList 控件的模板

编辑项模板除了可以以手写代码实现外，还可以通过项模板编辑器进行可视化操作。在编辑器中提供了项模板、页脚和页眉模板以及分隔符模板，这 3 种是比较常用的项模板。编辑项模板的步骤如下。

(1) 在“设计”视图中选中 DataList 控件后右击鼠标，在弹出的快捷菜单中选择“编辑模板”|“项模板”命令。

(2) 进入如图 8-17 所示的“项模板”编辑器。项模板有 4 中类型：ItemTemplate(普通项)、AlternatingItemTemplate（交叉项）、SelectedItemTemplate（选中项）、EditItemTemplate（可编辑项），可以分别为这些项进行项的编辑。

图 8-17　“项模板”编辑器

ItemTemplate 控制的是 DataList 中每一行的外观；AlternatingItemTemplate 控制的是交替项的外观，当上下两项具有不同外观时，使用该项来设置奇数项的显示是由 ItemTemplate 控制的外观，偶数项的显示是由 AlternatingItemTemplate 控制的外观；SelectedItemTemplate控制的是被选中项的外观；EditItemTemplate 控制 DataList 控件中为进行编辑而选定的项内容，在需要进行编编时，将外观从 ItemTemplate 切换到 EditItemTemplate，然后可以修改项中的内容。

(3) 编辑设计 DataList 中的 ItemTemplate 模板和 SelectedItemTemplate。分别在 ItemTemplate 和 SelectedItemTemplate 中各自添加一个 LinkButton，并设置不同的颜色背景，这样在单击此按钮时，因为颜色的不同，就很容易与未被选中的状态区别开来。

(4) 模板编辑结束后，在模板上右击鼠标，在弹出的快捷菜单中选择“结束模板编辑”命令，DataList 模板进入不可编辑状态。

8.4.3　使用属性编辑器

除了使用模板来编辑 DataList 控件的外观以外，也可以使用属性编辑器来修改外观，具体步骤如下。

(1) 选中 DataList 控件,在"属性"窗口中单击如图 8-18 所示的图标。

(2) 弹出如图 8-19 所示的"DataList1 属性"对话框。在该对话框中左侧有 3 个选项,一个是"常规"选项,主要用于设置 DataList 控件显示表格的布局;另一个是"格式"选项,用于设置各种项的外观属性;还有一个是"边框"选项,用于设计表格的边框属性。打开"格式"选项,在"对象"列表框中选择"项"|"选定项"命令,并设置"背景色"为 Gray。

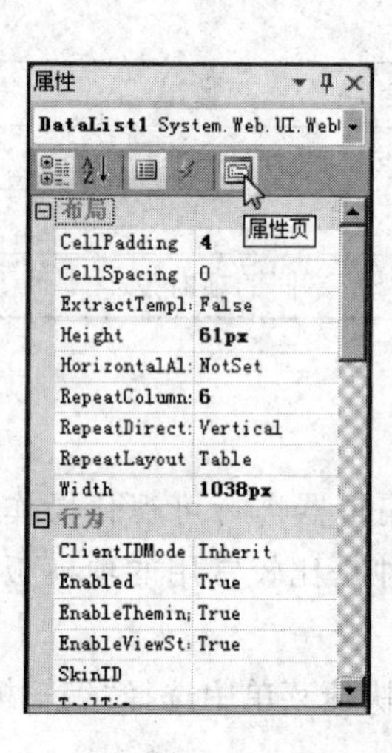

图 8-18　DataList 控件的"属性"窗口

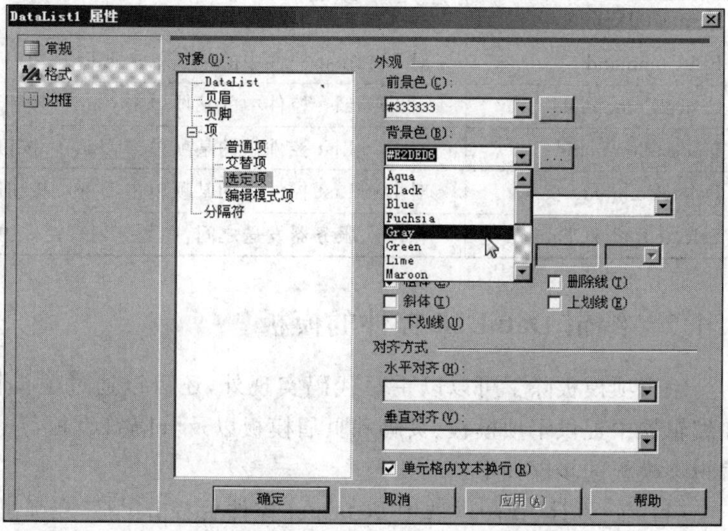

图 8-19　"DataList1 属性"对话框

(3) 设置完成后,进入 DataList 的"项模板"编辑器中,可以发现如图 8-20 所示的 SelectedItemTemplate 模板的背景色已经被改变。

图 8-20　选中项模板

说明:如果是对 DataList 进行数据处理,EditCommand、UpdateCommand 和 DeleteCommand 事件很重要;如果是进行一些数据绑定时的动态操作,则经常使用 ItemDataBound 事件。

【例 8-6】 本例通过 DataList 控件的模板,以 SqlDataSource 控件为数据源,实现在 BookStore 数据库的 BookInfo 表中当用户选择某条记录后,将展开显示该数据的详细记录。

(1) 启动 Visual Studio 2010,创建一个 ASP.NET Web 应用程序,命名为"例 8-6"。

(2) 双击网站目录下的 Default.aspx 文件,进入"视图编辑"界面,打开"设计"视图,从工具箱中拖动一个 DataList 控件和一个 SqlDataSource 数据源控件。

(3) 配置 SqlDataSource1 控件的数据源绑定到 BookInfo 数据表。

(4) 在 DataList 控件右上方有一个向右的黑色小三角，单击这个小按钮，打开“DataList 任务”列表，展开“选择数据源”下拉列表，从中选择 SqlDataSource1 选项。

(5) 在“DataList 任务”列表中选择“自动套用格式”，弹出“自动套用格式”对话框，选择“选择架构”列表中的“专业型”选项，然后单击“确定”按钮。

(6) 切换到“源”视图，在编辑区中的<form></form>标记之间编写代码，完整代码如下：

```
<form id="form1" runat="server">
    <div>
    <h4>DataList 绑定控件</h4>
        <asp:DataList ID="DataList1" runat="server" CellPadding="4"
DataKeyField="ID" DataSourceID="SqlDataSource1" Height="61px" Width="1038px"
onitemcommand="DataList1_ItemCommand" style="margin-right: 0px"
ForeColor="#333333" RepeatColumns="6">
            <AlternatingItemStyle BackColor="White" ForeColor="#284775" />
            <FooterStyle BackColor="#5D7B9D" ForeColor="White" Font-Bold="True" />
            <HeaderStyle BackColor="#5D7B9D" Font-Bold="True" ForeColor="White" />
            <ItemStyle BackColor="#F7F6F3" ForeColor="#333333" />
            <ItemTemplate>
                ID:<asp:Label ID="IDLabel" runat="server" Text='<%#Eval("ID") %>' />
                <br />
                Name:<asp:Label ID="NameLabel" runat="server" Text='<%#Eval
("Name") %>' />
                <br />
                <asp:LinkButton ID="LinkButton1" runat="server" CommandName=
"Select" Text="查看"></asp:LinkButton>
            </ItemTemplate>
            <SelectedItemTemplate >
              ID:
                <asp:Label ID="IDLabel" runat="server" Text='<%#Eval("ID", "{0}")%>' />
                <br />
                Name:
                <asp:Label ID="NameLabel" runat="server" Text='<%#Eval("Name",
"{0}") %>' />
                <br />
                Author:
                <asp:Label ID="AuthorLabel" runat="server"
Text='<%#DataBinder.Eval(Container.DataItem,"Author") %>' />
                <br />
                Press:
                <asp:Label ID="PressLabel" runat="server" Text='<%#DataBinder.
Eval(Container.DataItem,"Press") %>' />
            </SelectedItemTemplate>
            <SelectedItemStyle BackColor="#E2DED6" Font-Bold="True" ForeColor=
```

```
"#333333" />
        </asp:DataList>
        <asp:SqlDataSource ID="SqlDataSource1" runat="server"
ConflictDetection="CompareAllValues"
ConnectionString="<%$ConnectionStrings:BookStorConnectionString %>"
SelectCommand="SELECT * FROM [BookInfo]">
        </asp:SqlDataSource>
    </div>
</form>
```

代码说明：第 4 行添加一个服务器 DataList 控件。第 5 行设置控件的数据源为 SqlDataSource1，列表项的主键为 ID。第 6、7 行定义了单击 DataList 控件项时进入的处理函数，在用户单击 Select 链接时会触发 OnItemCommand 事件，同时设置表布局每行中有 6 列数据。第 12～20 行定义了控件 ItemTemplate 模板的内容。其中，第 13、15 行各添加一个标签控件，使用绑定表达式绑定数据库表 BookInfo 中的 ID 和 Name 字段值显示在标签控件上。第 18 行添加一个服务器链接控件，设置按钮的命令为 Select。第 21～36 行定义了控件 SelectedItemTemplate 模板的内容。其中，第 23、26、30、34 行各添加一个标签控件，使用绑定表达式绑定数据库表 BookInfo 中的 ID、Name、Author 和 Press 字段值显示在标签控件上。

(7) 双击网站目录下的 Default.aspx.cs 文件，编写代码如下：

```
protected void DataList1_ItemCommand(object source, DataListCommandEventArgs e)
{
    DataList1.SelectedIndex=e.Item.ItemIndex;
    DataList1.DataBind();
}
```

代码说明：第 1 行定义处理 DataList1 控件项命令事件 ItemCommand 的方法。第 3 行中的 e.Item.ItemIndex 参数记录了用户选择的项，通过把这一项赋给 DataList 控件的 SelectedIndex 属性，确定 DataList 控件中需要展开的项。第 4 行调用 DataBind 方法重新进行数据绑定，以便显示展开的项。

(8) 按 Ctrl+F5 组合键，运行结果如图 8-21 所示。

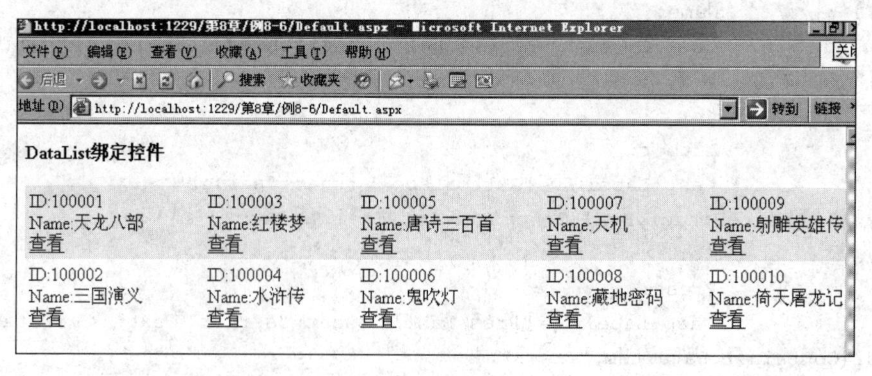

图 8-21　例 8-6 运行结果

(9) 用户单击某一条数据中的“查看”链接，显示如图 8-22 所示的数据详情。

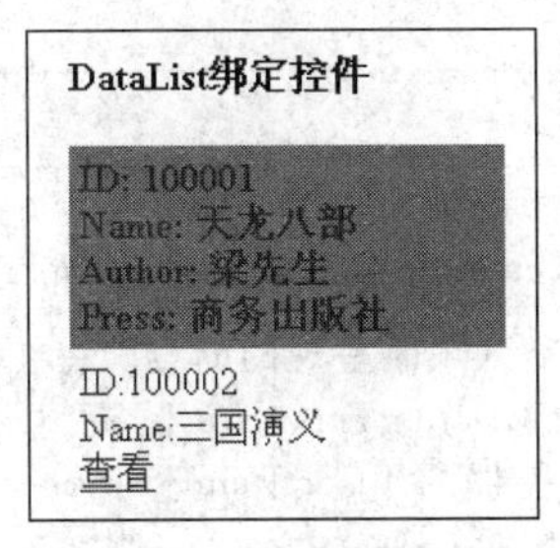

图 8-22 例 8-6"查看"链接数据详情

8.5 ListView 控件

ListView 控件使用用户定义的模板显示数据源的值，它类似于 GridView 控件，可以显示使用数据源控件或 ADO. NET 获得的数据，但 ListView 控件和 GridView 的区别在于它可以使用模板和样式定义的格式显示数据。利用 ListView 控件，还能够逐项显示数据或按组显示数据，使控制数据的显示方式更加灵活。该控件同样支持选择、排序、分页、删除、编辑和插入记录。

相比 GridView 控件，ListView 控件基于模板的模式为开发人员提供了可自定义和可扩展的特性，利用这些特性，程序员可以完全控制由数据绑定控件产生的 HTML 标记的外观。ListView 控件使用内置的模板可以指定精确的标记，同时还可以用最少的代码执行数据操作。表 8-15 列举了 ListView 控件可支持的模板。

表 8-15 ListView 控件可支持的模板

模 板	说 明
LayoutTemplate	标识定义控件的主要布局的根模板。它包含一个占位符对象，例如表行(tr)、div 或 span 元素。此元素将由 ItemTemplate 模板或 GroupTemplate 模板中定义的内容替换
ItemTemplate	标识要为各个项显示的数据绑定内容
ItemSeparatorTemplate	标识要在各个项之间呈现的内容
GroupTemplate	标布组布局的内容。它含一个占位符对象，例如表单元格(td)、div 或 span。该对象将由其他模板(例如 ItemTemplate 和 EmptyItemTemplate 模板)中定义的内容替换
GroupSeparatorTemplate	标识要在项组之间呈现的内容
EmptyItemTemplate	标识在使用 GroupTemplate 模板时为空项呈现的内容。例如，如果将 GroupItemCount 属性设置为 5，而从数据源返回的总项数为 8，则 ListView 控件显示的最后一行数据将包含 ItemTemplate 模板指定的 3 个项以及 EmptyItemTemplate 模板指定的 2 个项
EmptyDataTemplate	标识在数据源未返回数据时要呈现的内容
SelectedItemTemplate	标识为区分所选数据项与显示的其他项，而为该所选项呈现的内容
AlternatingItemTemplate	标识为便于区分连续项，而为交替项呈现的内容

续表

模　板	说　明
EditItemTemplate	标识要在编辑项时呈现的内容。对于正在编辑的数据项，将呈现EditItemTemplate模板以替代ItemTemplate模板
InsertItemTemplate	标识要在插入项时呈现的内容。将在ListView控件显示的项的开始或末尾处呈现InsertItemTemplate模板，以替代ItemTemplate模板。通过使用ListView控件的InsertItemPosition属性，可以指定InsertItemTemplate模板的呈现位置

通过创建LayoutTemplate模板，可以定义ListView控件的主要(根)布局。LayoutTemplate必须包含一个充当数据占位符的控件。这些控件将包含ItemTemplate模板所定义的每个项的输出，可以在GroupTemplate模板定义的内容中对这些输出进行分组。

在ItemTemplate模板中，需要定义各个项的内容。此模板包含的控件通常已绑定到数据列或其他单个数据元素。

使用GroupTemplate模板，可以选择对ListView控件中的项进行分组。对项分组通常是为了创建平铺的表布局。在平铺的表布局中，各个项将在行中重复GroupItemCount属性指定的次数。

使用EditItemTemplate模板，可以提供已绑定数据的用户界面，从而使用户可以修改现有的数据项。使用InsertItemTemplate模板还可以定义已绑定数据的用户界面，以使用户能够添加新的数据项。

通常需要向模板中添加一个按钮，以允许用户指定要执行的操作。例如，可以向项模板中添加Delete(删除)按钮，以允许用户删除该项。通过在模板中添加Edit(编辑)按钮，可允许用户切换到编辑模式。在EditItemTemplate中，可以添加允许用户保存更改的Update(更新)按钮。此外，还可以添加Cancel(取消)按钮，以允许用户在不保存更改的情况下切换回显示模式。通过设置按钮的CommandName属性，可以定义按钮将执行的操作。

下面列出了一些CommandName属性值，ListView控件已内置了针对这些值的行为。

(1) Select：显示所选项的SelectedItemTemplate模板的内容。

(2) Insert：在InsertItemTemplate模板中，将数据绑定控件的内容保存在数据源中。

(3) Edit：把ListView控件切换到编辑模式，并使用EditItemTemplate模板显示项。

(4) Update：在EditItemTemplate模板中，指定应将数据绑定控件的内容保存在数据源中。

(5) Delete：从数据源中删除项。

(6) Cancel：取消当前操作。显示EditItemTemplate模板时，如果该项是当前选定的项，则取消操作会显示SelectedItemTemplate模板，否则将显示ItemTemplate模板。显示InsertItemTemplate模板时，取消操作将显示InsertItemTemplate模板。

(7) 自定义值：默认情况下不执行任何操作。用户可以为CommandName属性提供自定义值。随后在ItemCommand事件中测试该值并执行相应的操作。

【例8-7】 使用ListView控件的模板，以SqlDataSource控件为数据源，实现显示BookStore数据库的BookInfo表的内容并可对数据进行新建、编辑和删除操作。

(1) 启动 Visual Studio 2010,创建一个 ASP.NET Web 应用程序,命名为“例 8-7”。

(2) 双击网站目录下的 Default.aspx 文件,进入“视图编辑”界面,打开“设计”视图,从工具箱中拖动一个 ListView 控件和一个 SqlDataSource 数据源控件。

(3) 配置 SqlDataSource1 控件的数据源绑定到 BookInfo 数据表。

(4) 在 ListView 控件右上方有一个向右的黑色小三角,单击这个小按钮,打开“ListView 任务”列表,展开“选择数据源”下拉列表,从中选择 SqlDataSource1 选项。

(5) 在“ListView 任务”列表中,选择“配置 ListView”选项,弹出如图 8-23 所示的“配置 ListView”对话框。其中,“选择布局”列表中显示了控件可用的 5 种布局方式: 网格以表格布局显示数据,平铺是使用组模板的平铺表格布局显示数据,项目符号列表是数据显示在项目符号列表中,流表示数据以使用 div 元素的流布局显示,单行是使数据显示在只有一行的表中。“选择样式”列表中显示了控件可用的 4 种外观样式。“选项”下的复选框提供控件可实现的功能,有编辑、插入、删除和分页,如果选择“启用分页”,则必须在下面的下拉列表中选择分页的导航布局方式: 一种是“下一页”/“上一页”页导航;另一种是数字页码导航。在这里布局选择“网格”,样式选择“专业性”,功能选择全部 4 种并在分页功能中使用“下一页”/“上一页”页导航,最后单击“确定”按钮。

图 8-23　“配置 ListView”对话框

(6) 切换到“源”视图,在编辑区中设置分页的 PageSize 属性,让每页显示 5 条数据,编写如下代码。

```
<asp:DataPager ID="DataPagerl" runat="serv,er" PageSize="5"></asp:DataPager>
```

代码说明: 在服务器数据分页控件 DataPager1 的定义中,设置 PageSize 属性为 5,表示每页显示 5 条数据。

(7) 按 Ctrl+F5 组合键,显示结果如图 8-24 所示。

提示: ListView 控件中如果选择使用分页功能时,会自动生成一个专门用于分页的服务器控件 DataPager,该控件用于对实现 IPageableItemContainer 接口的控件(如 ListView 控件)所显示的数据进行分页,DataPager 控件支持内置的分页用户界面,让用户可以按照页码

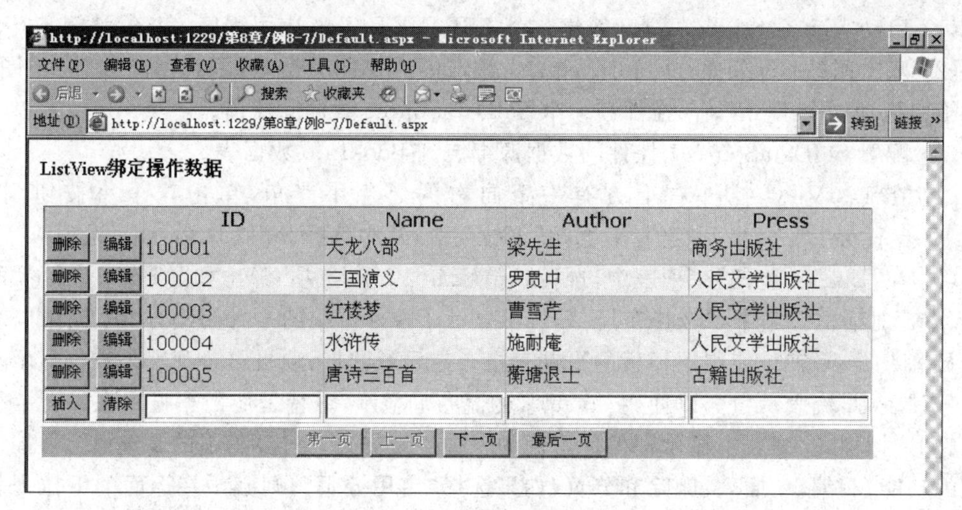

图 8-24 例 8-7 运行结果

来选择页面,也可以让用户在不同页面之间导航,或者可以使用 TemplatePagerField 对象创建自定义的分页用户界面。

8.6 为 FormView 控件实现数据绑定

前面已经讲解了 GridView 和 DetailsView 控件的部分高级功能。与 DetailsView 控件类似的还有 FormView 控件,可以将该控件视为 DetailsView 的模板化版本。FormView 控件每次呈现一条记录,该记录从相关数据源中获取数据,同时提供记录间实现导航的分页按钮。与 DetailsView 控件不同,FormView 不使用数据控件字段,而是利用模板定义呈现的每一项。FormView 可支持数据源提供的任何基本操作。

注意: FormView 要求开发人员使用模板定义 FormView 中的所有内容,而不仅仅是需要修改的部分。FormView 没有内置呈现引擎,受限于所定义的模板输出。

FormView 控件包括多个属性,读者已经在 DetailsView 控件中看到了这些属性。FormView 和 DetailsView 之间的不同仅在于模板和相关的样式属性。

8.6.1 FormView 控件支持的模板

FormView 控件的输出全部基于模板,这意味着在任何细微之处都需要设置模板。表 8-16 列举了控件支持的模板。

表 8-16 FormView 控件支持的模板

模　板	说　明
EditItemTemplate	当升级现有记录时使用该模板
InsertItemTemplate	当创建新记录时使用该模板
ItemTemplate	仅当为查看现有记录时使用该模板

在只读浏览模式下，可使用 ItemTemplate 来定义控件的布局，可使用 EditItemTemplate 来编辑当前记录的内容，使用 InsertItemTemplate 来添加新记录。除了这些模板之外，FormView 控件的模板与 DetailsView 提供的模板设置相同——也就是 HeaderTemplate、FooterTemplate 和其他模板。

8.6.2 FormView 控件的操作支持

由于控件的用户界面主要由页面作者来定义，所以不能期望 FormView 控件理解在特定按钮上的单击行为。基于这个原因，FormView 提供了一些公共的可调用方法，以便触发常见行为，表 8-17 列举了这些方法。

表 8-17 FormView 控件的方法

方 法	说 明
ChangeMode	修改控件工作模式，从当前模式修改为 FormViewMode 类型中定义的模板——ReadOnly、Edit 或者 Insert
DeleteItem	从数据源中删除 FormView 控件显示的当前记录
InsertItem	向数据源插入当前记录。必须在 FormView 控件处于插入模式时调用该方法；否则，将抛出异常
UpdateItem	更新数据源中的当前记录。必须在 FormView 控件处于编辑模式时调用该方法；否则，将抛出异常

InsertItem 和 UpdateItem 需要一个布尔值来指示是否应该执行输入验证。在上下文中，简单执行验证意味着可以在模板中调用任何验证控件。如果没有验证控件，则不执行任何形式的验证。InsertItem 和 UpdateItem 方法设计用于处理模板中控件引发的基本操作。不必将记录、值或者记录的关键值传递给方法以便进行插入、更新或者删除操作。FormView 控件了解如何获取内部信息，采取与 DetailsView 相同的方法。

DeleteItem、InsertItem 和 UpdateItem 方法可使开发人员自定义删除、插入和编辑用户界面，同时将其与标准的 ASP.NET 控件数据绑定模型关联起来。在 DetailsView 控件中，这种关联是隐式的，因为用户界面是相对静态和固定的。在 FormView 控件中，相同的关联必须显式地在自定义用户界面中定义。

8.6.3 FormView 显示、更新、插入、删除数据库操作

FormView 可分页呈现一个表格的数据，每页只呈现表格中的一项。它的最大特点是可自由编辑模板，一般用来显示商品的详细信息。

FormView 有 3 个可编辑模板，ItemTemplate、EditItemTemplate 和 InsertItemTemplate，常用来管理数据库表格数据，显示、编辑、插入、删除表格中的数据项。

1. 使用 FormView 控件显示 SqlDataSource 控件中的值

(1) 设置 FormView 控件，注意 DataKeyNames="ItemID"项。

(2) 设置 SqlDataSource 属性，由于要查询两个内联表，两个表中都有一个 Name 字段，因此用了别名。

(3) 编辑 ItemTemplate 模板，先添加了“编辑”“删除”“新建”按钮，“编辑”和“新建”按

钮都有个 CommandName 属性，分别为 Edit 和 New，单击可分别进入 EditItemTemplate 和 InsertItemTemplate 模板；“删除”按钮的 CommandName 属性是 Delete，单击“删除”按钮可执行 SqlDataSource 中的 DeleteCommand 命令，同时还可发出 OnItemDeleting 等命令，在删除前完成一些功能。

(4) 窗体文件代码如下：

```
<%@ Page Language="C#" AutoEventWireup="true" CodeFile="FormViewDemo1.aspx.cs"
Inherits="FormViewDemo1" %>

<!DOCTYPE html PUBLIC "-//W3C//DTD XHTML 1.0 Transitional//EN" "http://www.w3.
org/TR/xhtml1/DTD/xhtml1-transitional.dtd">
<html xmlns="http://www.w3.org/1999/xhtml">
<head runat="server">
   <title>肯德基订餐系统</title>
</head>
<body>
   <form id="form1" runat="server">
      <h3>FormView 显示、更新、插入、删除数据库操作</h3>
      <asp:FormView ID="fvwItem" DataSourceID="sdsItem" runat="server"
AllowPaging="True" DataKeyNames="ItemID" EmptyDataText="数据库中暂时没有任何数据">

         <RowStyle BackColor="Yellow" Wrap="False" />
         <InsertRowStyle BackColor="GreenYellow" Wrap="False" />
         <EditRowStyle BackColor="LightPink" Wrap="false" />

         <ItemTemplate>
            <table border="0" cellpadding="0" cellspacing="0" width="420">
               <tr>
                  <td colspan="6" height="30" width="420" align="center">
                  <h4>FormView ItemTemplate 模板</h4>
                  </td>
               </tr>
               <tr>
                  <td width="30">
                  </td>
                  <td rowspan="4" width="120">
                         <asp:Image Width="120" Height="120" ID="imgItem"
ImageUrl='<%#Eval("Image") %>' AlternateText='<%#Eval("Name") %>' runat=
"server" /></td>
                  <td width="30">
                  </td>
                  <td width="60">
                  </td>
                  <td width="60">
                  </td>
                  <td width="60">
                  </td>
                  <td width="60">
                  </td>
               </tr>
```

```
<tr>
    <td width="30">
    </td>
    <td width="30">
    </td>
    <td width="60">
        类别：</td>
    <td colspan="2">
    <%#Eval("CategoryName") %>
    </td>
    <td width="60">
    </td>
</tr>
<tr>
    <td width="30">
    </td>
    <td width="30">
    </td>
    <td width="60">
        名称：</td>
    <td colspan="2">
    <%#Eval("Name") %>
    </td>
    <td width="60">
    </td>
</tr>
<tr>
    <td width="30">
    </td>
    <td width="30">
    </td>
    <td width="60">
        价格：
    </td>
    <td colspan="2">
    <%#Eval("Price") %>
    </td>
    <td width="60">
    </td>
</tr>
<tr>
    <td height="30" width="30">
    </td>
    <td height="30" width="120">
    </td>
    <td height="30" width="30">
    </td>
    <td height="30" width="60">
    </td>

    <td height="30" width="60">
```

```
                            <asp:Button ID="btnEdit" runat="server" Text="编辑"
CommandName="Edit"/></td>
                        <td height="30" width="60">
                            <asp:Button ID="btnDelete" runat="server" Text="删除"
CommandName="Delete"/></td>
                        <td height="30" width="60">
                            <asp:Button ID="btnNew" runat="server" Text="新建"
CommandName="New" /></td>
                    </tr>
                </table>
            </ItemTemplate>
        </asp:FormView>
        <asp:SqlDataSource ID="sdsItem" runat="server" ConnectionString="<%$
ConnectionStrings:NetShopConnString %>"
SelectCommand="SELECT Item.ItemId AS ItemId,Item.CategoryId AS CategoryId,Item.
Name AS Name, Item. Price AS Price, Item. Image AS Image, Category. Name As
CategoryName FROM Item INNER JOIN Category ON Item. CategoryId = Category.
CategoryId">
        </asp:SqlDataSource>
    </form>
</body>
</html>
```

(5) 代码页不需要任何代码,可直接在浏览器查看运行结果,如图 8-25 所示。

图 8-25 FormView 控件运行效果

2. 使用 FormView 控件编辑数据

(1) 编辑 EditItemTemplate 模板,代码如下:

```
<EditItemTemplate>
            <table border="0" cellpadding="0" cellspacing="0" width="420">
                <tr>
                    <td colspan="6" width="420" align="center" style="height: 30px">
                    <h4>FormView EditItemTemplate 模板</h4>
                    </td>
```

```
            </tr>
            <tr>
                <td width="30">
                </td>
                <td rowspan="4" width="120">
                    <asp:Image ID="imgItem" runat="server" AlternateText="上
传浏览图片" Height="120px" ImageUrl='<%#Eval("Image") %>' Width="120px" />
              </td>
                <td width="30">
                </td>
                <td colspan="2">
                        <asp:FileUpload ID="fupImage" runat="server" Width=
"100%" /></td>
                <td width="60">
                        <asp:Button ID="btnUpload" runat="server" OnClick=
"btnUpload_Click" Text="上传" /></td>
            </tr>
            <tr>
                <td width="30">
                </td>
                <td width="30">
                </td>
                <td width="60">
                    分类：</td>
                <td width="120">
                        <asp: DropDownList ID="ddlCategory" runat="server"
DataSourceID="sdsCategory" DataTextField="Name" DataValueField="CategoryId">
                    </asp:DropDownList></td>
                <td width="60">
                </td>
            </tr>
            <tr>
                <td width="30">
                </td>
                <td width="30">
                </td>
                <td width="60">
                    名称：</td>
                <td width="120">
                    <asp:TextBox ID="txtName" runat="server" Text='<%#Bind
("Name") %>'></asp:TextBox></td>
                <td width="60">
                </td>
            </tr>
            <tr>
                <td width="30">
                </td>
                <td width="30">
                </td>
                <td width="60">
                    价格：
```

```
                    </td>
                    <td width="120">
                        <asp:TextBox ID="txtPrice" runat="server" Text='<%#Bind
("Price") %>'></asp:TextBox></td>
                    <td width="60">
                    </td>
                </tr>
                <tr>
                    <td height="30" width="30">
                    </td>
                    <td height="30" width="120">
                    </td>
                    <td height="30" width="30">
                    </td>
                    <td height="30" width="60">
                    </td>
                    <td align="right" height="30" width="120">
                        <asp:Button ID="btnUpdate" runat="server" CommandName=
"Update" Text="更新" /></td>
                    <td height="30" width="60">
                        <asp:Button ID="btnCancel" runat="server" CommandName=
"Cancel" Text="取消" /></td>
                </tr>
            </table>
</EditItemTemplate>
```

(2) 为 SqlDataSource 控件的 sdsItem 添加 UpdateCommand 命令，并添加<UpdateParameters>，代码如下：

```
UpdateCommand="UPDATE Item SET CategoryId=@CategoryId,Name=@Name,Price=@
Price,Image=@Image WHERE ItemId=@ItemId"

<UpdateParameters>
    <asp:Parameter Name="CategoryId" />
    <asp:Parameter Name="Name" />
    <asp:Parameter Name="Price" />
    <asp:Parameter Name="Image" />
    <asp:Parameter Name="ItemId" />
</UpdateParameters>
```

(3) 为编辑模板添加一个 FileUpload 控件，可以选择并上传图片，为了能在上传后显示图片，添加一个 btnUpload 按钮，并添加这个按钮的响应函数，单击后可将文件上传，并在窗体中显示上传后的图片，代码如下：

```
protected void btnUpload_Click(object sender, EventArgs e)
{
    FileUpload fup=(FileUpload)fvwItem.FindControl("fupImage");

    if (fup.HasFile)
    {
        fup.SaveAs(Server.MapPath("~\\Images\\Items\\")+fup.FileName);
```

```
        String str="~\\Images\\Items\\"+fup.FileName.ToString();
        Image img=(Image)fvwItem.FindControl("imgItem");
        img.ImageUrl=str;
    }
    else
    {
        Response.Write("<script>alert('请先浏览并选择图片')</script>");
    }
}
```

(4) 在模板中添加一个类别下拉列表框，为了获得一个完全的类别，只能再添加一个 SqlDateSource，配置如下：

```
<asp:SqlDataSource ID="sdsCategory" runat="server" ConnectionString=
"<%$ConnectionStrings:NetShopConnString %>"
SelectCommand="SELECT CategoryId,Name FROM Category">
</asp:SqlDataSource>
```

(5) 在编辑模板中，CategoryID 和 Image 等参数没有双向绑定，需要在上传前给这两个参数赋值，为 fvwItem 添加 OnItemUpdating="fvwItem_ItemUpdating"消息响应函数，代码如下：

```
protected void fvwItem_ItemUpdating(object sender, FormViewUpdateEventArgs e)
{
    DropDownList ddl=(DropDownList)fvwItem.FindControl("ddlCategory");
    sdsItem.UpdateParameters["CategoryId"].DefaultValue=ddl.SelectedValue;

    Image img=(Image)fvwItem.FindControl("imgItem");
    sdsItem.UpdateParameters["Image"].DefaultValue=img.ImageUrl;

}
```

(6) 在浏览器中查看运行结果，如图 8-26 和图 8-27 所示。

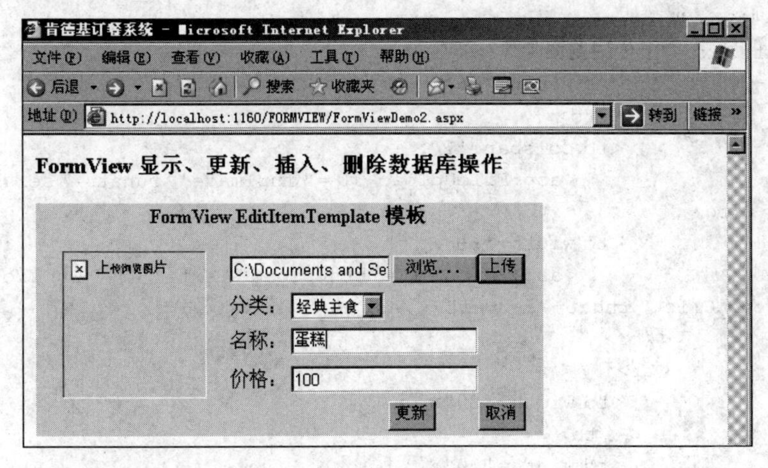

图 8-26　上传前

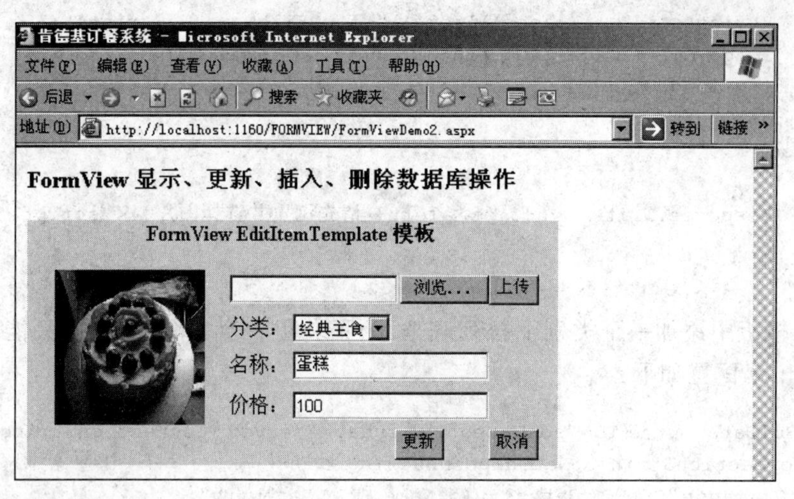

图 8-27 上传成功

3. 使用 FormView 控件更新数据

(1) 编辑 InsertItemTemplate 模板,代码如下:

```
<InsertItemTemplate>
          <table border="0" cellpadding="0" cellspacing="0" width="420">
             <tr>
                 <td colspan="6" height="30" width="420" align="center">
                 <h4>FormView InsertItemTemplate 模板</h4>
                 </td>
             </tr>
             <tr>
                 <td width="30">
                 </td>
                 <td rowspan="4" width="120">
                     <asp:Image ID="imgItem" runat="server" Width="120px"
Height="120px" ImageUrl='<%#Eval("Image") %>'
AlternateText="上传浏览图片" /></td>
                 <td width="30">
                 </td>
                 <td colspan="2">
                     <asp:FileUpload ID="fupImage" runat="server" Width=
"100%"/></td>
                 <td width="60">
                     <asp:Button ID="btnUpload" Text="上传" OnClick=
"btnUpload_Click" runat="server"></asp:Button></td>
             </tr>
             <tr>
                 <td width="30">
                 </td>
                 <td width="30">
                 </td>
                 <td width="60">
                     分类: </td>
```

```
                    <td width="120">
                        <asp:DropDownList ID="ddlCategory" runat="server"
DataSourceID="sdsCategory" DataTextField="Name" DataValueField="CategoryId">
                        </asp:DropDownList></td>
                    <td width="60">
                    </td>
                </tr>
                <tr>
                    <td width="30">
                    </td>
                    <td width="30">
                    </td>
                    <td width="60">
                        名称：</td>
                    <td width="120">
                        <asp:TextBox ID="txtName" Text='<%#Bind("Name")%>'
runat="server" /></td>
                    <td width="60">
                    </td>
                </tr>
                <tr>
                    <td width="30">
                    </td>
                    <td width="30">
                    </td>
                    <td width="60">
                        价格：
                    </td>
                    <td width="120">
                        <asp:TextBox ID="txtPrice" Text='<%#Bind("Price")%>'
runat="server" /></td>
                    <td width="60">
                    </td>
                </tr>
                <tr>
                    <td height="30" width="30">
                    </td>
                    <td height="30" width="120">
                    </td>
                    <td height="30" width="30">
                    </td>
                    <td height="30" width="60">
                    </td>
                    <td height="30" width="120" align="right">
                        <asp:Button ID="btnInsert" Text="插入" CommandName=
"Insert" runat="server" /></td>
                    <td height="30" width="60">
                        <asp:Button ID="btnCancel" Text="取消" CommandName=
"Cancel" runat="server" /></td>
                </tr>
            </table>
```

```
</InsertItemTemplate>
```

(2) 这个模板和编辑模板基本一样，就是单击“新建”按钮进入时没有绑定数据而已，因此，“上传”按钮的响应函数可复用，更新前的赋值操作也基本是一样的。为 fvwItem 添加响应函数，代码如下：

```
protected void fvwItem_ItemInserting(object sender, FormViewInsertEventArgs e)
{
    DropDownList ddl=(DropDownList)fvwItem.FindControl("ddlCategory");
    sdsItem.InsertParameters["CategoryId"].DefaultValue=ddl.SelectedValue;
    Image img=(Image)fvwItem.FindControl("imgItem");
    sdsItem.InsertParameters["Image"].DefaultValue=img.ImageUrl;
}
```

(3) 别忘了添加 fvwItem 的 InsertCommand 命令，并添加参数变量 UpdateParameters，代码如下：

```
InsertCommand=" INSERT INTO Item (CategoryId, Name, Price, Image) VALUES (@
CategoryId,@Name,@Price,@Image)"

<InsertParameters>
    <asp:Parameter Name="CategoryId" />
    <asp:Parameter Name="Name" />
    <asp:Parameter Name="Price" />
    <asp:Parameter Name="Image" />
</InsertParameters>
```

(4) 在浏览器中查看运行结果，如图 8-28 和图 8-29 所示。

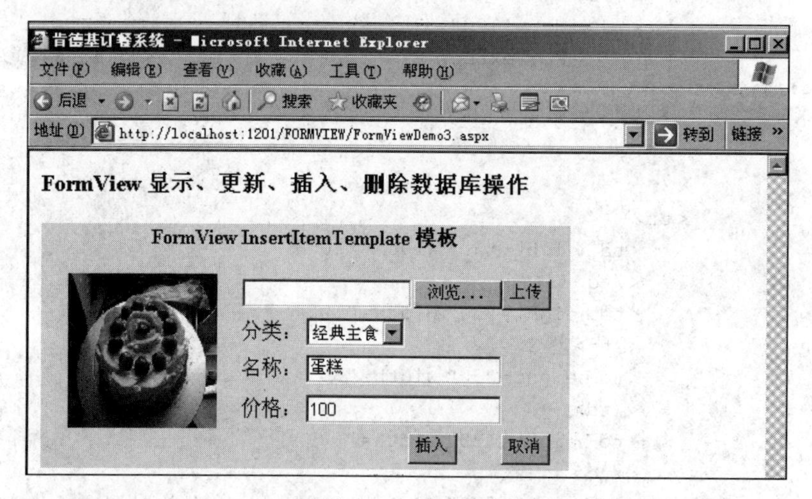

图 8-28　插入前

4. 使用 FormView 控件删除数据

这个操作不需要参数，所以也就最简单了，只要在 sdsItem 中添加一个 DeleteCommand="DELETE FROM Item WHERE(ItemId=@ItemId)"命令就可以了。

为了在删除数据库中图片地址的同时，也删除服务器端的图片文件，还添加了一个消息

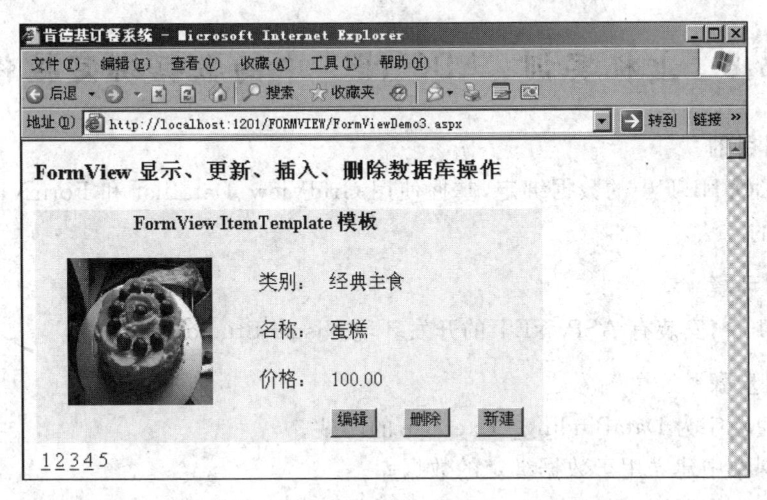

图 8-29　插入后记录多了一条

响应函数，代码如下：

```
protected void fvwItem_ItemDeleting(object sender, FormViewDeleteEventArgs e)
{
    Image img=(Image)fvwItem.FindControl("imgItem");
    File.Delete(Server.MapPath(img.ImageUrl));
}
```

测试效果如图 8-30 所示。

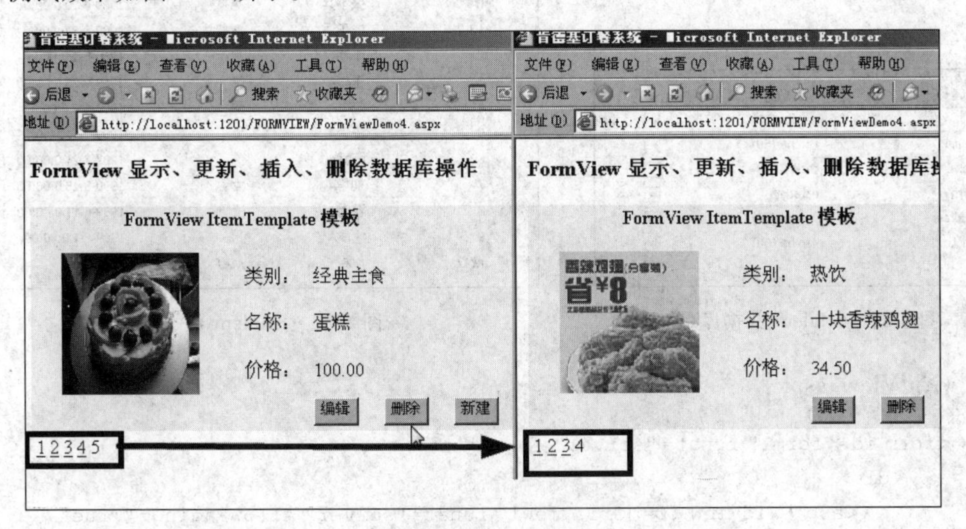

图 8-30　记录已经删除了

8.7 小　　结

本章介绍了几个数据服务器控件，每个控件都给出了实例，读者在学习时一定要上机操作并领会这些控件的应用方法，掌握这些控件的区别。

8.8 上机实训：ADO.NET 中的数据绑定控件

1. 实训目的

熟悉 ADO.NET 中的数据绑定，掌握使用 GridView、DataList 和 FormView 进行数据显示和处理的方法。

2. 实训环境

计算机 1 台，安装有 ASP.NET 的开发环境 Visual Studio 2010。

3. 实训步骤

(1) 新建名字为 DataBinding_ Exercise 的网站。

(2) 在网站中建立用于数据绑定的数据库。

(3) 添加一个网页，利用 GridVeiw 实现数据的分页功能。

(4) 添加一个网页，利用 DataList 实现数据的分页功能。

(5) 添加一个网页，利用 FormView 控件实现数据的插入、修改和删除操作，FormView 界面及布局子定义。

4. 数据库及源代码

Student 数据库如图 8-31 和图 8-32 所示。

表 - dbo.student | 表 - dbo.student | 摘要

列名	数据类型	允许空
No	varchar(50)	☐
Name	varchar(50)	☑
Sex	char(10)	☑
birth	datetime	☑
Address	varchar(50)	☑
Photo	varchar(50)	☑
		☐

图 8-31 Student 数据库(1)

表 - dbo.student | 表 - dbo.student | 摘要

No	Name	Sex	birth	Address
1	张小兵	男	1989-6-29 0:00:00	北京
10	08奥运	NULL	2008-8-8 0:00:00	北京
2	李明A	男	1988-5-1 0:00:00	zhengzhou
3	王彬A	男	1989-9-25 0:00:00	郑州
4	陈飞A	男	1988-6-8 0:00:00	洛阳
5	王燕A	女	1989-12-11 0:0...	沈阳
6	陈武A	男	1987-7-21 0:00:00	广州
7	刘华A	女	1990-3-15 0:00:00	广州
8	翟力A	女	1989-6-11 0:00:00	深圳
9	大侠A	男	1989-6-1 0:00:00	沈阳
NULL	NULL	NULL	NULL	NULL

图 8-32 Student 数据库(2)

GridView.aspx：

```
<form id="form1" runat="server">
    <div>
        <asp:GridView ID="GridView1" runat="server" AllowPaging="True"
ondatabound="GridView1_DataBound" onpageindexchanging="GridView1_
PageIndexChanging" PageSize="5">
            <PagerSettings Mode="NextPrevious" NextPageText="下一页 &amp;gt;"
PreviousPageText="前一页 &amp;lt;" />
        </asp:GridView>
        <asp:Label ID="Label1" runat="server" Text="Label"></asp:Label> 
        <asp:Label ID="Label2" runat="server" Text="Label"></asp:Label>
        <br />
```

```
        <asp:Label ID="Label3" runat="server" Text="Label"></asp:Label><br />
    </div>
</form>
```

GridView.aspx.cs:

```
protected void Page_Load(object sender, EventArgs e)
    {
        if (!Page.IsPostBack) bindgrid();
    }
    void bindgrid()
    {
        string sqlconnstr=ConfigurationManager.ConnectionStrings["connectionstring"].
ConnectionString;
        DataSet ds=new DataSet();
        using (SqlConnection sqlconn=new SqlConnection (sqlconnstr ))
        {
            SqlDataAdapter sqld = new SqlDataAdapter ( " select no, name, birth,
address from student",sqlconn );
            sqld.Fill(ds,"tabstudent");
        }
        GridView1.DataSource=ds.Tables["tabstudent"].DefaultView;
        GridView1.DataBind();
    }
    protected void GridView1_PageIndexChanging(object sender, GridViewPageEventArgs e)
    {
        GridView1.PageIndex=e.NewPageIndex;
        bindgrid();
    }
    protected void GridView1_DataBound(object sender, EventArgs e)
    {
        Label1.Text="共"+(GridView1.PageCount).ToString()+"页";
        Label2.Text="第"+(GridView1.PageIndex+1).ToString()+"页";
        Label3.Text=string.Format("总页数: {0},当前页 : {1}",GridView1 .PageCount,
GridView1 .PageIndex+1);
    }
```

Datalist.aspx:

```
<div>
        <asp:DataList ID="DataList1" runat="server" RepeatDirection="Horizontal"
RepeatColumns="3">
            <ItemTemplate>
                <table style="width:100%;">
                    <tr>
                        <td width="40%">
                            <asp:Label ID="Label1" runat="server" Text="学号"
Width="100%"></asp:Label>
                        </td>
                        <td width="60%">
                            <asp:Label ID="Label2" runat="server" Text='<%#Eval
("no") %>'></asp:Label>
```

```
                    </td>

                </tr>
                <tr>
                    <td width="40%">
                        <asp:Label ID="Label3" runat="server" Text="姓名">
</asp:Label>
                    </td>
                    <td width="60%">
                        <asp:Label ID="Label4" runat="server" Text='<%#Eval
("name") %>'></asp:Label>
                    </td>

                </tr>
                <tr>
                    <td width="40%">
                        <asp:Label ID="Label5" runat="server" Text="出生日期">
</asp:Label>
                    </td>
                    <td width="60%">
                        <asp:Label ID="Label6" runat="server" Text='<%#Eval
("birth") %>'></asp:Label>
                    </td>

                </tr>
                <tr>
                <td width="40%">
                    <asp:Label ID="Label7" runat="server" Text="地址">
                    </asp:Label>
                </td>
                <td width="60%">
                    <asp:Label ID="Label8" runat="server" Text='<%#Eval
("address") %>'></asp:Label>
                </td>
                </tr>

            </table>
        </ItemTemplate>

    </asp:DataList>
    <asp:LinkButton ID="LinkButton1" runat="server" onclick="LinkButton1_
Click">上一页</asp:LinkButton> 
    <asp:LinkButton ID="LinkButton2" runat="server" onclick="LinkButton2_
Click">下一页</asp:LinkButton><br />
    当前页:<asp:Label ID="Label9" runat="server" Text="Label"></asp:Label>
</div>
```

Datalist.aspx.cs:

```
protected void Page_Load(object sender, EventArgs e)
```

```
    {
        if (!Page.IsPostBack)
        {
            Label9.Text="1";
            listbind();
        }
    }
    void listbind()
    {
        int pag=Convert.ToInt32 (Label9 .Text );
        string sqlconnstr=ConfigurationManager.ConnectionStrings
["connectionstring"].ConnectionString;
        DataSet ds=new DataSet();
        using (SqlConnection sqlconn=new SqlConnection (sqlconnstr ))
        {
            SqlDataAdapter sqld = new SqlDataAdapter ( " select  *  from student",
sqlconn );
            sqld.Fill(ds,"tabstudent");
        }

        PagedDataSource ps=new PagedDataSource();
        ps.DataSource=ds.Tables["tabstudent"].DefaultView;
        ps.AllowPaging=true;
        ps.PageSize=1;
        ps.CurrentPageIndex=pag;
        if (pag==1)
            LinkButton1.Enabled=false;
        else
            LinkButton1.Enabled=true;
        if (pag==ps.PageCount)
            LinkButton2.Enabled=false;
        DataList1.DataSource=ps;
        DataList1.DataBind();
    }
    protected void LinkButton1_Click(object sender, EventArgs e)
    {
        Label9.Text=Convert.ToString(Convert .ToInt32 (Label9 .Text )-1);
        listbind();
    }
    protected void LinkButton2_Click(object sender, EventArgs e)
    {
        Label9.Text=Convert.ToString(Convert .ToInt32 (Label9 .Text )+1);
        listbind();
    }
```

FormView. aspx:

```
<form id="form1" runat="server">
    <asp:FormView ID="FormView1" runat="server" AllowPaging="True" CellPadding="4"
DataKeyNames = " no "  ForeColor = " # 333333 "  Width = " 231px "  DataSourceID =
"SqlDataSource1">
        <PagerSettings Mode="NextPreviousFirstLast" NextPageText="下一页 &amp;
```

```
gt;&amp;gt;" PreviousPageText="上一页 &amp;lt;&amp;lt;" />
        <EditItemTemplate>
            <table style="width:100%;">
                <tr>
                    <td width="40%">
                        <asp:LabelID="Label8" runat="server" Text="学号" Width=
"100%"></asp:Label>
                    </td>
                    <td width="60%">
                        <asp:TextBox ID="noTextBox" runat="server" Text='<%#
Bind("no") %>'></asp:TextBox>
                    </td>

                </tr>
                <tr>
                    <td width="40%">
                        <asp:Label ID="Label9" runat="server" Text="姓名" Width=
"100%"></asp:Label>
                    </td>
                    <td width="60%">
                        <asp:TextBox ID="nameTextBox" runat="server" Text='<%#
Bind("name") %>'></asp:TextBox>
                    </td>

                </tr>
                <tr>
                    <td width="40%">
                        <asp:Label ID="Label10" runat="server" Text="出生日期"
Width="100%"></asp:Label>
                    </td>
                    <td width="60%">
                        <asp:TextBox ID="birthTextBox" runat="server" Text='<%#
Bind("birth") %>'></asp:TextBox>
                    </td>

                </tr>
                <tr>
                <td width="40%">
                    <asp:Label ID="Label11" runat="server" Text="地址" Width=
"100%"></asp:Label>
                </td>
                <td width="60%">
                    <asp:TextBox ID="addressTextBox" runat="server" Text='<%#
Bind("address") %>'></asp:TextBox>
                </td>
                </tr>
                <tr>
                <td width="40%">
                </td>
                <td width="60%" align="center">
                    <asp:LinkButton ID="updateButton" runat="server" CommandName=
```

```
"Update">更新</asp:LinkButton>
                <asp:LinkButton ID = " updatecancelButton1 "  runat = " server "
 CommandName="Cancel">取消</asp:LinkButton>
              </td>
              </tr>
            </table>
        </EditItemTemplate>
        <InsertItemTemplate>
            <table style="width:100%;">
            <tr>
            <td width="40%">
               <asp:Label ID="Label12" runat="server" Text="学号" Width="100%">
</asp:Label>
            </td>
            <td width="60%">
               <asp:TextBox ID="noTextBox" runat="server" Text='<%#Bind("no") %>'>
</asp:TextBox>
            </td>
            </tr>
               <tr>
                  <td width="40%">
                     <asp:Label ID="Label5" runat="server" Text="姓名" Width=
"100%"></asp:Label>
                  </td>
                  <td width="60%">
                     <asp:TextBox ID="nameTextBox" runat="server" Text='<%#
Bind("name") %>' ></asp:TextBox>
                  </td>
               </tr>
               <tr>
                  <td width="40%">
                     <asp:Label ID = " Label6 "  runat = " server "  Text = " 出 生 日 期 "
 Width="100%"></asp:Label>
                  </td>
                  <td width="60%">
                     <asp:TextBox ID="birthTextBox" runat="server"
 Text='<%#Bind("birth") %>'></asp:TextBox>
                  </td>

               </tr>
               <tr>
                  <td width="40%">
                     <asp:Label ID="Label7" runat="server" Text="地址" Width=
"100%"></asp:Label>
                  </td>
                  <td width="60%">
                     <asp:TextBox ID = " addressTextBox "  runat = " server "  Text =
'<%#Bind("address") %>'></asp:TextBox>
                  </td>

               </tr>
```

```
                <tr>
                <td width="40%">
                </td>
                <td width="60%" align="center">
                    <asp:LinkButton ID="insertButton" runat="server" CommandName=
"Insert">插入</asp:LinkButton>
                    <asp:LinkButton ID =" insertcancelButton " runat =" server "
CausesValidation="False" CommandName="Cancel">取消</asp:LinkButton>
                </td>
                </tr>
            </table>
        </InsertItemTemplate>
        <ItemTemplate>
            <table style="width:100%;">
                <tr>
                    <td width="40%">
                        <asp:Label ID="Label1" runat="server" Text="学号" Width=
"100%"></asp:Label>
                    </td>
                    <td width="60%">
                        <asp:Label ID="noLabel1" runat="server" Text='<%#Eval
("no")%>'></asp:Label>
                    </td>
                </tr>
                <tr>
                    <td width="40%">
                        <asp:Label ID="Label2" runat="server" Text="姓名" Width=
"100%"></asp:Label>
                    </td>
                    <td width="60%">
                        <asp:TextBox ID="nameTextBox" runat="server" Text='<%#
Bind("name") %>'></asp:TextBox>
                    </td>

                </tr>
                <tr>
                    <td width="40%">
                        <asp:Label ID="Label3" runat="server" Text="出生日期"
Width="100%"></asp:Label>
                    </td>
                    <td width="60%">
                        <asp:TextBox ID="birthTextBox" runat="server" Text='<%#
Bind("birth") %>'></asp:TextBox>
                    </td>
                </tr>
                <tr>
                <td width="40%">
                    <asp:Label ID="Label4" runat="server" Text="地址" Width=
"100%"></asp:Label>
                </td>
                <td width="60%">
```

```
                    <asp:TextBox ID="addressTextBox" runat="server" Text='<%#
Bind("address") %>'></asp:TextBox>
                </td></tr><tr>
                <td width="40%"></td>
                <td width="60%" align="right" >
                <asp:LinkButton ID="newButton" runat="server" CommandName="new">新
建</asp:LinkButton>
    <asp:LinkButton ID="editButton" runat="server" CommandName="edit" Text="更
新">更新</asp:LinkButton>
              <asp:LinkButton ID="deleteButton" runat="server" CausesValidation=
"False" CommandName="Delete">删除</asp:LinkButton>
                </td></tr>
            </table>
        </ItemTemplate>
        <HeaderTemplate>
            学生详细信息
        </HeaderTemplate>
    </asp:FormView>
    <div>
        <asp:SqlDataSource ID="SqlDataSource1" runat="server"
ConnectionString=" Data Source = PC - 200903151039; Initial Catalog = student;
Integrated Security=True"
InsertCommand="insert into student(no,name,birth,address) values(@no,@name,@
birth,@address)"
ProviderName="System.Data.SqlClient"
SelectCommand="SELECT [No], [Name], [birth], [Address] FROM [student]"
DeleteCommand="delete from student where no=@no"
UpdateCommand="update student set name=@name,birth=@birth,address=@address
where no=@no">
        </asp:SqlDataSource>
    </div>
    </form>
```

5. 实训结果

GridView 分页的结果如图 8-33 所示。

DataList 分页的结果如图 8-34 所示。

GridView分页

no	name	birth	address
1	张小兵	1989-6-29 0:00:00	北京
10	08奥运	2008-8-8 0:00:00	北京
2	李明A	1988-5-1 0:00:00	zhengzhou
3	王彬A	1989-9-25 0:00:00	郑州
4	陈飞A	1988-6-8 0:00:00	洛阳
下一页>			

共2页 第1页

总页数：2，当前页 ：1

图 8-33　GridView 分页结果

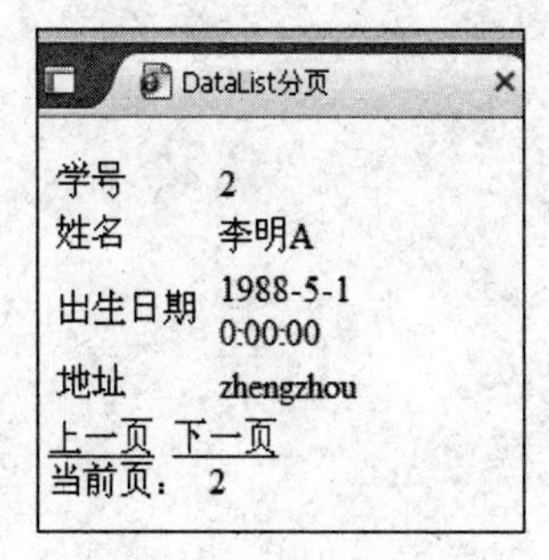

图 8-34　DataList 分页结果

FormView 分页的结果如图 8-35 所示。

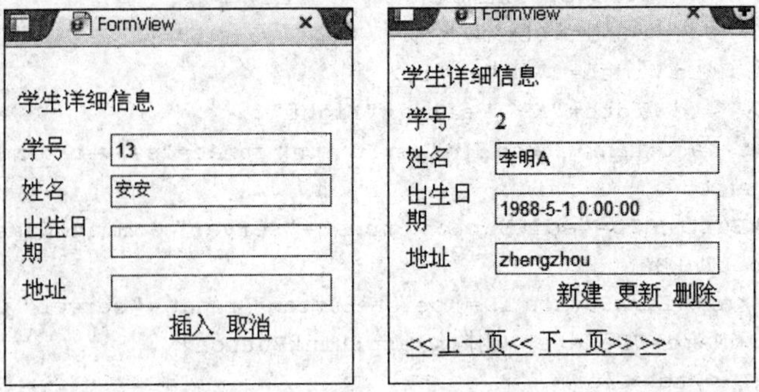

图 8-35 FormView 分页结果

第9章 ASP.NET MVC

9.1 ASP.NET MVC 简介

9.1.1 MVC 简介

MVC 是 Model View Controller 的简称，即模型(model)、视图(view)、控制器(controller)的缩写。MVC 是一种软件设计典范，它采用将系统的业务逻辑、数据、界面显示分离的方法组织代码，将业务逻辑聚集到一个部件里面，在改进和个性化定制界面及用户交互的同时，不需要重新编写业务逻辑。MVC 被独特地发展起来用于映射传统的输入、处理和输出功能在一个逻辑的图形化用户界面的结构中。

MVC 结构是为那些需要为同样的数据提供多个视图的应用程序而设计的，它很好地实现了数据层与表示层的分离。MVC 作为一种开发模型，通常用于分布式应用系统的设计和分析中，以及用于确定系统各部分间的组织关系。对于界面设计可变性的需求，MVC 把交互系统(应用程序的用户界面)的组成分解成 3 个部件：模型、视图、控制，它们之间的关系如图 9-1 所示。

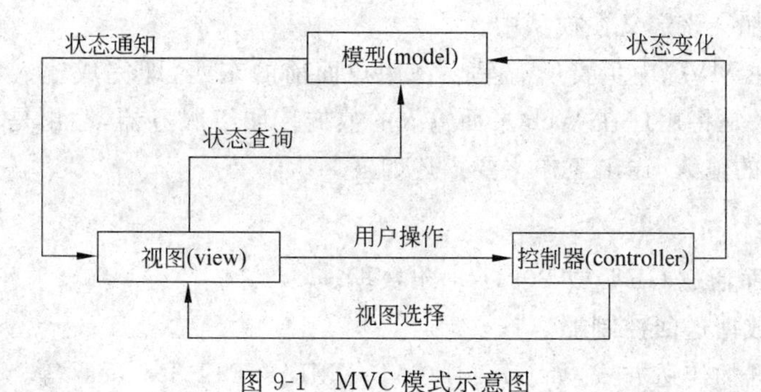

图 9-1　MVC 模式示意图

(1) 视图：视图部件把表示模型数据以及逻辑关系和状态的信息以特定形式展示给用户。它从模型获得显示信息，对于相同的信息可以有多个不同的显示形式或视图。

(2) 控制器：控制器部件是处理用户与软件的交互操作的，其职责是控制提供模型中的任何变化的传播，确保用户界面与模型间的对应联系；它接受用户的输入，将输入反馈给模型，进而实现对模型的计算控制，是使模型和视图协调工作的部件。

(3) 模型：模型部件保存了有视图显示，有控制器控制的数据；它封装了问题的核心数据、逻辑和功能的计算关系，它独立于具体的界面表达。

图 9-1 揭示了 MVC 模式下模型、视图与控制器之间的交互关系。三者之间的分离使一个模型可以具有多个显示视图。如果用户通过某个视图的控制器改变了模型的数据，所有其他依赖于这些数据的视图都反映到这些变化中。因此，无论何时发生了何种数据变化，控制器都会将变化通知给所有的视图，导致显示的更新。

9.1.2　ASP.NET MVC 各部分的任务

MVC 最初是作为桌面应用的架构模式提出的，在 Web 应用中应用 MVC 模式也变得非常普遍。在 ASP.NET MVC 中，MVC 三个主要部分的定义已经在 9.1.1 小节做了介绍。

在 ASP.NET MVC 中，模型就像是一个使用了某种工具的数据访问层，这种工具包括实体框架(Entity Framework)或者与包含特定域逻辑的自定义代码组合在一起的 NHibernate。因为模型负责所有与“数据”有关的任务，通常情况下，模型的任务大致包括以下几种情况。

(1) 定义数据结构。

(2) 负责与数据库沟通。

(3) 从数据库中读取数据。

(4) 将数据写入数据库。

(5) 运行预储程序。

(6) 数据格式验证。

(7) 定义与验证商业逻辑规则。

(8) 对数据进行各种加工处理等。

也就是说，模型是描述程序设计人员感兴趣问题域的一些类，这些类通常封装存储在数据库中的数据，以及操作这些数据和执行特定域业务逻辑的代码。简而言之，只要是和“数据”有关的任务，都应该定义在模型中。

视图 View 在 MVC 中负责所有呈现在用户面前的东西，即完成输入和输出工作。在 Web 应用中，输入是将用户在 Web 页面输入的数据传回给服务器，输出是在浏览器中显示 Web 页面。有关的输入/输出工作主要描述如下。

1. 输入工作

(1) Web 页面通过 GET 或 POST 输出数据。

(2) 负责将数据送回控制器。

(3) 决定数据的传送方式，如 GET、POST、XML HTTP Request 等。

(4) 决定数据送到哪一个控制器的 Action 中。

(5) 前端基本的数据格式验证。

(6) 验证功能，如使用 JavaScript 验证表单中的数据。

2. 输出工作

(1) 从控制器取出数据，并显示在用户界面上。

(2) 决定用什么技术呈现“用户界面”(如 HTML、XML、Silverlight、Flash 等)。

(3) 负责界面的呈现方式(如字体、颜色、排版等)。

(4) 将控制器传送的数据显示在用户界面上。

(5) 用参考模型中定义的数据格式显示数据等。

控制器在 MVC 模式中掌控全局对象,它的主要工作如下。

(1) 决定与"用户"沟通的管道,对 ASP.NET MVC 而言就是 HTTP 或 HTTPS。

(2) 决定系统运行的流程。例如从控制器接收到数据后重定向到另一个页面。

(3) 负责从模型中取得数据。

(4) 负责显示哪个视图给用户。

9.1.3 使用 ASP.NET MVC 的原因

MVC 最初是作为桌面应用的架构模式提出的,在 Web 应用中应用 MVC 模式也变得非常普遍。ASP.NET MVC 是微软官方提供的用 MVC 模式编写 ASP.NET Web 应用程序的框架,自 2009 年 3 月发布 ASP.NET MVC 1.0 起,到现在已经发布了 5 个版本,目前比较流行和成熟的是 ASP.NET MVC 4.0,本书也以 ASP.NET MVC 4.0 为例进行学习。微软开发的 ASP.NET MVC 框架具有以下优点。

(1) 通过把项目分成模型、视图和控制器,使复杂项目更加容易维护。

(2) 应用程序通过控制器控制程序请求,可以提供丰富的 url 重写,也便于搜索引擎优化(SEO)和网站推广。

(3) 不使用 view state 和服务器表单控件,可以更方便地控制应用程序的行为。

(4) ASP.NET MVC 采用插件式设计,具有较强的扩展性。

(5) 对单元测试的支持更加出色,支持 TDD(测试驱动开发)。

(6) 可以继续使用原有的 ASP.NET 的一些特征,如可以使用 ASP.NET 现有的页面标记、用户控件、模板页,窗体认证和 Windows 认证、url 认证,组管理和规则、输出、数据缓存、session 等。

(7) 在团队开发模式下表现更出众等。

当然,使用 ASP.NET MVC 也存在下列不足。

(1) 增加了系统结构和实现的复杂性。对于简单的界面,严格遵循 MVC,使模型、视图与控制器分离,会增加结构的复杂性,并可能产生过多的更新操作,降低运行效率。

(2) 视图与控制器间过于紧密的连接。视图与控制器相互分离,却是联系紧密的部件,视图没有控制器的存在,其应用是很有限的,反之亦然,这样就妨碍了它们的独立重用。

(3) 视图对模型数据的低效率访问。依据模型操作接口的不同,视图可能需要多次调用才能获得足够的显示数据。对未变化数据做不必要的频繁访问,也将损害操作性能。

(4) 目前,一般高级的界面工具或构造器不支持 MVC 模式。改造这些工具以适应 MVC 需要建立分离的部件的代价是很高的,从而造成使用 MVC 的困难。

9.2 ASP.NET MVC 基础

ASP.NET MVC 开发模型和 ASP.NET WebForm 开发模型并不相同,ASP.NET MVC 为 ASP.NET Web 开发进行了良好的分层,ASP.NET MVC 开发模型和 ASP.NET

WebForm 开发模型在请求处理和应用上都不尽相同，只有了解 ASP.NET WebForm 开发模型的基础才能够高效地开发 MVC 应用程序。学习 ASP.NET MVC 工作原理的最好方法就是从创建应用程序开始，下面就开始 ASP.NET MVC 应用程序的创建。

9.2.1 安装 ASP.NET MVC

1. 创建 ASP.NET MVC 4.0 应用程序的软件要求

ASP.NET MVC 可以在如下 Windows 操作系统中运行：Windows XP、Windows Vista、Windows 7、Windows 8、Windows 10、Windows Server 2003、Windows Server 2008、Windows Server 2008 R2 等。

ASP.NET MVC 4.0 的开发工具包含在 Visual Studio 2012 中，也可以安装在 Visual Studio 2010 的各个版本中。使用 ASP.NET MVC 4.0，建议使用 Visual Studio 2012 开发环境，这样可以避免安装很多插件。如果使用 Visual Studio 2010，则需要安装 ASP.NET MVC 4.0 及所需组件。

2. 安装 ASP.NET MVC 4.0 开发组件

ASP.NET MVC 4.0 开发工具支持 Visual Studio 2010 或 Visual Studio 2012，包括这两个开发工具的 Express 免费版本。由于 Visual Studio 2012 包含了 MVC 4.0，因此不需要安装任何插件。如果使用的是 Visual Studio 2010，可以在微软的官方网站上下载 ASP.NET MVC 4.0 for Visual Studio 2010 安装程序(https://www.microsoft.com/zh-cn/download/details.aspx?id=30683)进行安装。单击下载文件中的 AspNetMVC4.setup.msi 进行 ASP.NET MVC 4.0 开发模型的安装和相应示例的安装。

首先进入 ASP.NET MVC 4.0 安装的用户条款界面，选中 I agree to the license terms and conditions 复选框，同意 ASP.NET MVC 4.0 用户条款，如图 9-2 所示。然后单击 Install 按钮进入 ASP.NET MVC 4.0 安装界面，安装界面如图 9-3 所示。

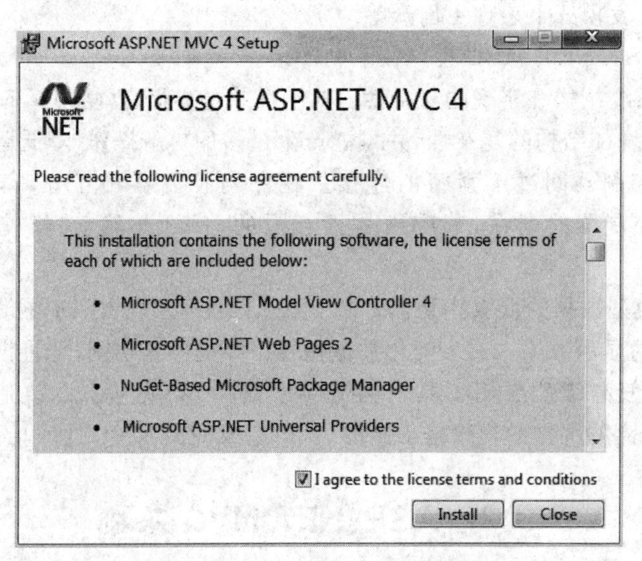

图 9-2 ASP.NET MVC 用户条款

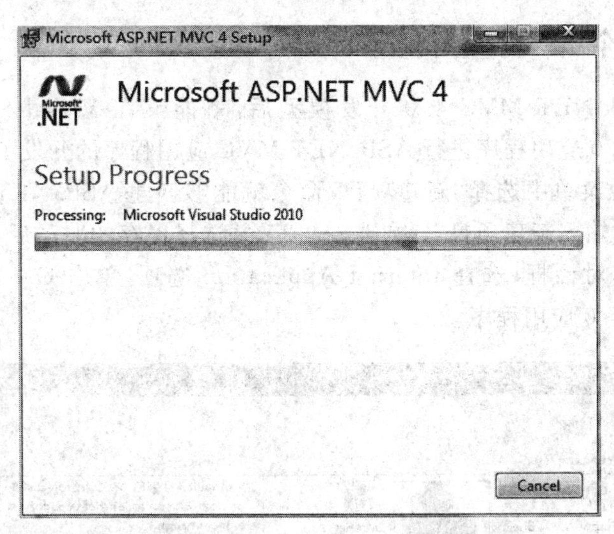

图 9-3　ASP. NET MVC 安装界面

注意：如果 Visual Studio 2010 没有安装 Visual Studio 2010 Service Pack 1(SP1)，则需要先安装 Visual Studio 2010 SP1，否则安装 ASP. NET MVC 4.0 时将报错。

单击 Install 按钮，系统就会在计算机中安装 ASP. NET MVC 开发模型和在 Visual Studio 2010 中进行 ASP. NET MVC 4.0 程序开发所需要的必备组件以便在 Visual Studio 2010 中为开发人员提供原生的 ASP. NET MVC 开发环境。安装完毕后，安装程序会提示 ASP. NET MVC 安装程序已经安装完毕。安装完毕后开发人员就能够使用 Visual Studio 2010 开发 ASP. NET MVC 4.0 应用程序。启动 Visual Studio 2010 后，可以在新建项目中发现 ASP. NET MVC 4.0 项目类型模板，如图 9-4 所示。

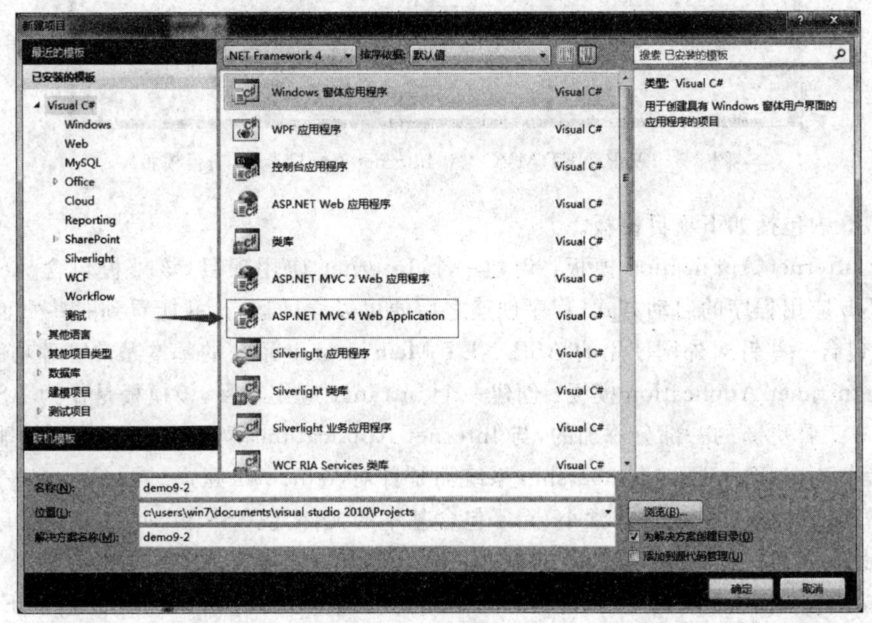

图 9-4　ASP. NET MVC 4.0 项目类型

9.2.2 新建一个 MVC 应用程序

安装完成 ASP.NET MVC 4.0 开发模型后，就能够在 Visual Studio 2010 中创建 ASP.NET MVC 4.0 应用程序进行 ASP.NET MVC 应用程序的开发了。在菜单栏中选择“文件”命令，在下拉菜单中选择“新建项目”命令就能够创建 ASP.NET MVC 4.0 应用程序，如图 9-4 所示。输入新建项目名称“demo9-2”，并选择保存的路径后，将出现如图 9-5 所示的项目模板选择对话框，选择 Internet Application 选项，单击 OK 按钮后就能够创建 ASP.NET MVC 4.0 应用程序。

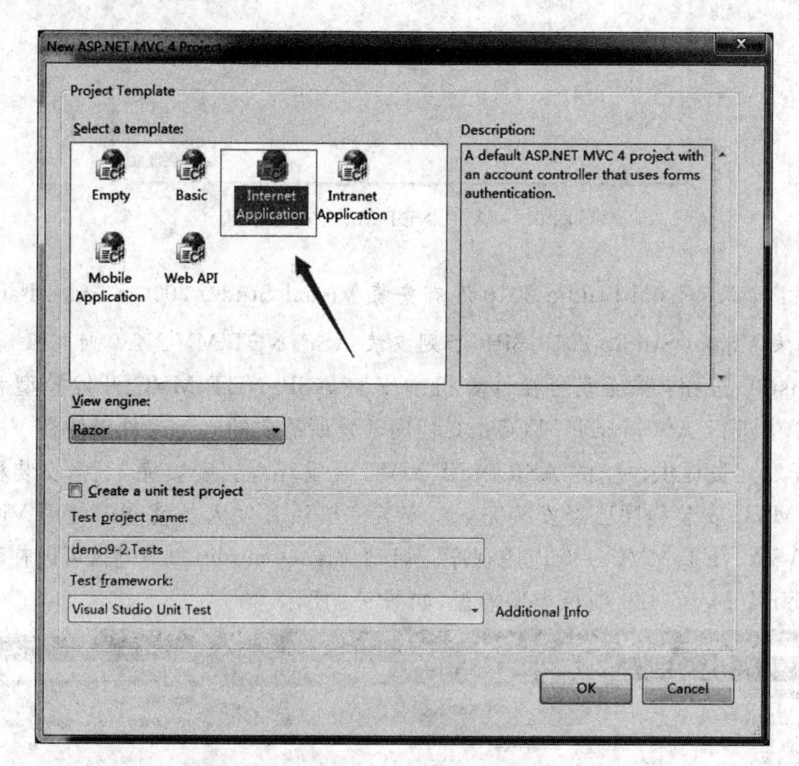

图 9-5 ASP.NET MVC 4.0 Internet Application 项目模板

图 9-5 中包括如下项目模板。

(1) Internet Application 模板：创建一个 Internet 应用项目，该模板包含 ASP.NET MVC Web 应用程序的启动方式，程序创建之后便可以立即运行，并能看到一些页面。除此之外，还包含一些针对外网使用的 ASP.NET Membership 系统的基本账户管理功能。

(2) Intranet Application 模板：创建一个 Intranet 应用项目，该模板是作为 ASP.NET MVC 3.0 工具更新的一部分添加的，与 Internet Application 模板相似，但是它的账户管理功能不是针对 ASP.NET Membership 系统而是针对 Windows 账户。

(3) Basic 模板：该模板非常小，除了包含基本的文件夹、CSS 和 MVC 应用程序基础结构之外，别无其他。

(4) Empty 模板：Basic 模板过去称为 Empty 模板，在 MVC 4.0 中，先前的 Empty 模板更名为 Basic，新的 Empty 模板很空，里面只有必需的程序集和基本的目录结构。如果运行使用 Empty 模板创建的应用程序,将会出现“需要设置启动项”的提示消息。设置 Basic 模板主要是为有经验的开发人员设计的,可以让他们按照自己的想法进行程序的设置和配置。

(5) Mobile Application 模板:Mobile Application 模板使用 jQuery Mobile 进行预配置,这样就启动创建一个能移动访问的网站。该模板包括移动视觉主题、触摸优化的 UI,还支持 Ajax 导航。

(6) Web API 模板:ASP.NET Web API 是一个创建 HTTP 服务的框架,Web API 与 Internet Application 模板相似,但它简化为 Web API 开发。如 Web API 中没有任何用户账户管理功能。

在如图 9-5 所示的对话框中的另一个选项是视图引擎下拉框。视图引擎的作用是在 ASP.NET MVC 应用程序中提供不同的模板语言来生成 HTML 标记。在 ASP.NET MVC 3.0 之前,视图引擎仅有的内置选项是 ASPX 或 Web Forms,至今这一选项仍然存在。ASP.NET MVC 3.0 的默认视图引擎是 Razor,也是 ASP.NET MVC 3.0 的新扩展内容。

需要注意的是不同的视图引擎由不同的格式去呈现视图,默认 ASP.NET MVC 有两个视图引擎——RazorViewEngine 和 WebFormViewEngine。Razor 视图引擎的格式是 cshtml 文件或者 vbhtml 文件,然而 WebForm 视图引擎依旧支持老格式的 WebForm 视图(aspx 页面和.ascx 文件)。以前的 ASP.NET MVC 版本都默认只包括 WebForm 视图引擎。

在许多 MVC 框架里,视图开发都鼓励和要求书写代码,直接用标签写(也就是不用控件),由于 ASPX 视图引擎在设计时没有达到这个目标,所以 ASP.NET 团队决定设计一个全新的视图引擎——把代码写在模板里。这是一种更智能的引擎,引擎能够很容易地识别出标签的开始和结束,而且开发者也不用写得那么复杂。当然也可以用别的第三方视图引擎,如比较流行的 Spark 视图引擎。

Razor 为视图表示提供了一种精简的语法,最大限度地减少了语法和额外字符。这样可以有效减少语法障碍,在视图标记语言中也没有新的语法规则,使视图代码编写得非常流畅。Razor 通过理解标记的结构来实现代码和标记之间尽可能顺畅地转换,下面的例子演示了一个包含少量视图逻辑的简单 Razor 视图。

```
@{
    //Razor 例子代码块,这里创建一个模型 items
    var items=new string[] {"one", "two", "three"};
}
<html>
<head><title>Razor View Demo</title></head>
<body>
    <h1>Listing @items.length items.</h1>
    <ul>
        @foreach(var item in items){
            <li>The item name is @item.</li>
        }
    </ul>
</body>
```

```
</html>
```

上面的代码示例采用了 C# 语法，这意味着这个文件的扩展名是.cshtml。对于详细的 Razor 语法机制，这里不做过多介绍。对大多数应用来说，不必关心 Razor 的语法，只要在插入代码时，输入 HTML 和@符合就可以了，因为 Razor 的设计理念就是简单直观。

Visual Studio 2010 为 ASP.NET MVC 4.0 提供了原生的开发环境，以及智能提示，开发人员在进行 ASP.NET MVC 4.0 应用程序的开发中，Visual Studio 2010 同样能够为 ASP.NET MVC 4.0 应用程序提供关键字自动补充、智能解析等功能以便开发人员高效地进行 ASP.NET MVC 4.0 应用程序的开发。创建 ASP.NET MVC 4.0 应用程序后，系统会自动创建若干文件夹和文件，如图 9-6 所示。

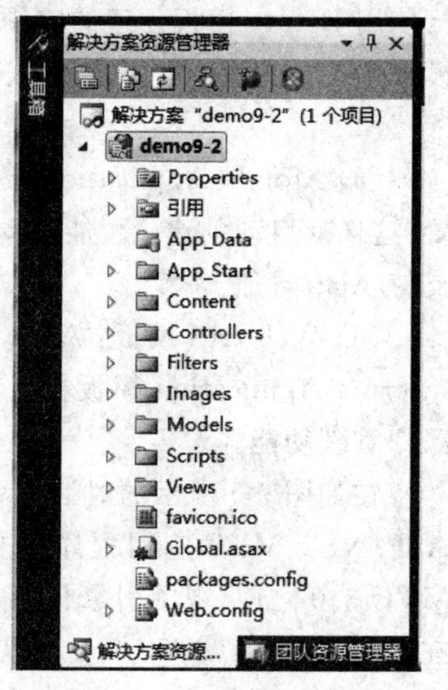

图 9-6 自动创建的文件

9.2.3 ASP.NET MVC 4.0 应用程序的结构

在创建完成 ASP.NET MVC 4.0 应用程序后，系统会默认创建一些文件夹，这些文件夹不仅包括对应 ASP .NET MVC 开发模型的 Models、Views 和 Controllers 文件夹，还包括配置文件 Web.config、Global.aspx 和 Default.aspx。开发人员能够在相应的文件夹中创建文件进行 ASP.NET MVC 4.0 应用程序的分层开发。

用 Internet Application 模板创建的 ASP.NET MVC 项目有 9 个顶级目录，如表 9-1 所示。

表 9-1 默认的顶级目录

目　录	用　途
/Controllers	放置处理 URL 请求的控制器类
/Models	放置表示和操纵数据及业务对象的类
/Views	放置负责呈现输出结果的 UI 模板文件，即视图
/Scripts	放置 JavaScript 库文件和脚本(.js)
/Images	保存站点实验的图像
/Content	保存 CSS 和其他站点内容，而非脚本和图像
/Filters	保存过滤器代码
/App_Data	存储想要读取/写入的数据文件
/App_Start	保存功能配置代码，如路由、捆绑和 Web API

其实，ASP.NET MVC 应用并不是非要这个结构，程序开发人员可以按照具体的约定或更易于管理的方式设置相应的结构。默认的项目结构确实提供了一个很好的默认目录约定，使应用程序的关注点很清晰。

9.2.4　运行 ASP. NET MVC 应用程序

目前为止,程序员没有写一句代码,只创建 ASP. NET MVC 应用程序后就能够直接运行。因为默认的 ASP. NET MVC 应用程序已经提供了样例,以方便开发人员进行编程学习。在 Visual Studio 中按 F5 键运行 ASP. NET MVC 应用程序,运行后如图 9-7 所示。

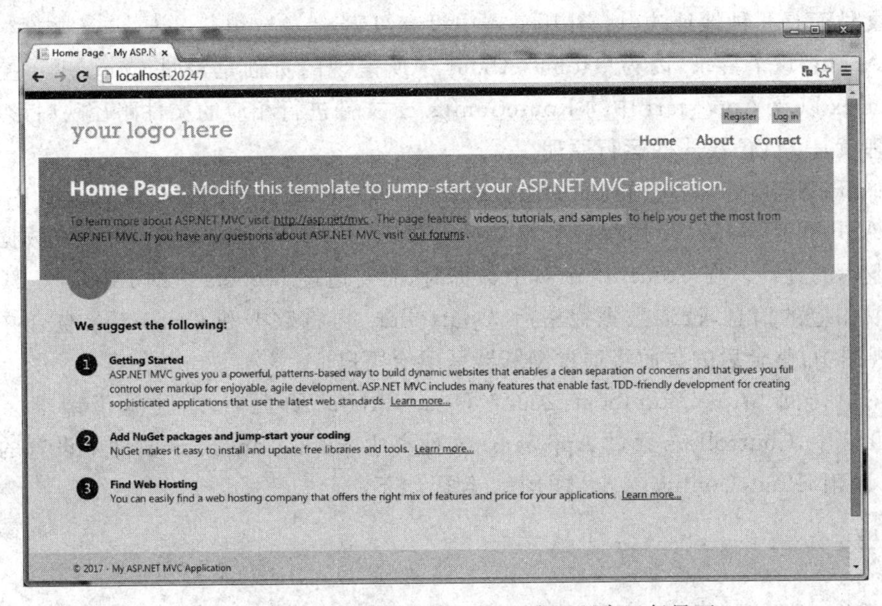

图 9-7　默认 ASP. NET MVC 4. 0 应用程序运行界面

在创建 ASP. NET MVC 4. 0 应用程序后,系统会创建样例,图 9-7 显示的就是 ASP . NET MVC 默认运行界面,单击左上角的 About 链接可跳转到相应的页面,如图 9-8 所示。

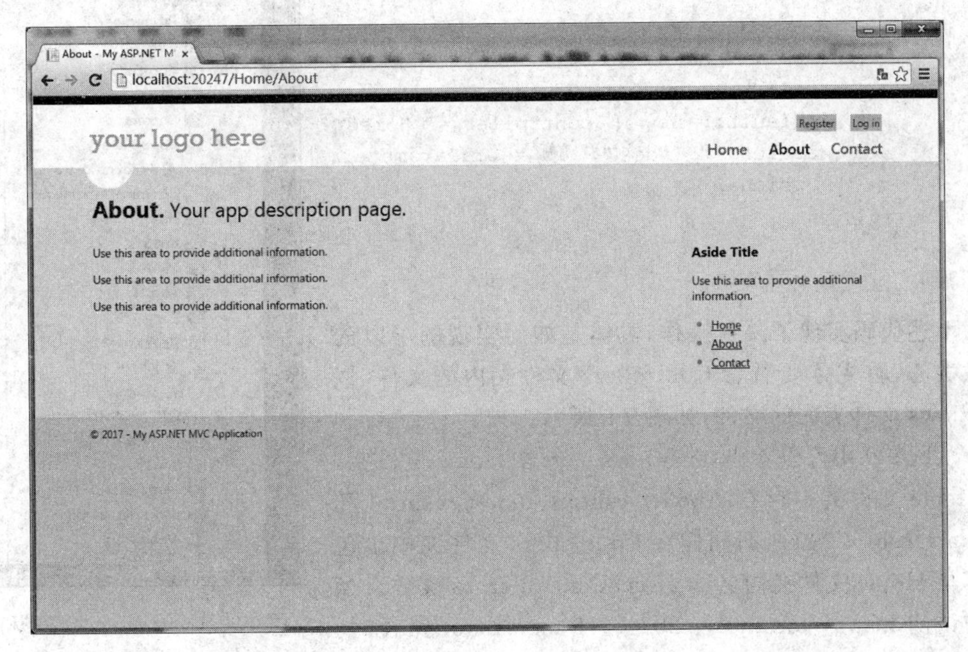

图 9-8　About 页面

当单击 About 链接后，页面会跳转到相应页面，页面的 URL 为 http://localhost:20247/Home/About(localhost 后面的数字在不同计算机上的显示可能不一样)。在 ASP.NET MVC 应用程序中，URL 路径的请求方式与传统的 ASP.NET WebForm 应用程序不同，开发人员可以发现，在服务器文件中没有/Home/About/index.aspx 文件也没有/Home/About/这个目录。这是因为在 ASP.NET MVC 应用程序中，URL 并不是服务器中的某个文件而是一种地址映射。在服务器中没有/Home/About/index.aspx 文件，也没有/Home/About/这个目录，因为/Home/About 中所呈现的页面是通过 Controller 控制器和 Global.ascx 以及 App_start 中的 RouteConfig.cs 文件进行相应的文件路径映射形成的，映射的原理就是 MVC 模式的运行原理。

在 ASP.NET MVC 应用程序的运行过程中，请求同样会发送到 Controllers 中，这样就对应了 ASP.NET MVC 应用程序中的 Controllers 文件夹，Controllers 只负责数据的读取和页面逻辑的处理。在 Controllers 读取数据时，需要通过 Models 中的 LINQ to SQL 从数据中读取相应的信息，读取数据完毕后，Controllers 再将数据和 Controller 整合并提交到 Views 视图中，整合后的页面将通过浏览器呈现给用户。

当用户访问 http://localhost:20247/Home/About 页面时，首先这个请求会发送到 Controllers 中，Controllers 通过 App_start 文件夹中 RouteConfig.cs 文件中设置的路由进行 URL 映射，RouteConfig.cs 文件的相应代码如下：

```
public class RouteConfig
{
    public static void RegisterRoutes(RouteCollection routes)
    {
        routes.IgnoreRoute("{resource}.axd/{*pathInfo}");

        routes.MapRoute(
            name: "Default",
            url: "{controller}/{action}/{id}",
            defaults: new { controller = "Home", action = "Index", id = UrlParameter.Optional }
        );
    }
}
```

上述代码实现了映射操作，具体是如何实现的可以先不去关心，首先需要看看 Controllers 文件夹内的文件，以及 Views 文件夹内的文件，如图 9-9 所示。

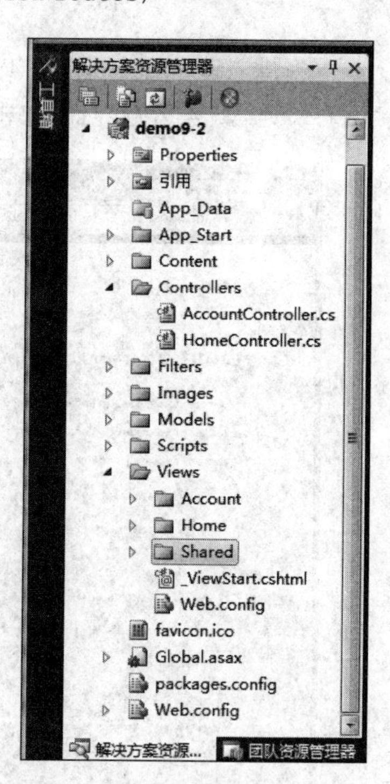

图 9-9 Controllers 文件夹和 Views 文件夹

从图 9-9 中可以看出，在 Views 中包含 Home 文件夹，在 Home 文件夹中存在 About.cshtml、Index.cshtml 和 Contact.cshtml 文件，而同样在 Controllers 文件夹中也包含了与 Home 文件夹同名的 HomeController.cs 文件。当用户访问 http://localhost:20247/Home/About 路径时，首先该路径请求会传送到 Controllers 中。在 Controllers

中，Controllers 通过 Global.asax 文件和相应的编程实现路径的映射，示例代码如下：

```
public class HomeController : Controller
{
  ...
    public ActionResult About()          //实现 About 页面
    {
        ViewBag.Message="Your app description page.";

        return View();                   //返回视图
    }
  ...
}
```

上述代码实现了 About 页面的页面呈现，在运行相应的方法后会返回一个 View，这里默认返回的是与 Home 的 About 方法同名的页面，这里是 about.cshtml，about. cshtml 的页面代码如下：

```
@{
    ViewBag.Title="About";
}

<hgroup class="title">
    <h1>@ViewBag.Title.</h1>
    <h2>@ViewBag.Message</h2>
</hgroup>

<article>
    <p>
        Use this area to provide additional information.
    </p>

    <p>
        Use this area to provide additional information.
    </p>

    <p>
        Use this area to provide additional information.
    </p>
</article>

<aside>
    <h3>Aside Title</h3>
    <p>
        Use this area to provide additional information.
    </p>
    <ul>
        <li>@Html.ActionLink("Home", "Index", "Home")</li>
        <li>@Html.ActionLink("About", "About", "Home")</li>
        <li>@Html.ActionLink("Contact", "Contact", "Home")</li>
    </ul>
```

```
</aside>
```

将 about.cshtml 页面中的文字进行相应的更改，示例代码如下：

```
<article>
    <p>
        欢迎 ASP.NET MVC.
    </p>
    <p>
        2017 撸起袖子，加油干！
    </p>
</article>
```

运行 about.aspx 页面，运行后如图 9-10 所示。读者朋友如果想修改 About 页面的标题，可以修改 HomeController.cs 文件中的相应代码，请读者自行修改并观看运行效果。代码如下：

```
ViewBag.Message="Your app description page."
```

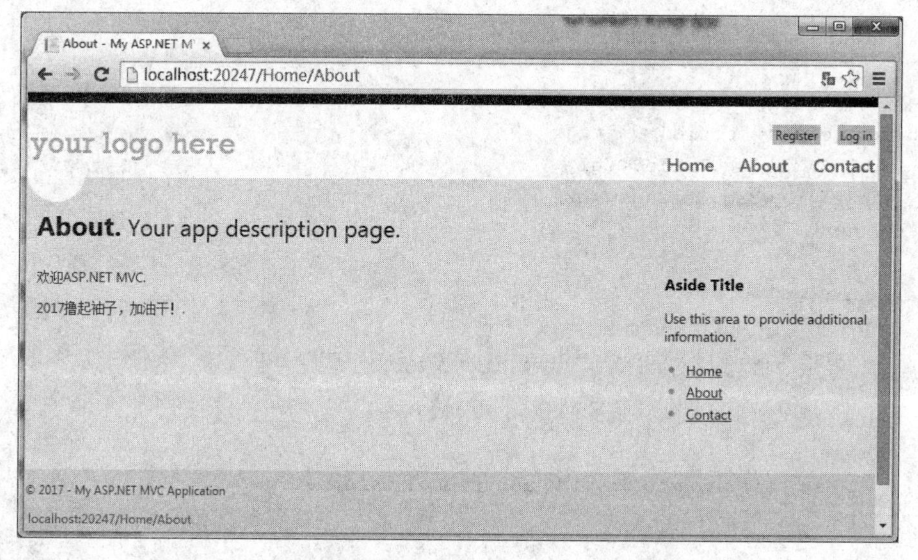

图 9-10　修改后的 About Us 页面

在 ASP.NET MVC 4.0 应用程序中，HomeController.cs 对应 Views 的 Home 文件夹，而其中的 Index()方法和 About()方法对应 Index.aspx 文件和 About.aspx 文件。在命名时，默认情况下 XXXController.cs 对应 Views 的 XXX 文件夹，而其中 XXXController.cs 中的 YYY()方法对应 XXX 文件夹中的 YYY.aspx，而访问路径为 XXX/YYY 时访问的是 XXXController.cs 中的 YYY()方法。

9.3　ASP.NET MVC 开发

在了解了 ASP.NET MVC 应用程序的创建，以及 ASP.NET MVC 中的 URL 映射基础原理后，就能够进行 ASP.NET MVC 应用程序的开发，在进行 ASP.NET MVC 应用程序开发的过程中可以深入地了解 ASP. NET MVC 应用程序模型和 URL 映射原理。

9.3.1　创建 MVC

ASP. NET MVC 应用程序包括 M、V、C 三个部分，其中 Models 用于数据库抽象，Views 用于视图的呈现，而 Controllers 用于控制器和逻辑处理。在创建 ASP. NET MVC 应用程序时，可以为 ASP. NET MVC 应用程序分别创建相应的文件。下面以 9.2 节创建的 demo9-2 项目为基础，进一步介绍 ASP. NET MVC 应用的开发。

1. 创建控制器

首先创建一个控制器类。在解决方案资源管理器中，右击控制器文件夹，然后选择“添加”|“控制器”命令，如图 9-11 所示。命名新的控制器为 DemoController。选择模板为 Empty MVC controller，并单击“添加”按钮。这样在解决方案资源管理器中就会创建一个名为 DemoController. cs 的新文件。该文件会被 IDE 默认打开。

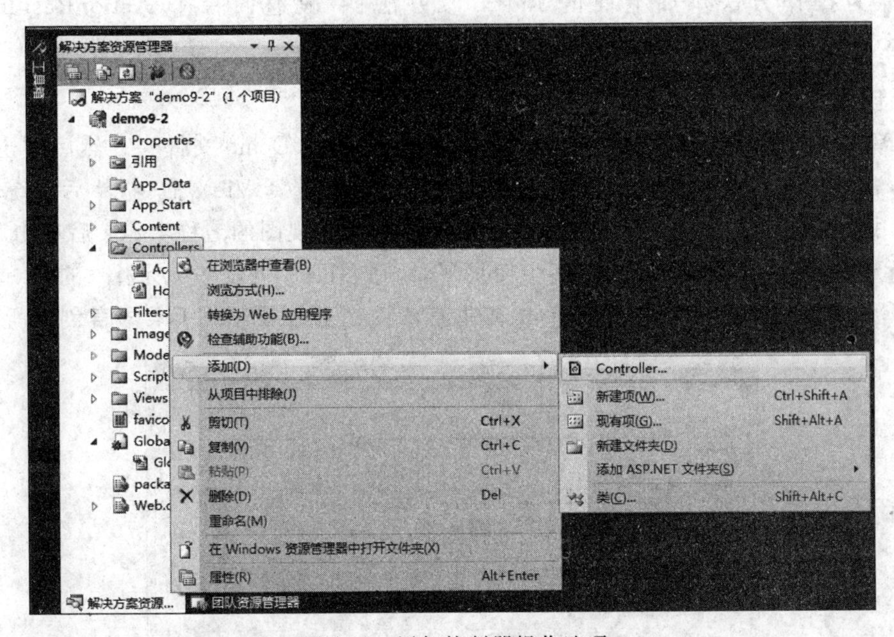

图 9-11　添加控制器操作选项

注意：创建 Controllers 类文件时，创建的类文件的名称必须为 Views 文件夹中相应的视图文件夹的名称加上 Controllers. cs，由于将要在 Views 文件夹中创建 Demo 文件夹，因此在创建 Controllers 时必须创建 DemoControllers. cs，在创建相应的类文件后才能够拦截相应的 URL 并进行地址映射。

Demo9_2 中 Controller. cs 的内容如下：

```
using System;
using System.Collections.Generic;
using System.Linq;
using System.Web;
using System.Web.Mvc;
```

```
namespace demo9_2.Controllers
{
    public class Demo9_2Controller : Controller
    {
        //
        //GET: /Demo9_2/
        //返回一个 View 对象
        public ActionResult Index()
        {
            return View();
        }
    }
}
```

上面的 Index 方法使用一个视图模板来生成一个 HTML 返回给浏览器。控制器的方法(也称为操作方法),如上面的 Index()方法,一般返回一个 ActionResult(或从 ActionResult 所继承的类型),而不是原始的类型,如字符串。

2. 创建视图

在 Views 文件夹中创建一个新文件夹,这里创建一个 Demo 文件夹。然后右击 Demo 文件夹,在下拉菜单中选择"添加"选项,在"添加"选项中选择 View 命令,然后系统会弹出对话框用于 View 文件的创建,如图 9-12 所示。输入新建视图的名称 Index 后单击 Add 按钮,就新建立了一个视图模板文件,其中使用了 ASP.NET MVC 3.0 所引入的 Razor 视图引擎。Razor 视图模板文件使用.cshtml 文件扩展名,并提供了使用 C#语言创建所要输出

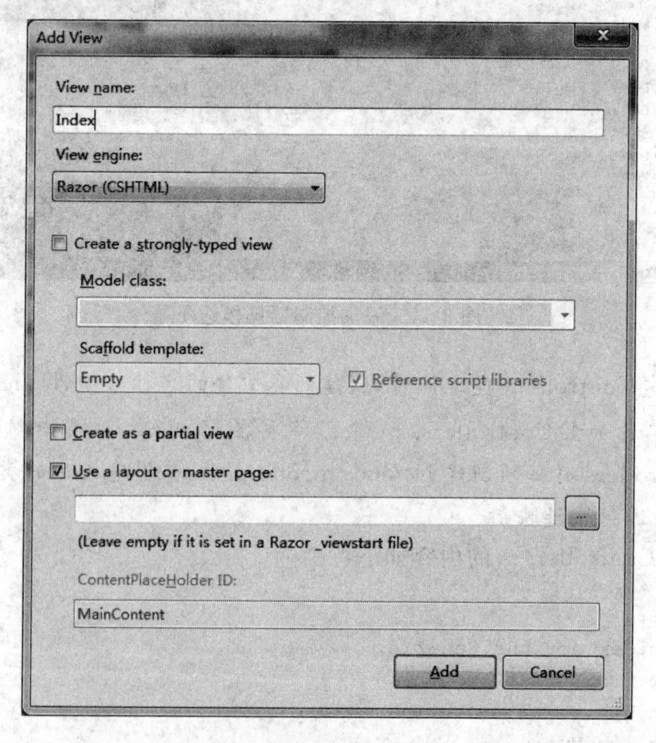

图 9-12 创建 View 文件

的 HTML 方式。用 Razor 编写视图模板文件时，将所需的字符和键盘敲击数量降到了最低，并实现了快速、流畅的编码工作流程。

在 Views 中可以创建 MVC ViewPage 用于 Views 文件的创建，从而用于在 ASP. NET MVC 应用程序中呈现相应页的视图，在 Index. cshtml 中可以编写相应的代码用于视图的呈现，完整的 Index. cshtml 页面代码如下：

```
@{
    ViewBag.Title="Index";
}

    <h2>新建视图例子</h2>
        <p>
            <span style="color:red">这是一个新建视图的演示页面</span>
        </p>
```

这里值得注意的是，仅仅创建一个 Index. aspx 页面并不能够在浏览器中浏览该页面，必须在相应的 Controllers 类文件中实现与 Index. aspx 页面文件同名的方法 Index()后才能够实现 Index. aspx 页面的访问。Views 中的 Index. aspx 页面能够使用 Controllers 类文件中的 Index()方法中的变量进行数据呈现。按 F5 键运行页面，运行后如图 9-13 所示。

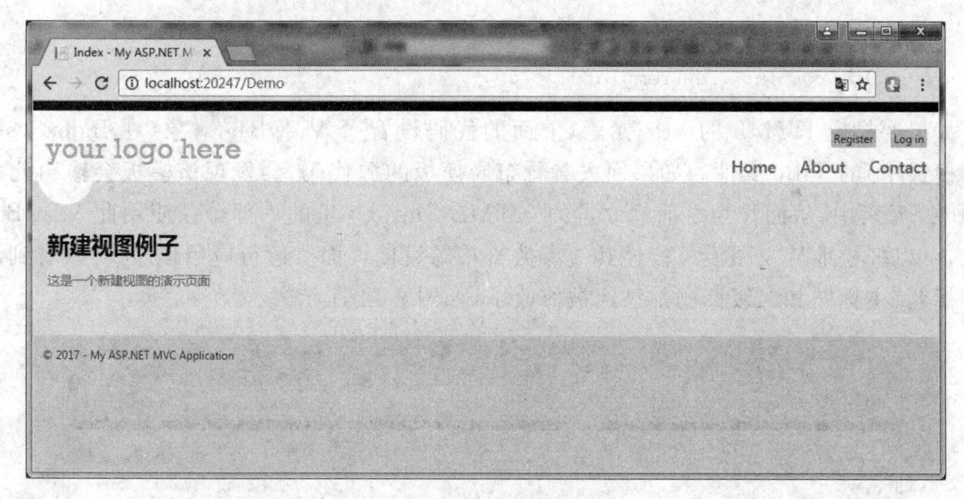

图 9-13　简单 MVC 运行页面

3. 修改视图和布局页

比如，想修改页面顶部的标题 your logo here。这段文字是每个页面的公用文字。尽管这段文字出现在每个页面上，但是实际上它仅保存在工程里的某个地方。在解决方案资源管理器里找到/Views/Shared 文件夹，打开_Layout. cshtml 文件。此文件被称为布局页面(layout page)，并且其他所有的子页面都共享这个布局页面。

布局模板允许在一个位置放置占位所需的 HTML 容器，然后将其应用到网站中所有的网页布局。查找 @RenderBody()，所创建的所有视图页面都被“包装”在布局页面中来显示，RenderBody 只是个占位符。例如，如果单击 About 链接，Views\Home\About. cshtml 视图会在 RenderBody 方法内进行 Render。

在布局模板页面内把网站标题从 your logo here 修改为“我的 MVC 程序”。代码如下：

```
<div class="float-left">
    <p class="site-title">@Html.ActionLink("我的 MVC 程序", "Index", "Home") </p>
</div>
```

替换 title 元素的内容为以下内容。

```
<title>@ViewBag.Title-MVC 演示</title>
```

运行应用程序，会看到“MVC 演示”标题。单击 About 链接，可以看到该页面也会显示为“我的 MVC 程序”。可以在布局模板里再修改一次，使得网站里所有网页的标题都同时被修改了。

接下来介绍如何修改 Index 视图的标题。

打开 Demo9-2\Views\Demo\Index.cshtml 视图文件，有两个地方需要进行修改：第一，浏览器上的标题文字；第二，二级标题文字(<h2>元素)。让它们稍有不同，这样就可以看出到底程序里哪部分的代码被修改了。代码如下：

```
@{
    ViewBag.Title="视图标题修改";
}
<h2>My Movie List</h2>
<p>Hello from our View Template! </p>
```

如果要指定 HTML 的 title 元素，上面的代码设置了 ViewBag 对象(在 Index.cshtml 视图模板中)的 Title 属性。如果回去看看布局模板的源代码，会发现该模板会输出此值到<title>元素中，从而作为之前修改过的 HTML<head>里的一部分。使用此 ViewBag() 方法，可以轻松地从视图模板传递其他参数给布局模板页面。运行应用程序，可以看到浏览器的标题、主标题和二级标题都已经被修改了，如图 9-14 所示。

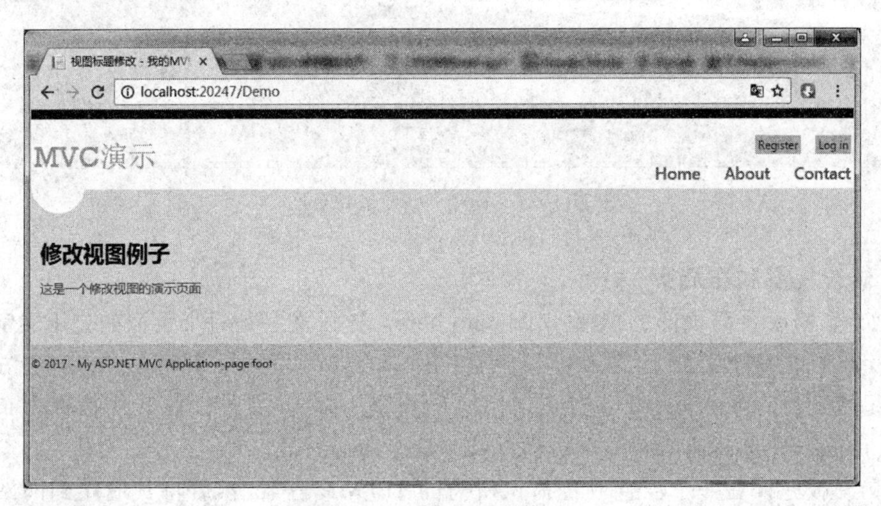

图 9-14 修改视图的运行界面

如果在浏览器中看不到修改效果，有可能是页面被缓存了。按 Ctrl+F5 组合键强制浏览器重新请求并加载服务器返回的 HTML。在 Index.cshtml 视图模板中设置的

ViewBag.Title 输出了浏览器的标题，附加的"MVC 演示"是在布局模板文件中添加的。此外还要注意 Index.cshtml 视图模板中的内容是合并到_Layout.cshtml 模板后，并最终形成一个完整的 HTML 返回到客户端浏览器的。可以看出，使用布局模板页面可以很容易进行一个修改并应用到所有页面。

本节创建的这个 MVC 应用程序有了一个 V(视图)和一个 C(控制器)，但还没有 M(模型)。9.3.2 小节将介绍如何创建一个数据库并检索数据模型。

9.3.2 将数据传递给视图

将数据传递给视图显示，一种简单的方法就是将数据直接从控制器传递给视图；另一种常用的方法是使用数据库和数据模型。

视图在浏览器中显示之前，控制器类将响应请求的 URL。因此，控制器类是写代码处理传入请求的地方，并从数据库中检索数据，最终决定什么类型的返回结果会发送回浏览器。视图模板可以被控制器用来产生格式化过的 HTML，从而返回给浏览器。

控制器负责给任何数据或者对象提供一个必需的视图模板，用这个视图模板来 Render 返回给浏览器的 HTML。最佳做法是一个视图模板应该永远不会执行业务逻辑或者直接和数据库进行交互。相应地，一个视图模板应该只和控制器所提供的数据进行交互。维持这种"隔离关系"可以帮助保持代码的干净、测试性，并且更易维护。

接下来在 DemoController 类中添加一个 Welcome 操作方法，该方法有 name 和 numTimes 两个参数，这需要通过适当的方式把数据从控制器传递给视图，从而才能生成动态的 HTML。可以把视图模板需要的动态数据(参数)放入控制器中的 ViewBag 对象中，然后视图模板可以访问这个对象。

完整的 HelloWorldController.cs 文件如下：

```
using System;
using System.Collections.Generic;
using System.Linq;
using System.Web;
using System.Web.Mvc;

namespace demo9_2.Controllers
{
    public class DemoController : Controller
    {
        //
        //GET: /Demo/

        public ActionResult Index()
        {
            return View();
        }
        public ActionResult Welcome(string name, int numTimes=1)
        {
            ViewBag.Message="Hello " +name;
            ViewBag.NumTimes=numTimes;
```

```
            return View();
        }
    }
}
```

Welcome()方法将 Message 和 NumTimes 的值添加到 ViewBag 对象里。ViewBag 是一个动态的对象。当没有给 ViewBag 设置属性时,它没有任何属性,可以把任何想放置的对象放入 ViewBag 对象中。ASP.NET MVC 模型在编译绑定的时候会自动将地址栏中 URL 里的 query string 映射到方法中的参数(name 和 numTimes)。

采用 9.3.1 小节的方法添加一个新视图 Welcome.cshtml 到 Views\Demo 文件夹中。视图 Welcome.cshtml 的内容如下:

```
@{
    ViewBag.Title="Welcome";
}

<h2>Welcome</h2>
<ul>
@for (int i=0; i<ViewBag.NumTimes; i++) {
    <li>@ViewBag.Message</li>
}
</ul>
```

按 F5 键运行应用程序,并在浏览器地址栏中输入 URL "http://localhost:20247/Demo/Welcome? name=Trump&numtimes=5",运行结果如图 9-15 所示。

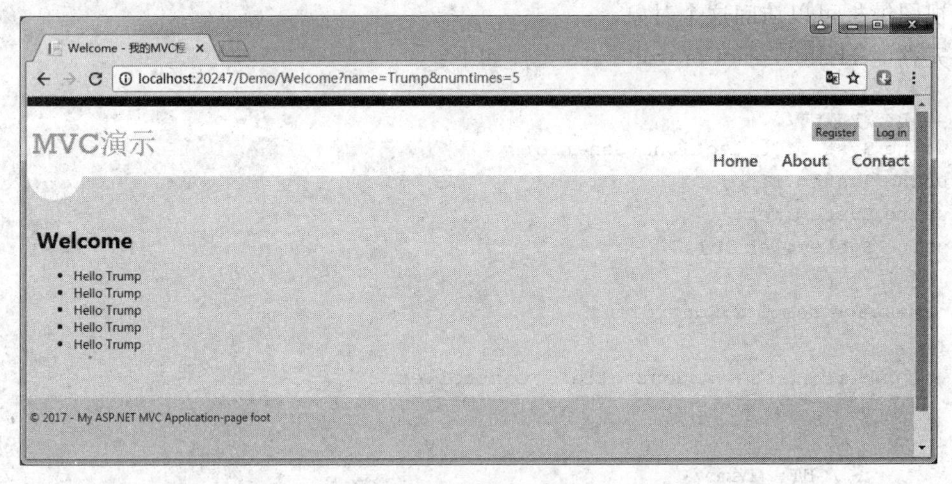

图 9-15 从控制器传数据到视图运行结果

通过这种方式,模型绑定使数据从 URL 传递给控制器。控制器将数据装入 ViewBag 对象中,通过该对象传递给视图。然后视图为用户生成显示所需的 HTML。这个示例中使用了 ViewBag 对象把数据从控制器传递给了视图,这是一种 M 模型,但不是数据库的那种 M 模型。下面将介绍使用模型来传递数据库中的数据到视图中的操作方法。

9.3.3 使用模型和数据库

本节将介绍 ASP.NET MVC 应用程序中的“模型(Model)”和.NET Framework 数据访问技术 Entity Framework。Entity Framework(通常称为 EF)是支持代码优先的开发模式。代码优先(Code First)是通过编写简单的类来创建对象模型,也就是只写一个简单的类就可以定义模型对象,而不要求有任何基类,进而生产项目所需要的数据库和模型。相对于传统的数据库优先(先进行数据库设计,确定表和字段,然后进行模型的设计),代码优先可以先写代码,然后由 Entity Framework 根据所写的代码建立数据库。

1. 添加模型类

在 Demo9-2 解决方案资源管理器中,右击模型文件夹,在弹出的快捷菜单中,选择“添加”|“类”命令,如图 9-16 所示。在出现的“新建类”对话框中输入类名 Movie(默认选择的是 C#类模板)后单击“添加”按钮,即在 Model 文件夹中添加了 Movie 模型类。

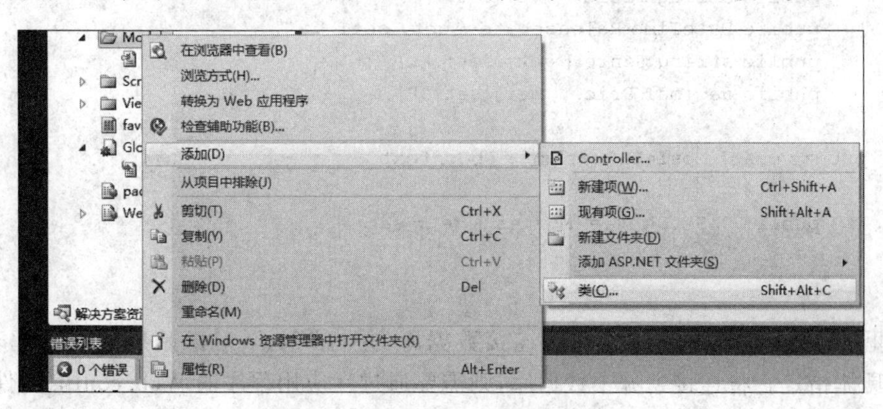

图 9-16 添加模型类的操作菜单

将下列 5 个属性添加到 Movie 类。

```
public class Movie
{
    public int ID { get; set; }
    public string Title { get; set; }
    public DateTime ReleaseDate { get; set; }
    public string Genre { get; set; }
    public decimal Price { get; set; }
}
```

这里使用 Movie 类来表示数据库中的电影。Movie 对象的每个实例将对应数据库表的一行,Movie 类的每个属性将对应表的一列。

在同一文件中,添加下面的 MovieDBContext 类。

```
public class MovieDBContext : DbContext
{
    public DbSet<Movie>Movies { get; set; }
}
```

MovieDBContext 类代表 Entity Framework 的电影数据库类,这个类负责在数据库中获取、存储、更新、处理 Movie 类的实例。MovieDBContext 是继承自 Entity Framework 的 DbContext 基类。

为了能够引用 DbContext 和 DbSet,需要在文件的顶部添加以下 using 语句。

```
using System.Data.Entity;
```

下面显示了完整的 Movie.cs 文件(一些不用的 using 语句已经被删除了)。

```
using System;
using System.Data.Entity;
namespace MvcMovie.Models
{
    public class Movie
    {
        public int ID { get; set; }
        public string Title { get; set; }
        public DateTime ReleaseDate { get; set; }
        public string Genre { get; set; }
        public decimal Price { get; set; }
    }
    public class MovieDBContext : DbContext
    {
        public DbSet<Movie>Movies { get; set; }
    }
}
```

这里的 MovieDBContext 类用来连接数据库,并将 Movie 对象映射到数据库表记录。如果要具体指定它将连接到哪个数据库,则需要通过在应用程序的 Web.config 文件中添加数据库连接信息来指定。

打开应用程序根目录的 Web.config 文件(不是 View 文件夹下的 Web.config 文件),在 Web.config 文件中的<connectionStrings>内添加下面的连接字符串。

```
<add name="MovieDBContext" connectionString="Data Source=(LocalDb)\v11.0;
Initial Catalog=Movies; AttachDbFilename=|DataDirectory|\Movies.mdf;
Integrated Security=True" providerName="System.Data.SqlClient" />
```

注意使用 Visual Studio 2012 及更高版本可以直接使用 LocalDB。如果使用 Visual Studio 2010,则应安装下列软件及补丁。

(1) Microsoft Visual Studio 2010 SP1,http://www.microsoft.com/download/en/details.aspx?id=23691。

(2) Microsoft .NET 4.0.2 design-time 或更高版本,http://www.microsoft.com/download/en/details.aspx?id=27759。

(3) Microsoft .NET 4.0.2 run-time update 或更高版本,http://www.microsoft.com/download/en/details.aspx?displaylang=en&id=27756。

(4) SqlLocalDb.msi,http://msdn.microsoft.com/en-us/evalcenter/hh230763。

还要注意修改自动生成的 connectionStrings 的内容,Web.config 文件中完整的 connectionStrings 的内容设置如下:

```
<connectionStrings>
    <add name="DefaultConnection" connectionString="Data Source=(LocalDb)\v11.
0; Initial Catalog = Movies; AttachDbFilename = | DataDirectory | \ Movies. mdf;
Integrated Security=True" providerName="System.Data.SqlClient" />

    <add name="MovieDBContext" connectionString="Data Source=(LocalDb)\v11.0;
Initial Catalog = Movies; AttachDbFilename = | DataDirectory | \ Movies. mdf;
Integrated Security=True" providerName="System.Data.SqlClient" />
</connectionStrings>
```

2. 添加控制器类

在开始下一步前，先编译一下应用程序(生成应用程序)，以确保应用程序编译没有问题。接下来将添加一个新的 MoviesController 类，用它来展示电影数据，并允许用户创建新的影片列表。通过在这个 Controller 类里编写代码可以获取电影数据，并使用视图模板将数据展示在浏览器里。

按照前面介绍的方法，右击 Controllers 文件夹，创建一个新的 MoviesController 控制器。在如图 9-17 所示的 Add Controller 对话框中设定以下选项。

(1) 控制器名称(Controller name)：MoviesController(这是默认值)。

(2) 模板(Template)：MVC controller with read/write actions and views，using Entity Framework。

(3) 模型类(Model class)：Movie (demo9_2. Models)。

(4) 数据上下文类(Data context class)：MovieDBContext (demo9_2. Models)。

(5) 视图(Views)：Razor(CSHTML)(默认值)。

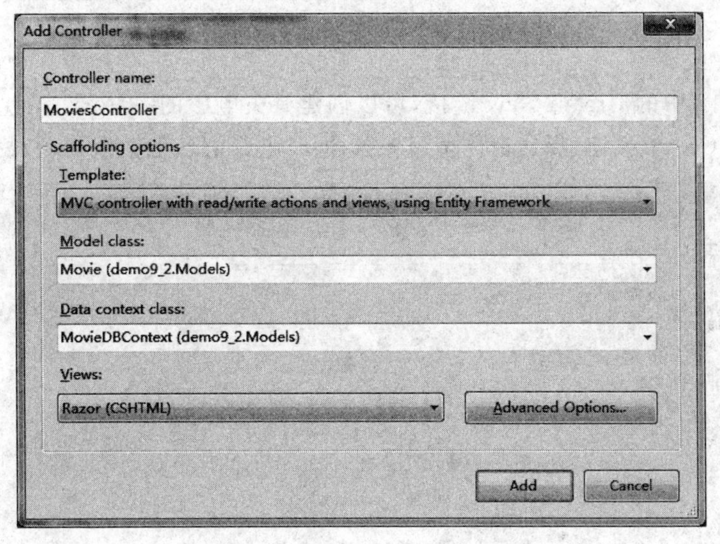

图 9-17　Add Controller 对话框

设置完成后单击 Add 按钮。Visual Studio 将创建以下文件和文件夹。

(1) 项目 Controller 控制器文件夹中的 MoviesController. cs 文件。

(2) 项目 Views 视图文件夹下新建 Movies 文件夹。

(3) 在新的 Movies 文件夹中创建了 Create.cshtml、Delete.cshtml、Details.cshtml、Edit.cshtml 和 Index.cshtml 文件。

ASP.NET MVC 4.0 自动创建 CRUD(创建、读取、更新和删除)操作方法和相关的视图文件(CRUD 自动创建的操作方法和视图文件被称为基础结构文件)。现在可以创建列表、编辑和删除电影了。

运行应用程序,通过将/Movies 追加到浏览器地址栏 URL 的后面,从而浏览 Movies 控制器。因为应用程序依赖于默认路由(Global.asax 文件中的定义),浏览器请求 http://localhost:×××××/Movies 将被路由到 Movies 控制器默认的 Index 操作方法。换句话说,浏览器请求 http://localhost:×××××/Movies 等同于浏览器请求 http://localhost:×××××/Movies/Index。由于还没有添加任何内容,所以结果是一个空的电影列表,显示结果如图 9-18 所示。

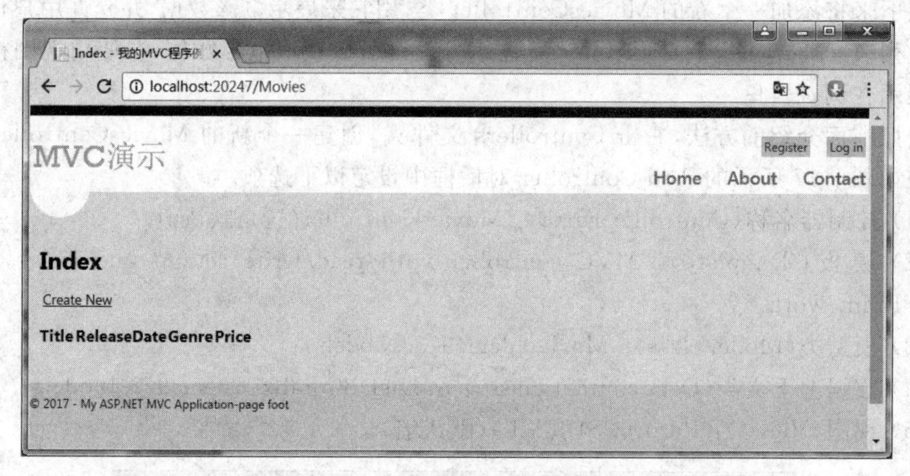

图 9-18　空电影列表显示页面

单击图 9-18 中的 Create New 链接,可以创建有关电影的一些详细信息,如图 9-19 所示。然后单击 Create 按钮,提交窗体至服务器,同时电影信息也会保存到数据库里,然后网

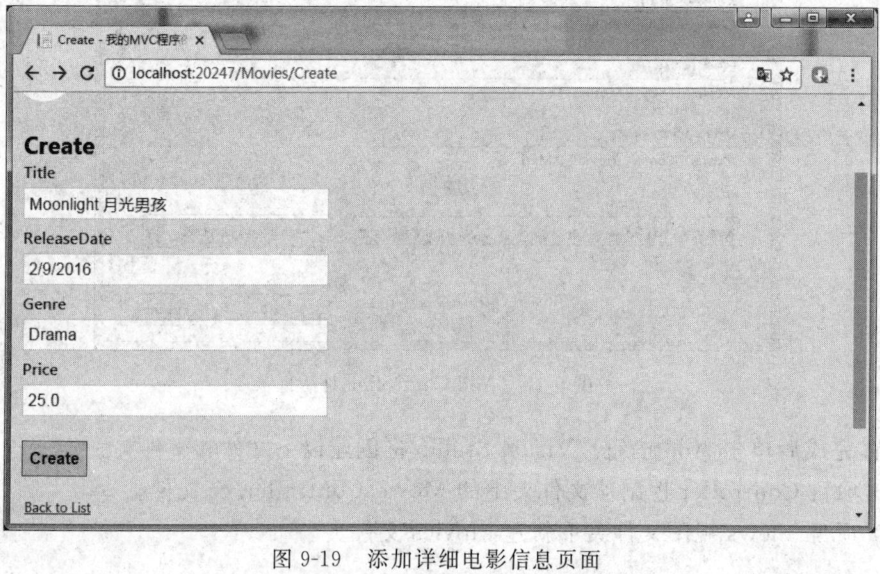

图 9-19　添加详细电影信息页面

页被重定向到 URL/Movies，这样就可以在列表中看到刚刚创建的新电影，如图 9-20 所示。采用同样的方法可以创建更多的电影数据，同时也可以尝试单击“编辑”“详细信息”和“删除”链接。

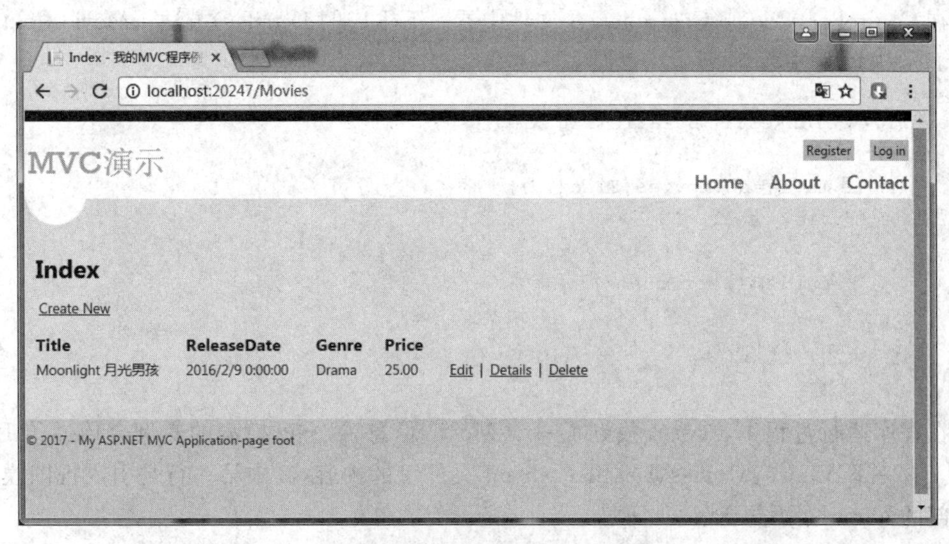

图 9-20　显示电影信息页面

打开 Controllers\MoviesController. cs 文件，可以看到生成的 Index 方法及 CRUD 等方法。下面是 MoviesController 类中实例化电影数据库上下文实例，该上下文实例是用于查询、编辑和删除的电影。代码如下：

```
private MovieDBContext db=new MovieDBContext();
```

通过向 Movies 控制器请求，可以返回 Movies 电影数据库表中的所有记录，然后将结果传递给 Index 视图。

这样就通过一个简单的电影信息实例给大家演示了 MVC 三层结构的简单用法。在这个例子中，并没有创建数据库 Movies，程序是如何实现电影数据库的创建和存取呢？这就是 Entity Framework 代码优先的好处。如果程序检测到不存在数据库连接字符串指向了 Movies 数据库，会自动地创建数据库。在 App_Data 文件夹中找一下，可以验证它已经被创建了。如果看不到 Movies. mdf 文件，请在解决方案资源管理器工具栏中单击“显示所有文件”按钮，单击“刷新”按钮，然后展开 App_Data 文件夹，如图 9-21 所示。

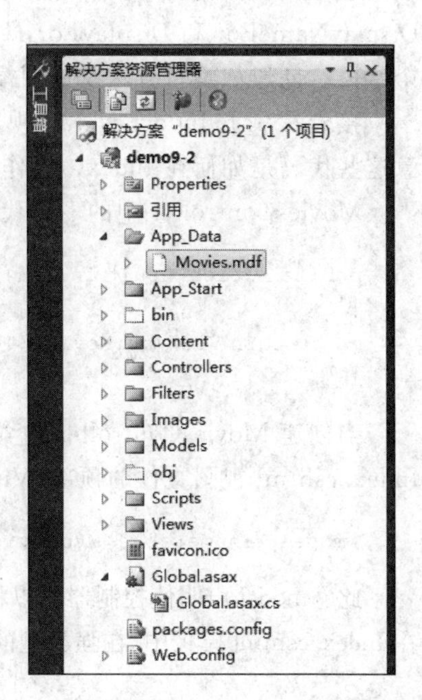

图 9-21　Entity Framework 自动创建的数据库

3. 强类型模型和@model 关键字

上面的例子中使用了 ViewBag 对象，实现了从控制器传递数据或对象给视图模板。ViewBag 是一个动态对象，提供了方便的后期绑定方法将信息传递给视图。ASP. NET MVC 还提供了传递强类型数据或对象到视图模板的能力。这种强类型使在编译时能更好地检查代码并在 Visual Studio 编辑器中提供更加丰富的智能感知。当创建操作方法和视图时,Visual Studio 中的基础结构机制使用了 MoviesController 类和视图模板。

在 Controllers\MoviesController. cs 文件中看一下生成的 Details()方法。MoviesController 里的 Details()方法如下:

```
public ActionResult Details(int id=0)
{
    Movie movie=db.Movies.Find(id);
    if (movie==null)
    {
        return HttpNotFound();
    }
    return View(movie);
}
```

在程序运行过程中,如果查找到了一个 Movie 信息,Movie 模型的实例会传递给 Detail 视图。看一下 Views\Movies\Details. cshtml 文件里的内容,其中第一行是引入视图模板文件顶部的@model 语句,代码如下:

```
@model demo9_2.Models.Movie
```

通过引入视图模板文件顶部的@model 语句,可以指定该视图期望的对象类型。当创建 MoviesController 时,Visual Studio 会将@model 声明自动包含到 Details. cshtml 文件的顶部。此@model 声明使控制器可以将强类型的 Model 对象传递给 View 视图,从而可以在视图里访问传递过来的强类型电影 Model。例如,在 Details. cshtml 模板中,DisplayNameFor 和 DisplayFor HTML Helper 通过强类型的 Model 对象传递了电影的每个字段。创建和编辑方法及视图模板都在传递电影的强类型模型对象中。

接着看一下 Index. cshtml 视图模板和 MoviesController. cs 中的 Index()方法。请注意这些代码是如何在 Index()操作方法中创建 List 对象,并调用 View()方法的。

MoviesController 中的下列代码在控制器中传递 Movies 列表给视图。

```
public ActionResult Index()
{
    return View(db.Movies.ToList());
}
```

当创建 MoviesController 电影控制器时,Visual Studio 会自动包含@model 语句到 Index. cshtml 视图文件的顶部(Views\Movies\Index. cshtml)。

```
@model IEnumerable<MvcMovie. Models. Movie>
```

此@model 声明使控制器可以将强类型的电影列表 Model 对象传递给 View 视图。例如,在 Index. cshtml 模板中,在强类型的 Model 对象上使用 foreach 语句循环遍历电影列表。

```
@foreach (var item in Model) {
    <tr>
        <td>
```

```
            @Html.DisplayFor(modelItem=>item.Title)
        </td>
        <td>
            @Html.DisplayFor(modelItem=>item.ReleaseDate)
        </td>
        <td>
            @Html.DisplayFor(modelItem=>item.Genre)
        </td>
        <td>
            @Html.DisplayFor(modelItem=>item.Price)
        </td>
        <td>
            @Html.ActionLink("Edit", "Edit", new { id=item.ID }) |
            @Html.ActionLink("Details", "Details", new { id=item.ID }) |
            @Html.ActionLink("Delete", "Delete", new { id=item.ID })
        </td>
    </tr>
}
```

因为Model对象是强类型的(是IEnumerable<Movie>对象),所以在循环中的每个item对象的类型是Movie类型。好处之一是程序员可以在代码编译时进行检查,同时在代码编辑器中支持更加全面的智能感知。

9.4 小结

本章介绍了ASP.NET MVC开发模型,以及工作原理,在创建ASP.NET MVC 4.0应用程序时,系统会自行创建若干文件和文件夹,要了解ASP.NET MVC开发模型就首先需要了解这些文件和文件夹的作用。本章还讲解了ASP.NET MVC的工作原理和工作流程,包括ASP.NET MVC中的Controllers、Models以及Views是如何形成一个完整的页面呈现在客户端浏览器中。本章还介绍了以下内容。

(1) 安装ASP.NET MVC 4.0:介绍了如何在Visual Studio 2010中安装ASP.NET MVC应用程序开发包进行ASP.NET MVC应用程序的开发。

(2) 新建一个MVC 4.0应用程序:介绍了如何创建一个新的ASP.NET MVC进行应用程序开发。

(3) ASP.NET MVC应用程序的结构:介绍了ASP.NET MVC应用程序的基本结构,以及ASP.NET MVC中M、V、C的概念。

(4) 创建ASP.NET MVC页面:介绍了如何创建ASP.NET MVC页面。

(5) 修改视图和布局页。

(6) Razor视图和强类型模型概念。

9.5 上机实训

采用ASP.NET MVC 4.0框架设计一个简单的通讯录管理系统,数据库命名为"AddressBook",有一个表命名为"Friends",表中包括如下字段:姓名,性别,单位,手机1,

手机 2,家庭电话,办公电话等字段。

要求：

(1) 采用 Entity Framework Code First 方式自动建立数据库和表。

(2) 实现通讯录的浏览、添加、修改和删除操作。

(3) 使用 Localdb 数据库。

扩展：使用 SQL Server 2008 或 SQL Server 2012 数据库完成上述操作。

第10章 网上音乐商店

通过前面9章内容的学习，大家对ASP.NET的开发流程有了初步体验，本章再通过一个完整的在线音乐商店实例讲解基于ASP.NET MVC 4.0的网站开发，让大家在工作上得以参考与利用。本章介绍的基于MVC的在线音乐商店包括3个主要部分：购物、结账和管理，并实现基本的网站管理、用户登录和购物车功能，是一个轻量级的在线音乐销售网站。该网站使用ASP.NET MVC 4.0完成，视图部分使用Razor引擎，数据库访问使用EF Code First，开发工具使用的是Visual Studio 2010。

10.1 系统分析与设计

在线音乐商店的经营模式符合当今社会发展的需要，能有效减少流通环节。在线音乐商店的实体交易功能可以让用户更加快捷地找到自己所钟情的音乐唱片，便于购买和支付。本章打算开发一个拥有基本功能的在线音乐商店网站，网站的主要功能包括用户注册、商品浏览、添加购物车、结账和网站管理与授权等最常见的电子商务功能。在网站开发前，需要先进行系统分析和设计，规划好网站的整体架构，包含哪些页面。只有做好系统分析和设计，才能减少重复劳动，提高开发效率。

10.1.1 系统需求分析

1. 网站页面分析

首先规划在线音乐商店网站的呈现页面，定义页面的层级关系和操作流程，并针对每一个页面描述其功能和用途，网站页面设计如表10-1所示。

表10-1 网站页面设计

第一级	第二级	第三级	页面名称	页 面 描 述
√			首页	显示“音乐类别”和“最新热点”音乐列表，并在首页右上角添加主页、商店、购物车和管理链接
	√		音乐列表	显示选定音乐类别的“音乐列表”页面，在单击某具体音乐名称的链接后进入“音乐明细”页面
		√	音乐明细	显示选定音乐的详细信息，下面有一个“添加到购物车”按钮，便于将商品添加到购物车
	√		商店页面	单击首页右上角的“商店”链接，将显示所有的音乐列表

续表

第一级	第二级	第三级	页面名称	页面描述
	√		购物车列表	单击首页右上角的"购物车"链接,将进入到购物车页面,单击该页面的"结账"链接,将进入结账页面。如没有登录,则出现登录页面
	√		管理页面	单击首页右上角的"管理"链接,将出现管理用户登录页面
		√	送货地址	用户单击"结账"链接后,出现送货地址页面,便于用户输入送货信息
		√	用户注册	用户单击二级页面中的"注册"链接后,出现用户注册页面,便于用户注册以完成结账和管理用户注册

2. 网站主要功能

(1) 音乐浏览功能主要有:①音乐商品类别列表;②特定类别下音乐商品列表;③显示某一音乐商品详细信息。

(2) 注册功能主要有:①注册会员;②注册管理账户。

(3) 购物车功能主要有:①添加商品到购物车;②尚未登录的用户可以使用添加到购物车功能;③购物车管理,会员可以管理自己购物车内的商品,可添加和删除购物车内的商品或修改商品的数量,最后显示购物车所有购买商品的总金额;④提供结账功能,并引导尚未登录的用户进行登录或注册账号;⑤必须登录,用户才能使用订单结账功能;⑥订单结账时,必须将当前所有购物车商品写入订单相关的数据表;⑦订单完成后,必须清空现有购物车信息。

(4) 管理功能主要有:①提供管理用户登录和注册功能;②管理用户登录后,可以进行网站信息的管理。

10.1.2 系统模块设计

根据在线音乐网站的需求分析,可以得出如图10-1所示的系统流程和如图10-2所示的主要功能模块。

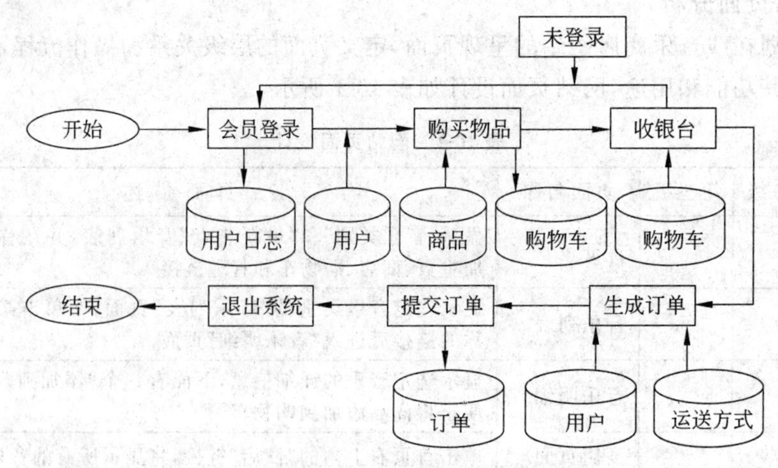

图10-1 系统流程

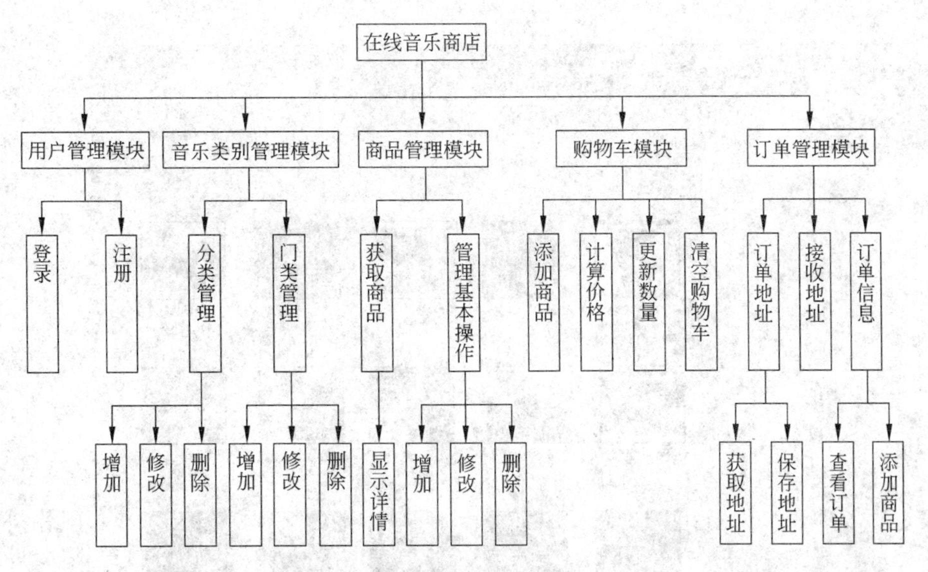

图 10-2 系统功能模块

在图 10-2 中,系统的主要功能模块简介如下。

(1) 用户管理模块:实现用户的注册和登录。

(2) 音乐类别管理模块:实现音乐专辑类型的分类和管理功能。

(3) 商品管理模块:实现具体唱片的显示、添加、修改和删除操作。

(4) 购物车管理模块:实现购物车功能。

(5) 订单管理模块:实现订单的管理。

10.1.3 系统运行演示

系统主要运行界面如图 10-3～图 10-7 所示。

图 10-3 系统主页

图 10-4 摇滚专辑页面

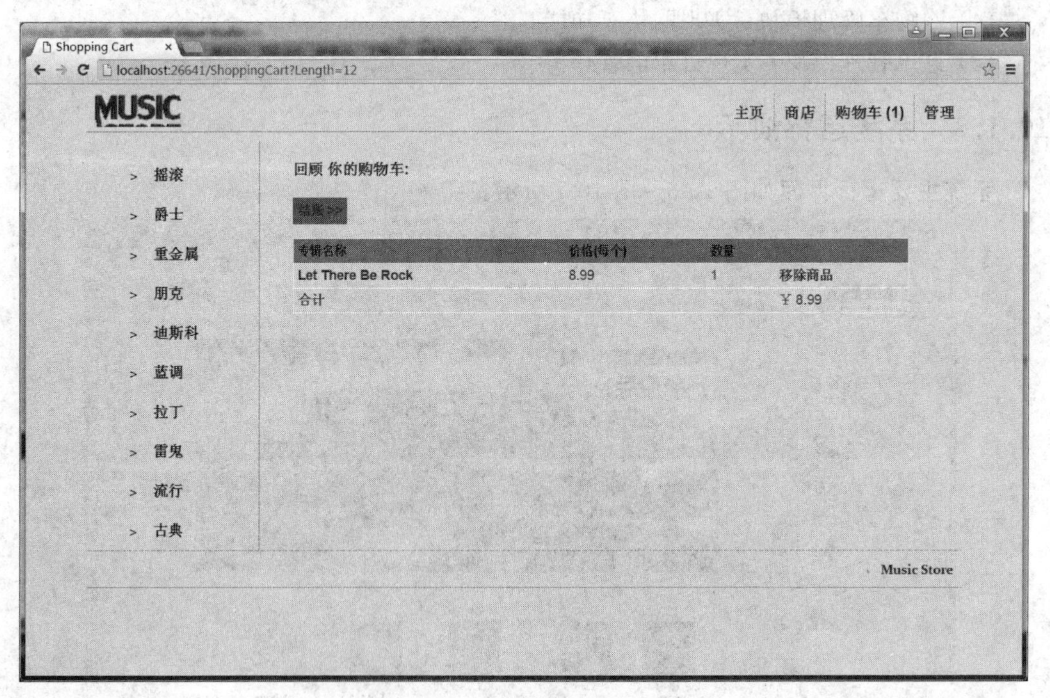

图 10-5 购物车页面

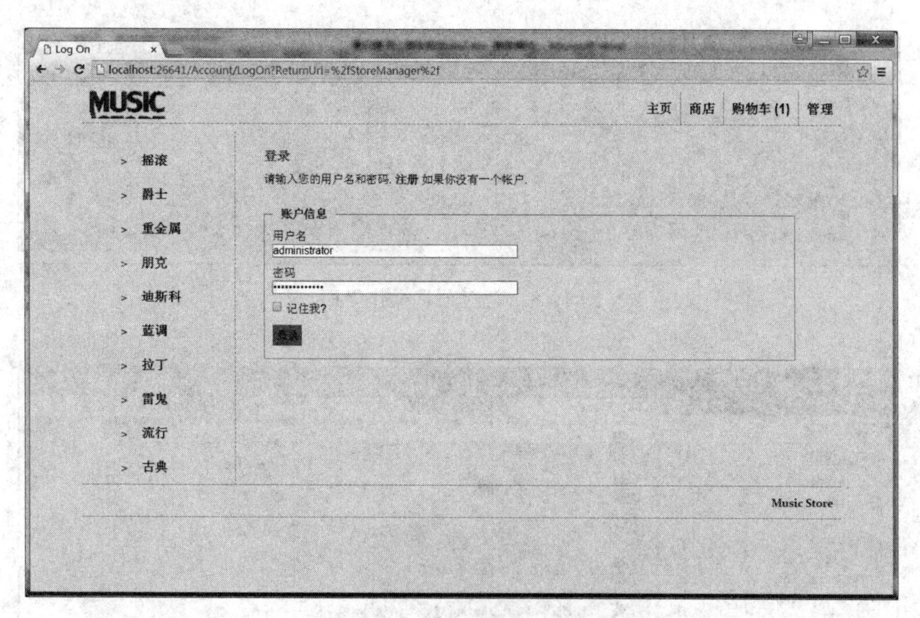

图 10-6　管理登录页面

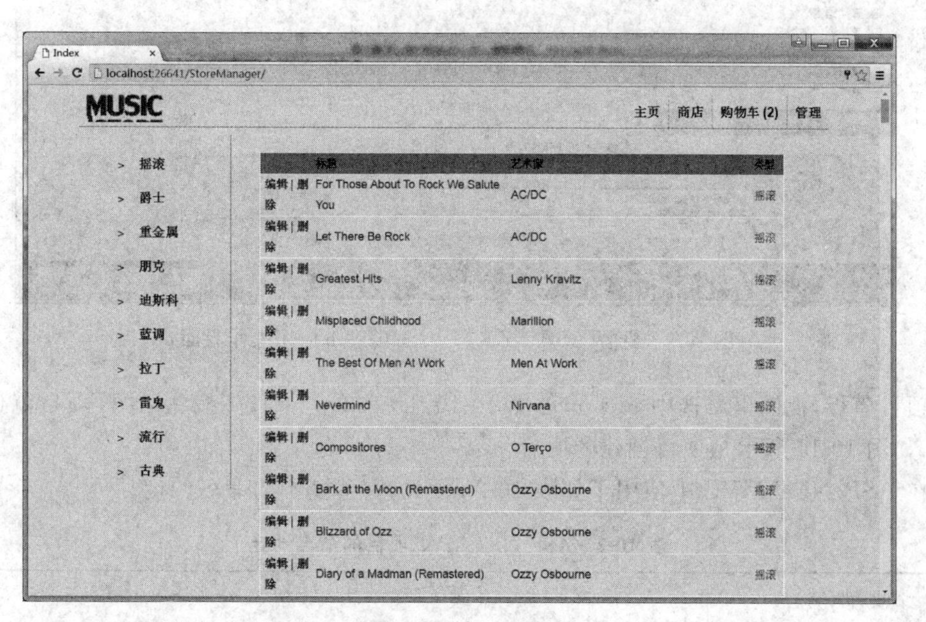

图 10-7　管理页面

10.1.4　项目创建

（1）启动 Visual Studio 后，在“文件”菜单中选择“新建”|“项目”命令，如图 10-8 所示。

（2）选择 Visual C# 中的 Web 模板组，在右边的项目模板中选择 ASP.NET MVC 4.0 Web 应用程序，如图 10-9 所示，在项目的“名称”文本框中输入 MvcMusicStore，单击“确定”按钮。

（3）这时会弹出第二个对话框，允许这个项目做一些关于 MVC 的设置，确认选中了

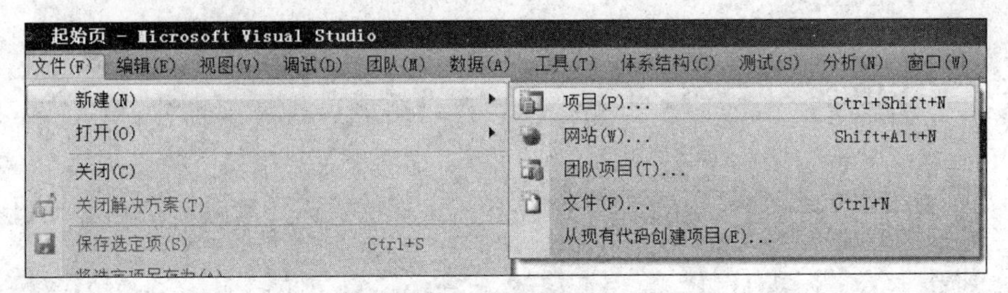

图 10-8 新建项目操作界面

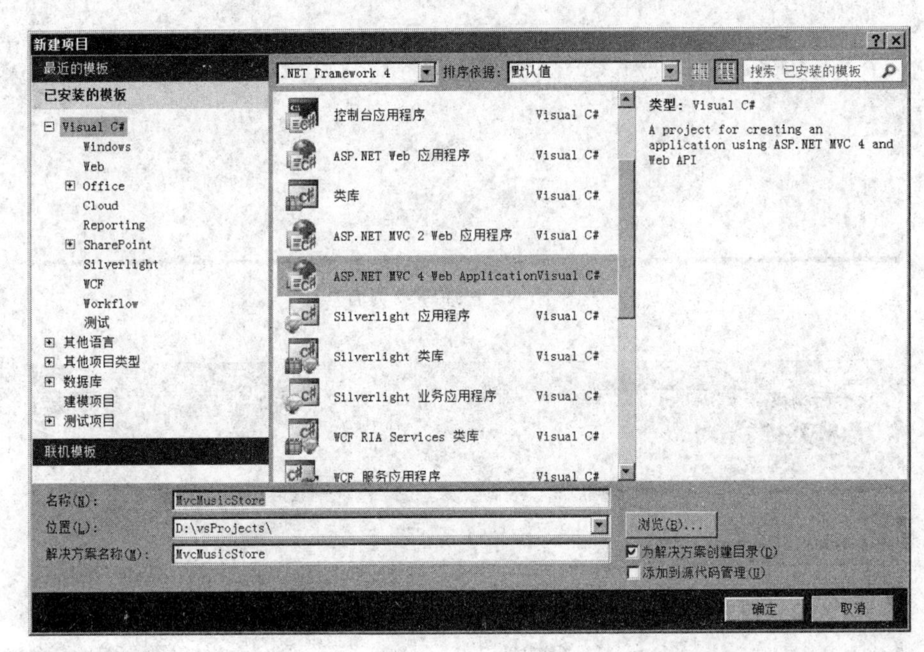

图 10-9 选择 ASP.NET MVC 4.0 Web 应用操作界面

“空”项目模板，视图引擎选中 Razor，如图 10-10 所示，单击“确定”按钮，这样项目就创建成功了，如图 10-11 所示是项目创建的内容。

在 ASP.NET MVC 中使用了如表 10-2 所示的一些基本的命名约定。

表 10-2 ASP.NET MVC 项目的命名约定

文件夹	功能
/Controllers	控制器接收来自浏览器的请求，进行处理，然后向用户返回回应
/Views	视图文件夹保存用户界面的模板
/Models	这个文件夹定义处理的数据
/Content	图片、CSS 以及其他任何的静态内容
/Scripts	脚本文件
/App_Data	数据库文件

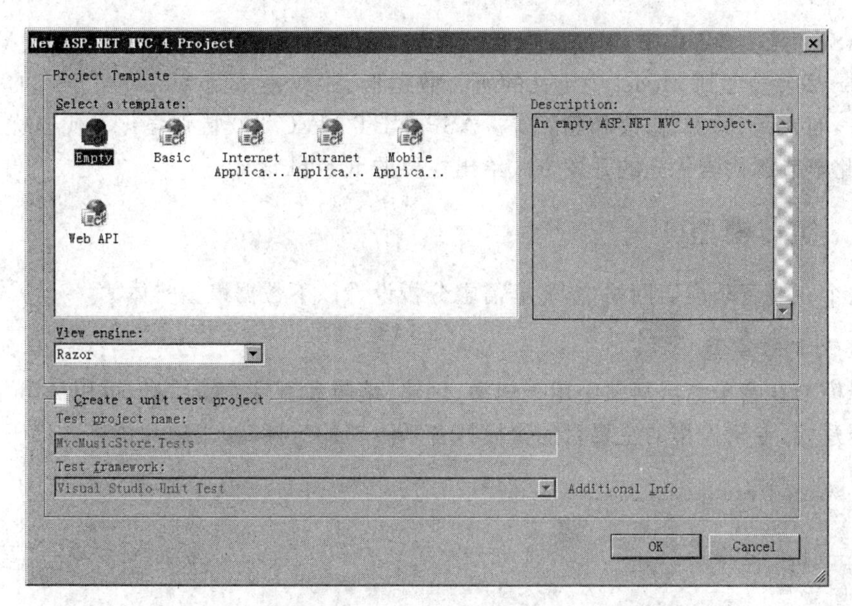

图 10-10　ASP.NET MVC 4.0 Web 应用选项设置界面

图 10-11　ASP.NET MVC 4.0 项目内容截图

这些文件夹也会存在一个空的 ASP.NET MVC 应用中，因为 ASP.NET MVC 框架默认使用"约定胜于配置"原则，已经假定这些文件夹有着特定的用途。例如，控制器将会在 Views 文件夹中寻找相应的视图，而不需要在代码中设置，这样可以节省大量的编程工作，也可以使其他的开发人员更加容易理解程序。

10.2　Model 模型设计

在 MVC 模型框架中，系统按照 Model_View_Controller 进行分层设计，一般利用 MVC 模板生成的项目包含如下 3 个文件夹，分别对应 Model、View、Controller 三个层次。在 ASP.NET MVC 实际开发流程中，通常都是先定义 Model 数据模型，接着设计 Controller，最后开发 View 视图显示网页。

Model 表示应用程序的数据对象，以及相应的业务领域逻辑，包括数据验证和业务规则。在 ASP.NET MVC 中,Model 执行所有与"数据"有关的任务,因此,无论是 View 还是 Controller 都会参考到 Model 中定义的所有数据形态,或是用到 Model 里定义的一些数据操作方法,如查询、添加、修改和删除等。ASP.NET MVC 4.0 特别强化了代码优先的开发模式,因此本节以代码优先的开发方式给出主要的 Model 设计。

10.2.1 实体模型

在这个在线音乐商店网站中,依据需求分析设计以下数据模型实体。

1. 专辑实体模型

专辑模型在音乐商店网站中用于列举、创建、编辑和删除专辑信息,可用 Album 类来为专辑模型建模,专辑模型的主要目的是模拟音乐专辑的特性,如标题和价格。代码如下:

```
namespace MvcMusicStore.Models                                 //命名空间
{
    public class Album                                         //音乐专辑模型类
    {
        public int AlbumId { get; set; }                       //音乐专辑 Id
        public int GenreId { get; set; }                       //音乐类型 Id
        public int ArtistId { get; set; }                      //艺术家流派 Id
        public string Title { get; set; }                      //音乐专辑标题
        public decimal Price { get; set; }                     //音乐专辑价格
        public string AlbumArtUrl { get; set; }                //音乐专辑显示图片 URL
        public Genre Genre { get; set; }                       //音乐类型
        public Artist Artist { get; set; }                     //音乐艺术家流派
        public virtual List<OrderDetail>OrderDetails { get; set; } //订单明细列表
    }                                                          //类定义结束
}                                                              //命名空间结束
```

2. 艺术家实体模型

每个专辑都对应一个艺术家流派模型,每个专辑 Album 类都有 Artist 和 ArtistId 两个属性来管理与之相关的艺术家特性。这里 Artist 属性称为导航属性,主要是因为对于一个音乐专辑,可以通过点操作符来找到与之相关的艺术家特性。代码如下:

```
namespace MvcMusicStore.Models                       //命名空间
{
    public class Artist                              //艺术家模型类
    {
        public int ArtistId { get; set; }            //艺术家流派 Id
        public string Name { get; set; }             //艺术家流派名称
    }
}
```

3. 音乐流派实体模型

每个专辑还都有一个艺术家流派相对应,一种流派也会对应一个相关专辑列表。代码如下:

```
namespace MvcMusicStore.Models                       //命名空间
```

```
{
    public class Genre                                  //音乐类型类名
    {
        public int GenreId { get; set; }                //音乐类型 Id
        public string Name { get; set; }                //音乐类型名称
        public string Description { get; set; }         //音乐类型描述
        public List<Album>Albums { get; set; }          //专辑列表
    }
}
```

4. 购物车实体模型

每个用户对应一个购物车模型,以实现网上购物功能。代码如下:

```
namespace MvcMusicStore.Models                          //命名空间
{
    public class Cart                                   //购物车模型类名
    {
        public int RecordId { get; set; }               //购物车记录编号
        public string CartId { get; set; }              //购物车编号
        public int AlbumId { get; set; }                //购物车中音乐专辑编号
        public int Count { get; set; }                  //购物车音乐专辑数量
        public DateTime DateCreated { get; set; }       //购物车创建时间
        public virtual Album Album { get; set; }        //音乐专辑实体
    }
}
```

5. 订单实体模型

实现用户购物订单模型定义。代码如下:

```
namespace MvcMusicStore.Models                              //命名空间
{
    public class Order                                      //订单实体模型类名称
    {
        public int OrderId { get; set; }                    //订单 Id
        public System.DateTime OrderDate { get; set; }      //订单产生时间
        public string Username { get; set; }                //订单下单用户名
        public string FirstName { get; set; }               //订单下单用户名
        public string LastName { get; set; }                //订单下单用户姓
        public string Address { get; set; }                 //订单下单用户发货地址
        public string City { get; set; }                    //订单下单用户发货城市
        public string State { get; set; }                   //订单下单用户发货省或州
        public string PostalCode { get; set; }              //订单下单用户发货地邮编
        public string Country { get; set; }                 //订单下单用户所在国家
        public string Phone { get; set; }                   //订单下单用户手机号码
        public string Email { get; set; }                   //订单下单用户 Email
        public decimal Total { get; set; }                  //订单下单用户消费金额
        public List<OrderDetail>OrderDetails { get; set; }      //订单详情实体
    }
}
```

6. 订单明细实体模型

实现用户购物订单明细模型定义。代码如下：

```
namespace MvcMusicStore.Models                                 //命名空间
{
    public class OrderDetail                                   //订单明细实体模型类名
    {
        public int OrderDetailId { get; set; }                 //订单明细 Id 编号
        public int OrderId { get; set; }                       //订单 Id
        public int AlbumId { get; set; }                       //订单专辑 Id
        public int Quantity { get; set; }                      //该明细专辑数量
        public decimal UnitPrice { get; set; }                 //该明细专辑单价
        public virtual Album Album { get; set; }               //对应专辑实体对象
        public virtual Order Order { get; set; }               //对应订单实体对象
    }
}
```

根据前面的模型定义,各模型实体类间的关系图如图 10-12 所示,各模型类的详细代码描述见随书源代码。从数据模型定义可以看出,程序代码本身包含了许多说明性的属性定义,不需要额外的文件或工具来描述每个模型的含义,这也是代码优先开发模式的长处。

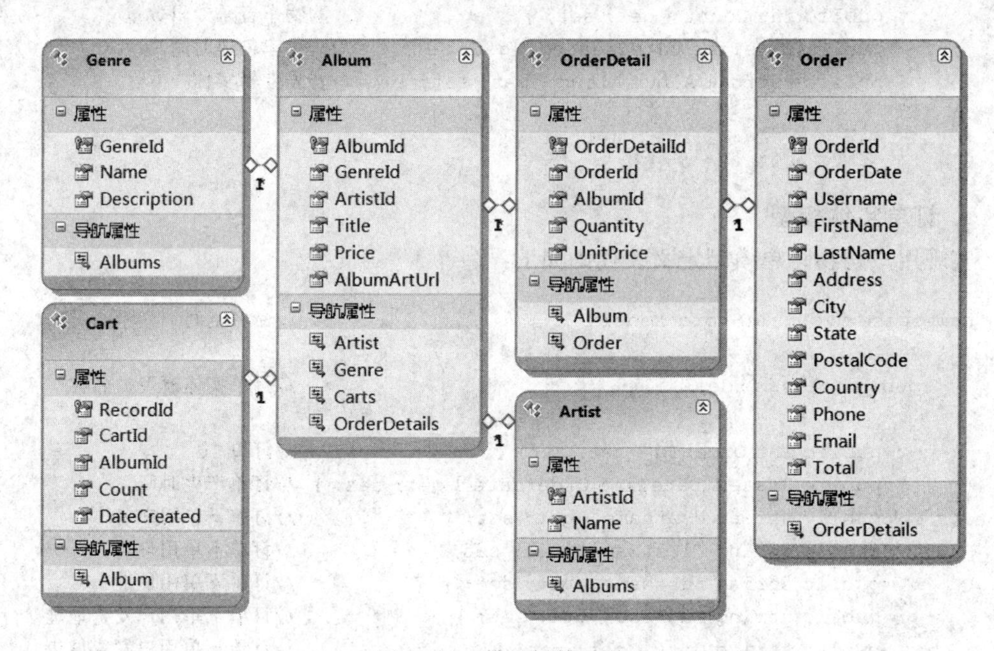

图 10-12 模型间关系图

10.2.2 实体模型的创建

在 ASP.NET MVC 中创建实体模型,它与创建普通的类基本相同。首先,创建一些模型类来表示商店中的唱片类型和专辑类型,从创建类型 Genre 类开始,在项目中右击 Models 文件夹,然后选择“添加”|“类”命令,命名为“Genre.cs”,操作步骤如图 10-13 和图 10-14 所示。

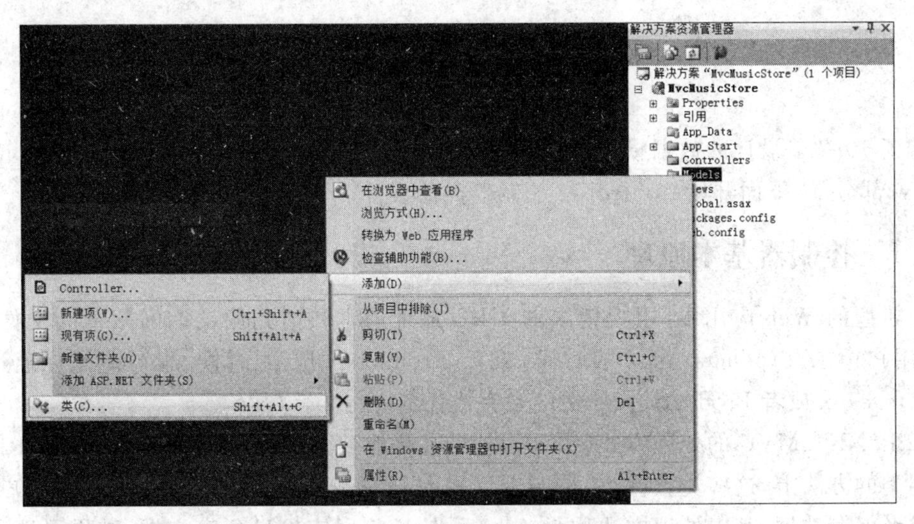

图 10-13　新建实体模型类操作菜单(1)

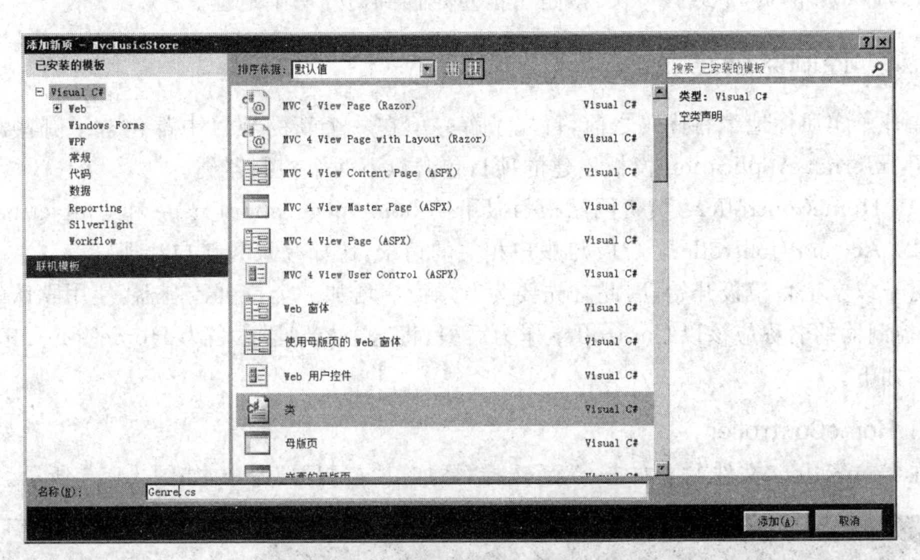

图 10-14　新建实体模型类操作菜单(2)

通过在新创建的类中增加相关属性，最终可以完成实体模型类的代码定义。其他模型类的创建和 Genre 类相似，读者可以参考随书源码。Genre 类的完整代码如下：

```
using System.Collections.Generic;                    //导入 Generic 命名空间
namespace MvcMusicStore.Models                       //命名空间
{
    public class Genre                               //音乐类型类名
    {
        public int GenreId { get; set; }             //音乐类型 Id
        public string Name { get; set; }             //音乐类型名称
        public string Description { get; set; }      //音乐类型描述
        public List<Album>Albums { get; set; }       //专辑列表
    }
}
```

10.3 控制器设计

有了10.2节设计的数据模型，就可以辅助程序员开发 ASP.NET MVC 的 Controller 和 View 部分了，下面开始 Controller 控制器类的设计。

10.3.1 控制器基本原理

在典型的 Web 应用中，用户请求的 URL 地址通常映射到保存在网站中的文件上，例如，当用户请求/Products.aspx 的时候，或者/Products.php 的时候，很可能是在通过处理 Products.aspx 或者 Products.php 文件来完成任务。

ASP.NET MVC 的处理方式则不同，它没有映射到文件上，相反，它将这些 URL 地址映射到类的方法上，这些类被称为"控制器"，控制器用来接收 HTTP 请求，处理用户输入，获取或者保存数据，其中处理方法称为 Action，然后将回应发送到客户端，结果可能是显示了一个 HTML 网页，下载一个文件，也可能重定向到另外一个地址。

10.3.2 控制器创建

在开始实质性地编写代码之前，首先了解一下在一个新的项目中都包含了哪些默认内容。用 Internet Application 模板创建的项目包含以下两个控制器类。

(1) HomeController：负责网站根目录下的 home page、about page 和 contact page。

(2) AccountController：响应与账户相关的请求，比如登录和账户注册。

由于以空项目模板开始，因此首先要为音乐商店增加一个首页控制器，使用默认的命名约定，控制器的名称应该以 Controller 作为后缀，将这个控制器命名为 HomeController。操作步骤如下。

1. HomeController

在 Controllers 文件夹上右击，然后选择"添加"|"控制器"命令，如图 10-15 所示。

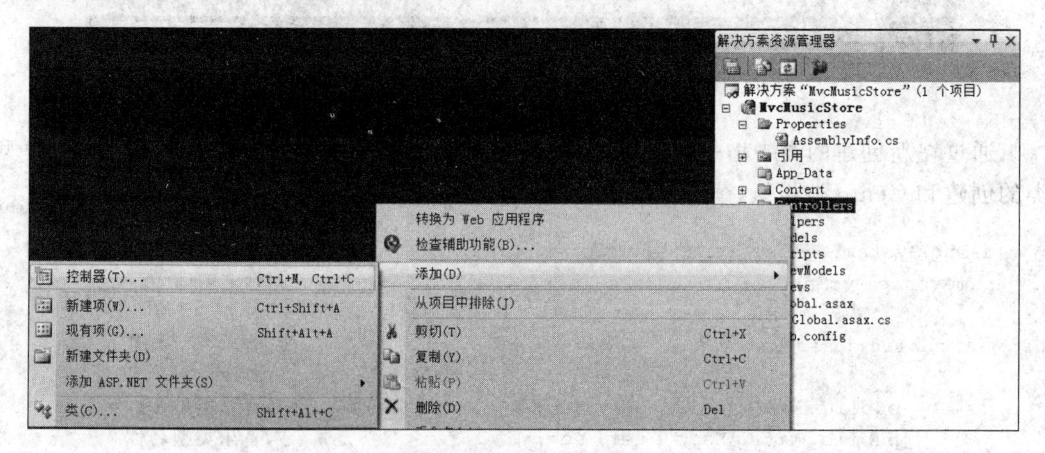

图 10-15 添加控制器

在弹出的对话框中输入控制器的名字 HomeController，单击"添加"按钮，如图 10-16 所示，完整的音乐商店的 HomeController 代码如下：

```
namespace MvcMusicStore.Controllers                    //Controller 名称空间
{
    public class HomeController : Controller           //HomeCotroller 类名
    {
        MusicStoreEntities storeDB=new MusicStoreEntities();  //实例化上下文对象
        public ActionResult Index()
        {                                      //得到销售最热门的专辑信息并显示到主页 View 上
            var albums=GetTopSellingAlbums(5);
            return View(albums);
        }
        private List<Album>GetTopSellingAlbums(int count)
        {                                  //通过 Album 对详细订单分组并返回销量最大的专辑信息
                        return storeDB.Albums
                .OrderByDescending(a=>a.OrderDetails.Count())
                .Take(count)
                .ToList();
        }
    }
}
```

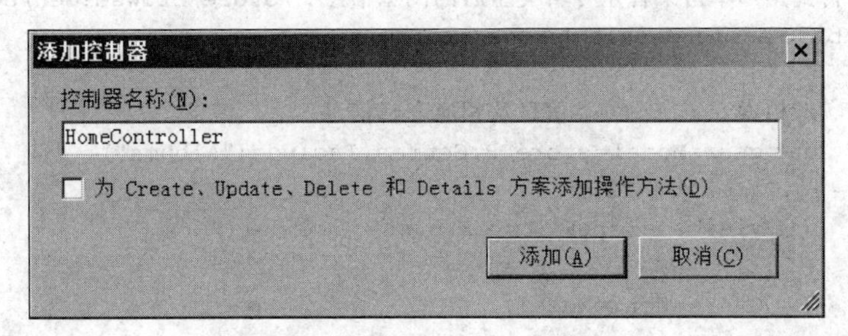

图 10-16　Controller 命名界面

包含在控制器中的方法称为控制器中的 Action，如 HomeController 中的 Index()方法就是一个 Action，这些 Action 的作用就是处理请求，通过动作方法可接收客户端传来的要求并以此决定应该响应的视图。

2. StoreController

StoreController 控制器用来处理有关浏览音乐目录的 URL。这个控制器支持以下 3 个功能：索引页面列出商店里包含的音乐类型；单击一个流派，跳转到一个列出该流派下所有音乐专辑的页面；单击一个专辑，跳转到一个列出有关该专辑所有信息的页面。

添加一个新的 StoreController 类的操作步骤和添加 HomeController 类似，完整代码如下：

```
using System;
using System.Collections.Generic;
using System.Linq;
using System.Web;
using System.Web.Mvc;
using MvcMusicStore.ViewModels;
```

```
using MvcMusicStore.Models;                         //导入所需要的名称空间

namespace MvcMusicStore.Controllers                 //Controllers 名称空间
{
    public class StoreController : Controller   //StoreControllers 类名
    {
        MusicStoreEntities storeDB=new MusicStoreEntities();  //实例化上下文对象
        public ActionResult Index()                     //设置首页显示视图
        {                                               //检索数据库中音乐专辑分类信息
            var genres=from genre in storeDB.Genres select genre.Name;
            //根据检索的音乐专辑分类信息设置视图
            var viewModel=new StoreIndexViewModel()
            {
                Genres=genres.ToList(),
                NumberOfGenres=genres.Count()
            };
            //返回设置好的视图
            return View(viewModel);
        }

        //得到用户单击某音乐专辑类型后的浏览信息: /Store/Browse?Genre=Disco
        public ActionResult Browse(string genre)
        {
            //检索音乐专辑分类信息及相应专辑信息
            var genreModel=storeDB.Genres.Include("Albums")
.Single(g=>g.Name==genre);
            var viewModel=new StoreBrowseViewModel()
            {
                Genre=genreModel,
                Albums=genreModel.Albums.ToList()
            };
            return View(viewModel);                     //返回设置好的视图
        }

        //根据专辑 Id 得到某专辑的详细信息
        public ActionResult Details(int id)
        {
            var album=storeDB.Albums.Single(a=>a.AlbumId==id);
            return View(album);
        }

        //得到音乐专辑分类菜单视图;/Store/GenreMenu
        [ChildActionOnly]                               //指示从一个局部视图使用此操作
        public ActionResult GenreMenu()                 //得到专辑分类菜单视图
        {
            var genres=storeDB.Genres.ToList();
            return View(genres);
        }
    }
}
```

上述 StoreController 代码中的用 ChildActionOnly 属性修饰的 GenreMenu 动作，其功能是返回音乐专辑类型类别。ChildActionOnly 属性表示它只能在 View 中通过 html. Action 或 html. RenderAction 来使用，不能被 Controller 直接调用，一般返回的是局部视图(PartialView，或译为分部视图)。例如，更新局部页面时，在主 View 中使用 html. Action 或 html. RenderAction 来调用局部视图。

限于篇幅，其他控制器部分就不一一列举了，读者可以参见随书源代码。

10.3.3 路由设置

控制器操作如同是在 Web 浏览器直接调用控制器类中的方法一样，类、方法和参数都被具体化为 URL 中的特定路径片段或查询字符串，结果就是返回给浏览器的一个字符串。这就进行了极大的简化，而忽略了下面这些细节。

(1) 路由将 URL 映射到操作的方式。

(2) 将视图作为模板生成返回给浏览器的字符串(通常是 HTML 格式)。

(3) 操作很少返回原始的字符串；它通常返回合适的 ActionResult 来处理像 HTTP 状态码和调用视图模板系统这样的事项。

下面来看一下 MVC 模板生成的默认路由设置，该设置在 Global. asax. cs 文件中。在新创建的项目中，打开 Global. asax. cs 文件，可以看到如下代码。

```
using System;
using System.Collections.Generic;
using System.Linq;
using System.Web;
using System.Web.Mvc;
using System.Web.Routing;
namespace MvcMusicStore
{
    public class MvcApplication : System.Web.HttpApplication
    {
        public static void RegisterGlobalFilters(GlobalFilterCollection filters)
        {
            filters.Add(new HandleErrorAttribute());
        }
        public static void RegisterRoutes(RouteCollection routes)
        {
            routes.IgnoreRoute("{resource}.axd/{*pathInfo}");
            routes.MapRoute(
                "Default",                                  //路由名称
                "{controller}/{action}/{id}",               //带有参数的 URL
                new {controller="Home", action="Index", id=UrlParameter.Optional}
                                                            //参数默认值
             );
        }
        //一般用来进行网站的初始化
        protected void Application_Start()
        {
            System.Data.Entity.Database.SetInitializer(new MvcMusicStore.
Models.SampleData());
```

```
            AreaRegistration.RegisterAllAreas();
            RegisterGlobalFilters(GlobalFilters.Filters);
            RegisterRoutes(RouteTable.Routes);
        }
    }
}
```

其中,RegisterRoutes 方法注册了默认的路由配置,在方法中的 routes.MapRoute 语句中,请求地址将会被看成由 3 个部分组成,即{controller}/{action}/{id}。第一部分称为控制器,如果没有提供,默认为 Home。第二部分称为 Action 方法,如果没有提供,默认为 Index。第三部分称为 id,通常用来提供数据的标识,没有默认值。这样当请求发起的时候,系统将会把请求映射到名为 Home 的控制器进行处理,调用其中名为 Index()的方法处理请求。

10.4　视图设计

读者已经可以从控制器的 Action 中返回一个字符串,这可以帮助大家更好地理解 Controller 是如何工作的。但是对于创建一个 Web 程序来说还是不够的。下面使用更好的方法来生成 HTML,主要是通过模板来生成需要的 HTML,这就是视图所要做的。视图的职责是向用户提供用户界面。当提供对模型(控制器需要显示的信息)的引用后,视图会把模型转换为准备反馈给用户的格式。在 ASP.NET MVC 中,完成这一过程由两部分操作,其中一个是检查由控制器提交的模型对象;另一个是将其内容转换为 HTML 格式。

10.4.1　增加视图模板

1. 操作步骤

(1) 将光标移到 HomeController 控制器的 Index()方法内,然后右击,在弹出的快捷菜单中选择“添加视图”命令,弹出“添加视图”对话框,如图 10-17 所示。

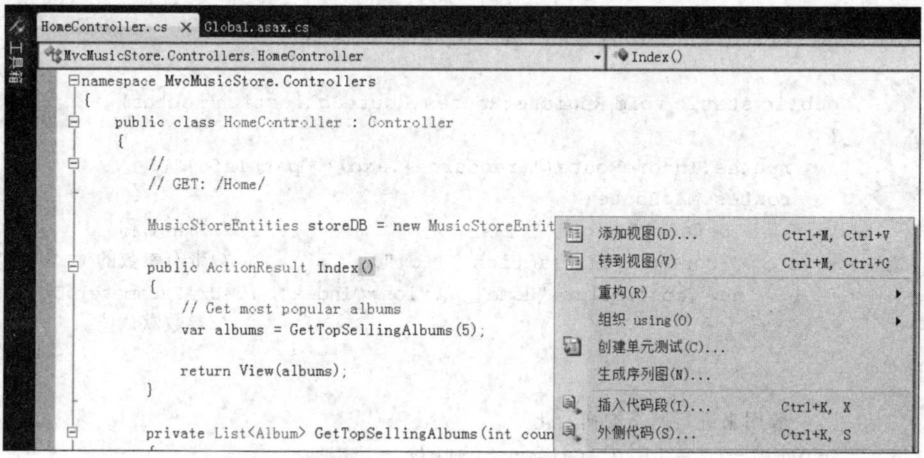

图 10-17　添加视图操作菜单

(2)“添加视图”对话框允许快速、简单地创建一个视图模板,默认情况下,视图的名称使用当前 Action 的名字。因为是在 Index 这个 Action 上添加模板,所以“添加视图”对话框中,视图的名字就是 Index,因此不需要修改名字,单击“添加”按钮,如图 10-18 所示。在单击“添加”按钮之后,Visual Studio 将会创建一个名为 Index.cshtml 的视图模板放置在\Views\Home 目录中,如果没有这个目录,MVC 将会自动创建它。这是根据 ASP.NET MVC 的约定来指定的。目录名称为\Views\Home,则匹配的控制器就是 HomeController,视图模板的名字为 Index,匹配将要使用这个视图的 Action 方法的名字。

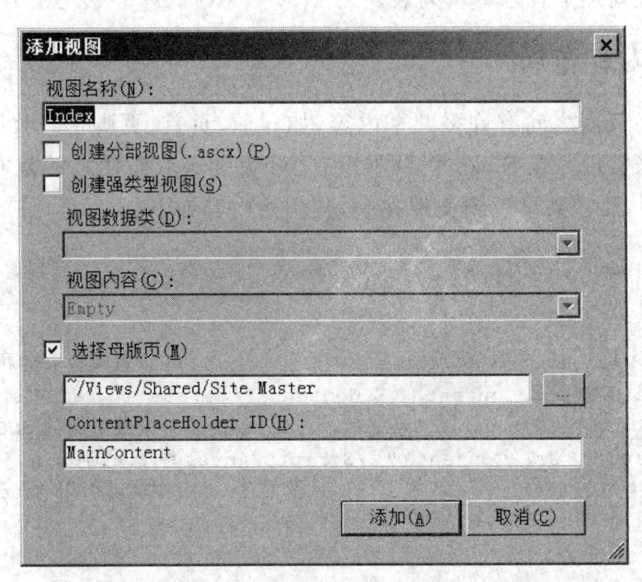

图 10-18　“添加视图”对话框

2. Index.cshtml 视图模板内容

Visual Studio 创建并打开了 Index.cshtml 视图模板,其内容如下(＜!-- --＞之间的内容是注释):

```
@model List<MvcMusicStore.Models.Album>
<!--使用 Razor 语法告诉视图接收控制器传来的 Album 模型实例数据-->
@{ <!--使用 ViewBag 对象设置视图的 Title(网页标题)为"音乐商店"-->
    ViewBag.Title="音乐商店";
}
<div id="promotion">              <!--定义 div 块并设置背景图片-->
    <img src="~/Images/home-showcase.png" />
</div>

<h3 ><em>最新热点</em></h3>
<ul id="album-list">             <!--定义无序列表 album-list 用于显示最新热点唱片-->
@foreach (var album in Model) <!--遍历 album,分别将详情 URL 链接和 album 的 title 添
                                  加到列表中显示用于显示最新热点唱片-->
    {
        <li><a href="@Url.Action("Details", "Store",new { id=album.AlbumId })">
```

```
            <img alt="@album.Title" src="@album.AlbumArtUrl" />
            <span>@album.Title</span></a>
        </li>
    }
</ul>
```

视图使用了 Razor 语法，这比 WebForm 视图引擎的语法更加简单。前 3 行使用 ViewBag.Title 设置了页面的标题为“ASP.NET MVC 音乐商店”，ul id="album-list"块定义了首页显示的最新热点音乐专辑列表。

10.4.2 公共内容布局

大多数网站在页面之间有许多共享内容，如导航、页首、页脚、公司的 Logo、样式表等，往往使用母版页来实现。在 Razor 引擎中没有“母版页”，取而代之的是叫做“布局”的页面(_Layout.cshtml)，放在共享视图文件夹中，其初始内容如下：

```
<!DOCTYPE html>
<html>
<head>
    <title>@ViewBag.Title</title>              <!--设置模板页标题-->
    <link href="@Url.Content("~/Content/Site.css")" rel="stylesheet" type=
"text/css" />                                  <!--设置引用的CSS样式文件-->
    <script src="@Url.Content("~/Scripts/jquery-1.4.4.min.js")" type="text/
javascript"></script>             <!--设置在view中能够引用jquery文件-->
</head>

<body>
    @RenderBody()                     <!--视图中需要显示的内容-->
</body>
</html>
```

来自内容视图中的内容将会通过@RenderBody()来显示，任何出现在网页中的公共内容都加入_Layout.cshtml 中，程序员希望 MVC 音乐商店有一个公共页首，其中含有链接到首页和商店区域的链接，所以将这些内容直接添加到布局中，代码如下：

```
<!DOCTYPE html>
<html lang="en">
    <head>
        <meta charset="utf-8" />
        <title>@ViewBag.Title-MVC 音乐商店</title>
        <link href="~/favicon.ico" rel="shortcut icon" type="image/x-icon" />
        <meta name="viewport" content="width=device-width" />
        @Styles.Render("~/Content/css") <!--通过@Styles.Rendery 引入"~/
Content/site.css"样式文件-->
        @Scripts.Render("~/bundles/modernizr")<!--引入一个捆绑的modernizr文件-->
    </head>
    <body>
        <header>
            <div class="content-wrapper">
                <div class="float-left">
```

```
                <p class="site-title">@Html.ActionLink("音乐商店", "Index",
"Home")</p><!--设置首页的超链接-->
            </div>
            <div class="float-right">
                <section id="login">
                    @Html.Partial("_LoginPartial") <!--设置登录分部视图-->
                </section>
                <nav>
                    <ul id="menu"><!--分部设置首页的超链接-->
                        <li>@Html.ActionLink("Home", "Index", "Home")</li>
                        <li>@Html.ActionLink("Store", "Index", "Store")</li>
                        @Html.Action("CartSummary", "ShoppingCart")
                    </ul>
                </nav>
            </div>
        </div>
    </header>
    <div id="body">
        @Html.Action("GenreMenu", "Store") <!--执行 StoreController 的
GenreMenu 方法对应的链接-->
        @RenderSection("featured", required: false) <!--定义了一个名为
featured 的命名区域,第二个参数为 false 表示这个区域是可选的区域,在内容页面中可以不用
提供内容-->
        <section class="content-wrapper main-content clear-fix">
            @RenderBody()
        </section>
    </div>
    <footer>
        <div class="content-wrapper">
            <div class="float-left">
                <p><a href="http://mvcmusicstore.codeplex.com">
mvcmusicstore.codeplex.com</a></p>
            </div>
            <div class="float-right">
                <p>@Html.ActionLink("Admin", "Index", "StoreManager")</p>
            </div><!--html.ActionLink 生成一个<a href="..."></a>标记-->
        </div>
    </footer>

    @Scripts.Render("~/bundles/jquery")<!--打包压缩 jquery 目录下的文件减小网
络带宽,提升性能-->
    @RenderSection("scripts", required: false)
  </body>
</html>
```

其中,@Styles.Render 的作用是引入了一个捆绑的 CSS 文件,@Scripts.Render 是引入一个捆绑的 modernizr 文件,modernizr 是一个 JavaScript 文件库,它的主要作用是兼容各类浏览器之间的差异。html.ActionLink 用于生成一个<a href=".."></a>超链接标记。

10.4.3 音乐商品类型浏览视图

在音乐商品浏览的控制器 StoreController 中有 Index、Browse、Details 和 GenreMenu 4 个 Action,因此需要根据不同需求创建相应的视图。

1. 音乐专辑类型 Index 视图

用户单击首页的“商店”链接后,可以浏览数据库中所有的音乐专辑类型信息,设计效果和运行效果分别如图 10-19 和图 10-20 所示。视图源代码如下:

```
@model IEnumerable<MvcMusicStore.Models.Genre><!--使用 Razor 语法告诉视图接收控
制器传来的 Genre 模型实例数据-->
@{
    ViewBag.Title="Store"; <!--设置 title-->
}
<h3>浏览类型</h3>

<p>
    Select from @Model.Count() genres:</p><!--得到音乐专辑类型的数量-->
<ul>
    @foreach (var genre in Model) <!--循环显示每个类型,并设置超链接-->
    {
        <li>@Html.ActionLink(genre.Name, "Browse", new { genre=genre.Name })</li>
    }
</ul>
```

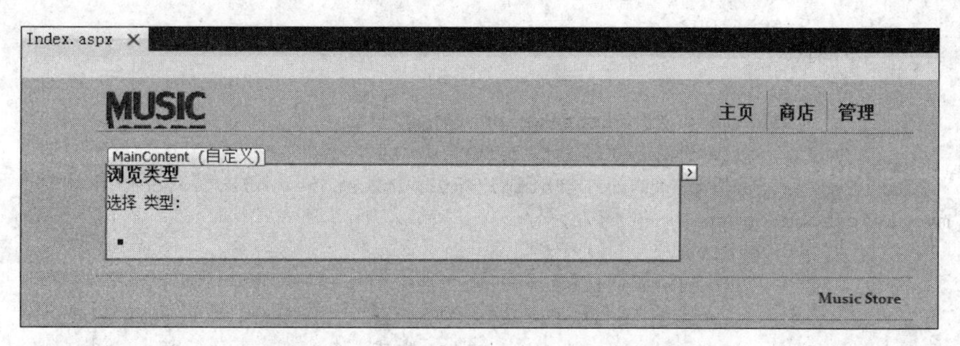

图 10-19 音乐专辑类型浏览视图设计效果

2. 音乐专辑浏览视图

用户单击某种类型的音乐专辑,可以浏览数据库中所有对应类型的音乐专辑信息,如古典音乐专辑运行截图如图 10-21 所示。视图源代码如下:

```
@model MvcMusicStore.Models.Genre <!--接收控制器传来的 Genre 模型实例数据-->
@{
    ViewBag.Title="Browse Albums"; <!--设置 title-->
}
<div class="genre">
    <h3>
        <em>@Model.Name</em>Albums</h3><!--显示选择类型的名称-->
```

localhost:26641/Store/
MUSIC
主页　商店　购物车 (0)　管理
> 摇滚
> 爵士
> 重金属
> 朋克
> 迪斯科
> 蓝调
> 拉丁
> 雷鬼
> 流行
浏览类型
选择 10 类型:
- 摇滚
- 爵士
- 重金属
- 朋克
- 迪斯科
- 蓝调
- 拉丁
- 雷鬼
- 流行
- 古典

图 10-20　音乐专辑类型浏览运行截图

```
    <ul id="album-list"><!--循环显示选择类型的每张专辑的信息,并设置超链接-->
        @foreach (var album in Model.Albums)
        {
            <li>
                <a href="@Url.Action("Details", new { id=album.AlbumId })">
                    @if (!string.IsNullOrEmpty(album.AlbumArtUrl))
                    {
                        <img alt ="@album.Title" src ="@Url.Content(@album.
AlbumArtUrl)" />
                    }
                    <span>@album.Title</span>
                </a>
            </li>
        }
    </ul>
</div>
```

图 10-21　古典音乐专辑浏览运行截图

3. 音乐专辑详情视图

用户单击某种类型的音乐专辑,可以浏览该专辑的详细信息,如古典音乐 The Best of Beethoven 专辑的详情运行截图如图 10-22 所示。视图源代码如下:

```
@model MvcMusicStore.Models.Album<!--接收控制器传来的 Album 模型实例数据-->

@{
    ViewBag.Title="Album-"+Model.Title; <!--设置 title-->
}

<h2>@Model.Title</h2><!--显示设置好的 title-->

<p>
    <img alt="@Model.Title" src="@Url.Content(@Model.AlbumArtUrl)" /><!--设置
title 专辑的显示图片-->
</p>

<div id="album-details">
    <p>
        <em>类型:</em>
        @Model.Genre.Name <!--设置专辑的类型名称-->
    </p>
    <p>
        <em>艺术家:</em>
        @Model.Artist.Name <!--设置专辑的流派名称-->
    </p>
    <p>
        <em>价格:</em>
         @Html.DisplayFor(model=>model.Price) <--设置专辑的价格-->
    </p>
    <p class="button"><!--设置添加到购物车链接按钮-->
        @Html.ActionLink("Add to cart", "AddToCart",
"ShoppingCart", new { id=Model.AlbumId }, "")
    </p>
</div>
```

4. 音乐类型列表局部视图

在 StoreController 中,有一个用 ChildActionOnly 属性修饰的 GenreMenu 动作,其功能是返回音乐专辑类型类别。ChildActionOnly 属性表示它只能在 View 中通过 Html. Action 或 Html. RenderAction 来使用,不能被 Controller 直接调用,一般返回的是局部视图,例如更新局部页面时,在主 View 中使用 Html. Action 或 Html. RenderAction 来调用。因此,对应的局部视图是一个控件,其源代码如下:

```
@model IEnumerable<MvcMusicStore.Models.Genre><!--接收控制器传来的 Genre 模型实
例数据-->

<nav id="categories">
    <ul>
```

图 10-22 古典音乐 The Best of Beethoven 专辑详情截图

```
        @foreach (var genre in Model) <!--循环显示每个类型,并设置超链接-->
        {
            <li>@Html.ActionLink(genre.Name, "Browse", "Store",
new { Genre=genre.Name }, null)
            </li>
        }

        <li>@Html.ActionLink("More...", "Index", "Store")<!--设置更多显示 More...
        的超链接-->
        </li>
    </ul>
</nav>
```

关于购物车视图,由于涉及 AJAX 技术,因此放到 10.5 节单独介绍,其他视图如登录、注册和管理视图,限于篇幅,这里就不一一列举了。

10.5 使用 AJAX 更新的购物车

在音乐商店网站中,允许用户在没有注册登录的情况下将专辑加入购物车,但是在结账的时候必须完成注册工作。下面结合 AJAX 技术实现对购物车的局部更新。

10.5.1 AJAX

AJAX 是 Asynchronous JavaScript and XML 的缩写,目前的 Web 应用程序几乎都要用到 AJAX 技术。在实践中,AJAX 主张使用一切技术来构建最佳用户体验的 Web 应用程序。在实际使用中用到了一些异步通信,然后在响应时辅助一些有趣的动画和颜色的变化,可以为用户提供更好的应用程序的用户体验。ASP.NET MVC 4.0 是一个现代的 Web 框架,从一开始就有支持 AJAX 的责任。其支持 AJAX 的核心来自 jQuery 的 JavaScript 库。

所有 ASP. NET MVC 4.0 的 AJAX 功能都是建立并扩展自 jQuery 的功能。

10.5.2 jQuery

要想明白 ASP. NET MVC 4.0 中的 AJAX 功能怎么使用,就必须先从 jQuery 开始入手。jQuery 的口号是"少写,多做",其 API 简洁,但是功能强大,库本身灵活而轻量级。最重要的是 jQuery 支持所有现代浏览器(包括 IE、Firefox、Safari、Opera 和 Chrome),并隐藏了很多不一致的接口(和错误),用户可能会遇到针对不同的浏览器而提供不同的 API 和不同的代码。通过 jQuery 这个快速、简洁的 JavaScript 库,用户能更方便地处理 HTML documents、events,实现动画效果,并且方便地为网站提供 AJAX 交互。jQuery 还有一个比较大的优势是它的文档说明很全,而且各种应用也说得很详细,同时还有许多成熟的插件可供选择。微软在 Visual Studio 工具中提供了 jQuery 支持功能,当创建一个新的 MVC 项目时,ASP. NET MVC 项目模板会将所需的 jQuery 文件放置在 Scripts 文件夹中。

使用 jQuery 实现 AJAX 同样简单异常,例如以下代码。

```
$.get("search.do",{id:1},rend);
function rend(xml){
    alert(xml);
}            %-------------(1)
$.post("search.do",{id:1},rend);
function rend(xml){
    alert(xml);
}            %-------------(2)
$("#msg").ajaxStart(function(){
    this.html("正在加载……");
});          %-------------(3)
$("#msg").ajaxSuccess(function(){
    this.html("加载完成!");
});          %-------------(4)
```

这里(1)和(2)都是较常用的方法,和 get、post 用法一样。如 get 方法的格式为 $.get(url,[data],[callback]),其中 url 为请求地址,data 为请求数据的列表,callback 为请求成功后的回调函数,如本例中的 rend 就是回调方法。(3)和(4)的方法会在指定的 Dom 对象上绑定响应 AJAX 执行的事件。当然,jQuery 的 AJAX 相关的函数还有很多,读者可以自己多研究研究。

10.5.3 使用 AJAX 的购物车视图

在这个项目中,允许用户在没有注册登录的情况下将专辑加入购物车,但是在结账时必须完成注册工作。对于没有登录的用户,需要为他们创建一个临时的唯一标识,这里使用 GUID,也可称为全局唯一标识符,对于已经登录的用户,直接使用他们的名称,表示登录用户信息保存在 Session 中。因此,购物和结账将会被分离到两个控制器中:一个 ShoppingCart 控制器,允许匿名用户使用购物车;另一个 Checkout 控制器,用于处理结账。

1. 添加 ShoppingCart 模型类和 ShoppingCart 控制器

为了实现购物车功能,需要在 Models 文件夹中添加 ShoppingCart 类,ShoppingCart 模型类处理 Cart 列表的数据访问。此外,它还需要处理在购物车中增加或者删除项目的业务逻辑。ShoppingCart 类提供了以下几种方法。

(1) AddToCart：将音乐专辑作为参数加入购物车中,在 Cart 表中跟踪每个专辑的数量,此方法将检查是在表中增加新行,还是仅仅在用户已经选择的专辑上增加数量。

(2) RemoveFromCart：通过专辑的标识从用户的购物车中将这个专辑的数量减少 1,如果用户仅仅剩下一个,那么就删除这一行。

(3) EmptyCart：删除用户购物车中所有的项目。

(4) GetCartItems：获取购物项目的列表用来显示或者处理。

(5) GetCount：获取用户购物车中专辑的数量。

(6) GetTotal：获取购物车中商品的总价。

(7) CreateOrder：将购物车转换为结账处理过程中的订单。

(8) GetCart：这是一个静态方法,用来获取当前用户的购物车对象,它使用 GetCartId 方法来读取保存当前 Session 中的购物车标识,GetCartId 方法需要 HttpContextBase 以便获取当前的 Session。

完整代码请参阅项目文件夹中 Models 文件夹中的 ShoppingCart.cs 文件和 Controllers 文件夹中的 ShoppingCartController.cs 文件。

2. 添加 ShoppingCartViewModel 和 ShoppingCartRemoveViewModel 视图模型

根据 ShoppingCart 模型,需要创建 ShoppingCart 控制器,ShoppingCart 控制器需要向视图传递复杂的信息,这些信息与现有的模型并不完全匹配,用户不希望修改模型来适应视图的需要,因此通过使用视图模型模式来解决。下面创建两个视图模型用于 ShoppingCart 控制器。

(1) ShoppingCartViewModel 将会用于用户的购物车。

(2) ShoppingCartRemoveViewModel 会用于在购物车中删除内容时的确认提示信息。

首先在项目中创建 ViewModels 文件夹来组织项目文件,在项目上右击,在弹出的快捷菜单中选择"添加"|"新文件夹"命令,创建 ViewModels 文件夹。

接着在 ViewModels 文件夹中增加 ShoppingCartViewModel 类,它包括两个属性：一个是 CartItem 列表;另一个是购物中的总价。代码如下：

```
using System.Collections.Generic;
using MvcMusicStore.Models;
namespace MvcMusicStore.ViewModels                    //ViewModels 名称空间
{
    public class ShoppingCartViewModel                //ShopingCartViewModel 类名
    {
        public List<Cart>CartItems { get; set; }     //购物车中物品列表
        public decimal CartTotal { get; set; }        //购物车中物品总价
    }
}
```

最后添加 ShoppingCartRemoveViewModel 类,它包括 5 个属性,代码如下：

```
namespace MvcMusicStore.ViewModels
```

```
{
    public class ShoppingCartRemoveViewModel //ShoppingCartRemoveViewModel 类名
    {
        public string Message { get; set; }       //message 属性
        public decimal CartTotal { get; set; } //购物车中物品总价
        public int CartCount { get; set; }       //购物车中物品数量
        public int ItemCount { get; set; }       //购物车同一物品数量
        public int DeleteId { get; set; }        //购物车中删除物品 Id
    }
}
```

3. ShoppingCart 控制器

ShoppingCart 控制器有 3 个主要的目的：增加项目到购物车；从购物车中删除项目；查看购物车中的项目。控制器使用刚刚创建的 3 个类：ShoppingCartViewModel、ShoppingCartRemoveViewModel 和 ShoppingCart。像 StoreController 和 StoreManagerController 一样，在控制器中增加一个 MusicStoreEntities 字段来操作数据。代码如下：

```
using System.Linq;
using System.Web.Mvc;
using MvcMusicStore.Models;
using MvcMusicStore.ViewModels;

namespace MvcMusicStore.Controllers
{
    public class ShoppingCartController : Controller              //控制器类名
    {
        MusicStoreEntities storeDB=new MusicStoreEntities();    //商店视图对象

        //获取购物车视图
        public ActionResult Index()
        {
            var cart=ShoppingCart.GetCart(this.HttpContext);
            //设置视图模型
            var viewModel=new ShoppingCartViewModel
            {
                CartItems=cart.GetCartItems(),
                CartTotal=cart.GetTotal()
            };
            //返回购物车视图
            return View(viewModel);
        }

        //添加到购物车方法
        public ActionResult AddToCart(int id)
        {
            var addedAlbum=storeDB.Albums.Single(album=>album.AlbumId==id);
            var cart=ShoppingCart.GetCart(this.HttpContext);
            cart.AddToCart(addedAlbum);
            return RedirectToAction("Index");
        }
        //使用 AJAX 异步刷新删除某些物品后的购物车
```

```
        [HttpPost]
        public ActionResult RemoveFromCart(int id)
        {
            //从购物车移除物品
            var cart=ShoppingCart.GetCart(this.HttpContext);
            string albumName=storeDB.Carts
                .Single(item=>item.RecordId==id).Album.Title;
            int itemCount=cart.RemoveFromCart(id);

            //显示移除物品确认信息
            var results=new ShoppingCartRemoveViewModel
            {
                Message=Server.HtmlEncode(albumName)+" has been removed from
    your shopping cart.",
                CartTotal=cart.GetTotal(),
                CartCount=cart.GetCount(),
                ItemCount=itemCount,
                DeleteId=id
            };
            return Json(results);
        }

        //得到购物车物品总价操作
        [ChildActionOnly]
        public ActionResult CartSummary()
        {
            var cart=ShoppingCart.GetCart(this.HttpContext);
            ViewData["CartCount"]=cart.GetCount();
            return PartialView("CartSummary");
        }
    }
}
```

10.5.4　使用 jQuery 进行 AJAX 更新购物车视图

根据 10.5.3 小节中的 ShoppingCart 控制器，需要创建 ShoppingCart 的 Index Action 视图，这个视图使用强类型的 ShoppingCartViewModel，购物车视图代码如下：

```
@model MvcMusicStore.ViewModels.ShoppingCartViewModel
<!--接收控制器传来的 ShoppingCartViewModel 模型实例数据-->
@{
    ViewBag.Title="购物车"; <!--设置 title-->
}
<script src="/Scripts/jquery-1.4.4.min.js" type="text/javascript"></script>
<script type="text/javascript">          <!--使用 jquery script 进行异步更新-->
    $(function () {
        //执行移除购物车中物品的操作
        $(".RemoveLink").click(function () {
            //从链接中得到删除物品的 id
            var recordToDelete=$(this).attr("data-id");
```

```
            if (recordToDelete !='') {
                //执行删除物品后的异步更新
                $.post("/ShoppingCart/RemoveFromCart", { "id": recordToDelete },
function (data) {
                    //Successful requests get here
                    //Update the page elements
                    if (data.ItemCount==0) {
                        $('#row-'+data.DeleteId).fadeOut('slow');
                    } else {
                        $('#item-count-'+data.DeleteId).text(data.ItemCount);
                    }

                    $('#cart-total').text(data.CartTotal);
                    $('#update-message').text(data.Message);
                    $('#cart-status').text('Cart ('+data.CartCount+')');
                });
            }
        });

    });


    function handleUpdate() {
        //Load and deserialize the returned JSON data
        var json=context.get_data();
        var data=Sys.Serialization.JavaScriptSerializer.deserialize(json);

        //Update the page elements
        if (data.ItemCount==0) {
            $('#row-'+data.DeleteId).fadeOut('slow');
        } else {
            $('#item-count-'+data.DeleteId).text(data.ItemCount);
        }

        $('#cart-total').text(data.CartTotal);
        $('#update-message').text(data.Message);
        $('#cart-status').text('Cart ('+data.CartCount+')');
    }
</script>
<h3>
    <em>Review</em>your cart:
</h3>
<p class="button">
    @Html.ActionLink("Checkout >>", "AddressAndPayment", "Checkout")
</p>
<div id="update-message">
</div>
<table>
    <tr>
        <th>
            Album Name
```

```
            </th>
            <th>
                Price (each)
            </th>
            <th>
                Quantity
            </th>
            <th></th>
        </tr>
        @foreach (var item in Model.CartItems)
        {
            <tr id="row-@item.RecordId">
                <td>
                    @Html.ActionLink(item.Album.Title, "Details", "Store", new { id=
    item.AlbumId }, null)
                </td>
                <td>
                    @item.Album.Price
                </td>
                <td id="item-count-@item.RecordId">
                    @item.Count
                </td>
                <td>
                    <a href="#" class="RemoveLink" data-id="@item.RecordId">Remove
    from cart</a>
                </td>
            </tr>
        }
        <tr>
            <td>
                Total
            </td>
            <td>
            </td>
            <td>
            </td>
            <td id="cart-total">
                @Model.CartTotal
            </td>
        </tr>
    </table>
```

这里没有使用 Html. ActionLink 从购物车中删除项目，而是使用 jQuery 来包装客户端使用的 RemoveLink 类的所有超级链接元素的事件，不用提交表单，而是通过客户端的事件向 RemoveFromCart 控制器方法发出 AJAX 请求，然后 RemoveFromCart 返回 JSON 格式的结果，这个结果被发送到在 AjaxOptions 的 OnSucess 参数中创建的 JavaScript 函数里，这里是使用 handleUpdate，handleUpdate 函数解析 JSON 格式的结果，然后通过 jQuery 执行下面的 4 个更新。

(1) 从列表中删除专辑。

(2) 更新头部的购物车中的数量。

(3) 向用户显示更新信息。

(4) 更新购物车中的总价。

因为在 Index 视图中处理了删除的场景,就不再需要为 RemoveFromCart 方法增加额外的视图。现在可以在商店中通过购物车来购买和删除一些项目了,运行截图如图 10-23 所示。

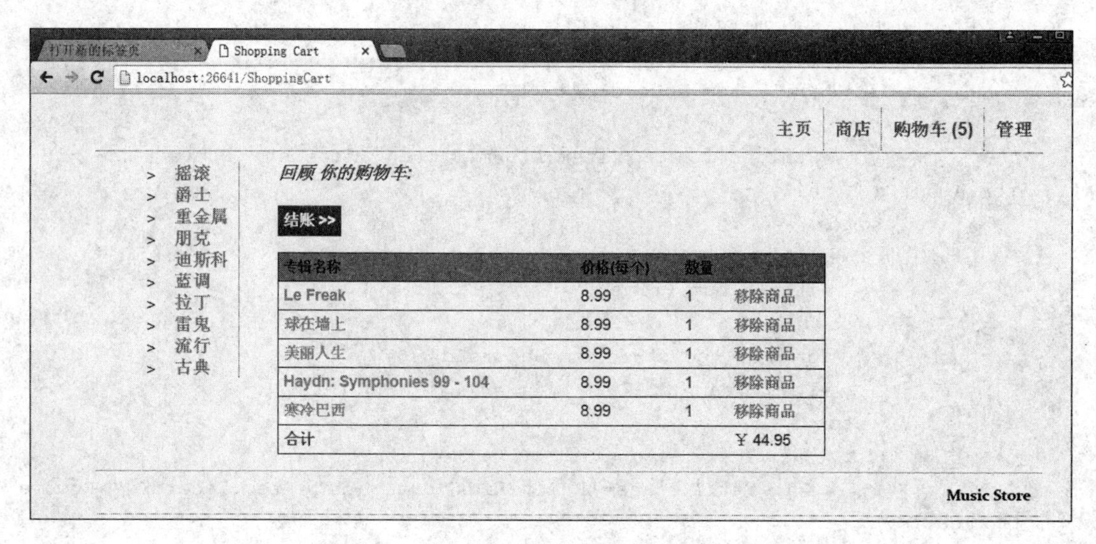

图 10-23 AJAX 异步更新购物车视图运行界面

10.6 数据库设计

本节介绍使用 Entity Framework 开发技术添加数据库功能,允许程序员在最后才添加数据库表格。为了添加数据库功能,必须创建信息内容类,并将需要创建数据库表格的那些数据模型都添加到其中。目前,除了设计视图页面时需要增加的 ViewModel 之外,重要的数据模型实体有专辑模型 Album 类、艺术家模型 Artist 类、音乐流派模型 Genre 类、购物车模型 Cart 类、订单模型 Order 类、订单明细模型 OrderDetail 等。

在这些数据模型中,几乎都需要添加数据库功能,但是购物车项目 Cart 不需要,因为购物车信息不需要永久保存在数据库中,只需要保存在 ASP.NET 的 Session 对象中就可以了。

10.6.1 增加 App_Data 文件夹

在项目中增加 App_Data 文件夹用来保存数据库文件,App_Data 是一个 ASP.NET 中特殊的文件夹,网站已经对其数据访问进行了安全限制,从项目的菜单中选择增加 ASP.NET 文件夹,然后选择 App_Data 命令,如图 10-24 所示。

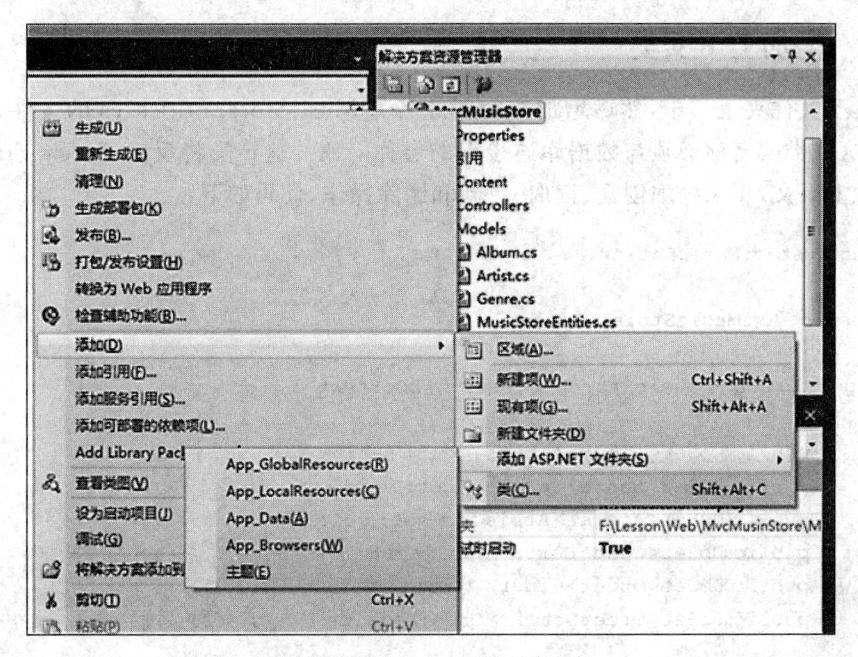

图 10-24 添加 App_Data 文件夹

10.6.2 在 Web.config 中创建数据库连接串

用户需要在网站的配置文件中增加一些行，以便 Entity Framework 知道如何连接到数据库，双击鼠标打开 Web.config 文件，在 Web.config 的最后添加一个<connectionStrings>的配置节，代码如下：

```
<connectionStrings>
    <add name="MusicStoreEntities"
connectionString="Data Source=|DataDirectory|MvcMusicStore.sdf"
providerName="System.Data.SqlServerCe.4.0"/>
</connectionStrings>
```

注意：这里数据库连接串的名称很重要，以后使用 EF CodeFirst 时通过它来找到数据库，这里的连接串中使用了 Data Source=|DataDirectory|MvcMusicStore.sdf，这里的 DataDirectory 指的就是项目中的 App_Data 文件夹。

如果使用 SQL Server，可以使用如下连接串。注意 providerName 也要替换成 SQL Server 使用的提供器。代码如下：

```
<!--数据库连接串的配置-->
<connectionStrings>
    <add name="MusicStoreEntities" connectionString="server=.\sqlexpress;
database=musicstore;integrated security=true;"
providerName="System.Data.SqlClient"/>
</connectionStrings>
```

10.6.3 增加上下文类

在模型文件夹上右击，然后增加一个新的名为MusicStoreEntities.cs的文件。需要注意的是，这个类的名称必须与数据库连接串的名称一致。这个类将反映Entity Framework数据库的上下文，用来处理创建、读取、更新和删除操作，代码如下：

```
using System.Data.Entity;

namespace MvcMusicStore.Models
{
    public class MusicStoreEntities : DbContext
    {
        public DbSet<Album>Albums { get; set; }
        public DbSet<Genre>Genres { get; set; }
        public DbSet<Artist>Artists { get; set; }
        public DbSet<Cart>Carts { get; set; }
        public DbSet<Order>Orders { get; set; }
        public DbSet<OrderDetail>OrderDetails { get; set; }
    }
}
```

这里使用了System.Data.Entity命名空间，记得要using一下。这样扩展DbContext基类就不需要其他的配置、特定的接口等，MusicStoreEntities类就可以处理用户对数据库的操作了。

1. 增加商店音乐专辑的分类数据

对于Code First来说，首先定义模型，然后通过模型来创建数据库，甚至也不需要写Insert语句，可以通过标准的C#代码来创建表中的记录。首先通过Entity Framework为新创建的数据库增加一些数据，然后创建商店音乐专辑分类，这需要通过一个Genres的列表完成。

在MvcMusicStore-Asset.zip文件中，已经包含了用来简单地创建数据的文件，由一个保存在Code文件夹中的类来完成。在Code中的Models文件夹中，找到SampleData.cs文件，将它加入Models文件夹中。最后需要增加一些属性以便从数据库中获取额外的信息，也就是增加一些代码来告诉Entity Framework关于SampleData类的事情。双击鼠标打开Global.asax文件，在Application_Start方法中增加如下代码。

```
//一般用来进行网站的初始化
protected void Application_Start()
{
    System.Data.Entity. Database. SetInitializer (new MvcMusicStore. Models.
SampleData());

        AreaRegistration.RegisterAllAreas();
        RegisterGlobalFilters(GlobalFilters.Filters);
        RegisterRoutes(RouteTable.Routes);
}
```

2. 查询数据库

现在，通过调用数据库来查询实际数据。先在StoreController中定义一个字段来访问MusicStoreEntities类的对象实例，它命名为storeDB。代码如下：

```
using MvcMusicStore.Models;
namespace MvcMusicStore.Controllers
{
    public class StoreController : Controller
    {
        MusicStoreEntities storeDB=new MusicStoreEntities();
    }
}
```

3. 更新Index Action查询数据库

MusicStoreEntities类通过Entity Framework提供了数据库中数据表的集合，更新StoreController的Index Action方法来获取全部的分类数据，这样Code First开发方法就会自动创建相应的数据库了。

使用Code First创建数据库的步骤如下。

(1) 创建数据模型，即在Model里添加实体类。

(2) 创建继承于DbContext的类，并为每个实体类添加DbSet类型化实体集。

(3) 创建继承于DropCreateDatabaseIfModelChanges的类，重写Seed方法，实现填充数据操作，读者可以参看SampleData.cs。

(4) 在Global.asax类中设置数据库初始化策略，创建第三步创建的类的实例并传递给它。

10.7 小 结

本章选择微软的MVC音乐商店例子来介绍和展示使用ASP.NET MVC 4.0以及Visual Studio 2010进行Web开发的过程。从系统分析和设计，到MVC三层模型的设计、数据库设计，一步一步地进行介绍，初学者可以很容易地理解并进行练习。另外，选择这个例子也因为互联网上有大量的资料可以参考。

在本章的设计和开发过程中，采用了ASP.NET MVC 4.0架构，视图部分使用Razor引擎，数据库访问使用EF Code First。这个程序将会创建一个音乐商店，这个程序包括3个主要的部分：购物、结账和管理。本章还介绍了以下内容。

(1) 网上音乐商店的系统分析和设计。

(2) 网上音乐商店中模型、控制器和视图的创建与实现。

(3) 基于AJAX的购物车更新。

(4) 数据库的设计。

10.8 上 机 实 训

参考本章的介绍，自己完成整个网上音乐商店的开发。

参 考 文 献

[1] 郭靖. ASP.NET并开发技术大全[M]. 北京：清华大学出版社，2009.
[2] 强锋科技，王岩. ASP.NET网络开发指南[M]. 北京：清华大学出版社，2010.
[3] 张正礼，陈作聪，王坚宁. ASP.NET 4.0网站开发与项目实战[M]. 2版. 北京：清华大学出版社，2015.
[4] 房大伟，吕双. ASP.NET开发实战1200例[M]. 北京：清华大学出版社，2011.
[5] 孙践知. 网络程序设计案例教程——ASP.NET＋SQL Server(C#实现)[M]. 北京：清华大学出版社，2008.